システム技術に基づく
安全設計ガイド

国際安全規格の現状と今後

社団法人 組込みシステム技術協会
安全性向上委員会 [編]

兼本　茂、余宮尚志、入月康晴、長久保 隆一、三原幸博、岡本圭史、岡野浩三 [著]

電波新聞社

巻頭言

　1998年に発行された機能安全に関する国際規格IEC 61508は、ソフトウェアによる安全関連系の製作に関する初めての規格で、さまざまな組込みシステムを提供している産業界に新たな対応を迫りました。本書の前版である「組込み技術者のための安全設計入門」（2010年）は、これをきっかけに執筆されました。一方で、その後のICT(Information and Communication Technology)の大きな進展は、IoT（Internet of Things）・AI（Artificial Intelligence）時代と呼ばれるように、組込みシステムの大規模化、知能化、ネットワーク化を促し、自動運転車に象徴されるような人間に匹敵する知的な工学システムの誕生に至りました。そこでは、従来、安全とほとんど無縁だった多くのソフトウェア技術者が、セキュリティ問題も含めたシステムの安全確保への対応を求められるようになっています。安全は、工場の稼働や公共の乗り物など産業社会のシステムに求められることと思われがちですが、最近では自動運転技術の実用化などが日常生活の話題になり、いままで以上に「ソフトウェアが命をあずかる」ということを実感する社会環境になっています。

　一方で、現状のソフトウェアにかかわる機能安全規格は、この急激な技術進歩に追随できておらず、人と機械の協調制御やAI技術の導入、セーフティとセキュリティの同時解決などの難しい課題が残されたままになっています。

　本書は、このような背景のもとで、JASA（組込みシステム技術協会）安全性向上委員会の主なメンバーが分担して、安全に関する入門書として、前版「組込み技術者のための安全設計入門」を大幅改定したものです。企業で働く安全技術者の入門用テキストとして、現状の安全規格の裏にある本質的な考え方まで含めた解説、IoT・AI時代を見据えた次世代の新しい安全分析法の解説、ソフトウェア技術者として安全設計に関わる基本知識の解説などを試みました。

　この基礎となるのが、システム思考力と論理的思考力です。安全技術者は、安全な工学システムを作る知識だけでなく、何故安全かを論理的に示す思考力（安全論証）まで必要とされます。そのためには、与えられたサブシステムを安全に設計するだけでなく、システム全体を俯瞰的に見て安全を考える力も必要になってきます。本書の安全規格や新しい安全設計法の解説では、システム思考や論理的思考の大事さを踏まえて執筆しました。

　本書が、組込み系の開発、特にソフトウェア開発に従事する方々にとって、安全設計の参考となり、また安全性確保の議論のきっかけになれば幸いです。

JASA 安全性向上委員会

委員長　漆原　憲博

（株式会社　ジェーエフピー）

目次

巻頭言

第1章　安全の基本 ··· 7
1.1　複雑システムの安全設計の背景 ································· 8
1.2　安全の基本 ··· 11
1.3　ハザードとリスク ··· 20
1.4　安全設計と安全論証 ··· 21
1.5　リスク低減の基本戦略 ··· 25
1.6　本章のまとめ ··· 28

第2章　安全規格体系と概要 ··· 31
2.1　安全規格と標準化機関 ··· 32
2.2　国際安全規格ガイド ISO/IEC Guide51 ····················· 34
2.3　機械系安全規格 ISO 12100 の概要 ··························· 40
2.4　さまざまな安全規格と適用範囲 ································· 43
2.5　本章のまとめ ··· 45

第3章　リスクアセスメント ··· 47
3.1　リスクアセスメントとその意義 ································· 48
3.2　機械類の制限（使用及び予見可能な誤使用の同定）····· 49
3.3　危険源の同定 ··· 51
3.4　危険源から危害に至るシナリオの想定 ······················ 53
3.5　リスクの見積り ··· 63
3.6　リスクの評価 ··· 69
3.7　リスク低減方策の決定 ··· 71
3.8　本章のまとめ ··· 71

第4章　機械系安全規格から見た安全設計の基本 ……………… 75
4.1　本質的安全設計方策 …………………………………………… 76
4.2　安全防護及び付加保護方策 ………………………………… 87
4.3　使用上の情報 …………………………………………………… 94
4.4　本章のまとめ …………………………………………………… 96

第5章　機能安全設計の基本 /IEC 61508 ……………………… 99
5.1　IEC 61508（JIS C 0508）の概要とその特徴 ……………… 100
5.2　規格書の章構成 ………………………………………………… 104
5.3　全安全ライフサイクル ………………………………………… 105
5.4　安全関連系 ……………………………………………………… 110
5.5　安全関連系の安全度 …………………………………………… 112
5.6　安全関連系の実現 ……………………………………………… 117
5.7　安全関連ソフトウェアの開発 ……………………………… 128
5.8　本章のまとめ …………………………………………………… 133

第6章　自動車の機能安全 /ISO 26262 ………………………… 135
6.1　ISO 26262 の発行と概略 …………………………………… 136
6.2　ISO 26262 策定の背景 ……………………………………… 136
6.3　ISO 26262 と安全論証 ……………………………………… 137
6.4　ISO 26262 のスコープ ……………………………………… 139
6.5　安全ライフサイクル …………………………………………… 139
6.6　ISO 26262 の各パートの構成 ……………………………… 140
6.7　本章のまとめ …………………………………………………… 160

目次

第7章　生活支援ロボットの安全 /ISO 13482 ……… 163
7.1　ロボット・ロボティックデバイスの定義 ……… 164
7.2　規格から見たロボットの分類と生活支援ロボットの位置づけ ……… 164
7.3　生活支援ロボットの3つのタイプ ……… 165
7.4　ISO 13482制定の背景と安全規格における位置づけ ……… 166
7.5　ISO 13482の構成 ……… 168
7.6　ISO 13482での安全設計 ……… 169
7.7　まとめ ……… 184

第8章　システム思考で考えるこれからの安全分析 /STAMP ……… 187
8.1　背景 ……… 188
8.2　システム思考にもとづく安全分析 ……… 190
8.3　STAMP/STPA ……… 194
8.4　事例1・電源インターロック管理システム ……… 206
8.5　事例2・鉄道踏切における安全監視装置 "とりこ検知" ……… 210
8.6　事例3・高齢者見守りサービス ……… 220
8.7　本章のまとめ ……… 229

第9章　ソフトウェアエンジニアのための安全設計 ……… 231
9.1　ソフトウェアの安全設計とは ……… 232
9.2　ウォータフォールとアジャイル開発プロセス ……… 234
9.3　モデルベース開発 ……… 237
9.4　モデル検査 ……… 239
9.5　コーディングガイド ……… 247
9.6　ソフトウェア FMEA ……… 252
9.7　本章のまとめ ……… 262

コラム 1	失敗事例に学ぶ	9
コラム 2	ディペンダビリティと安全性	14
コラム 3	安全と安心	17
コラム 4	多重防護、深層防護、多様化	27
コラム 5	残留リスクの通知	38
コラム 6	「本質安全」もリスクゼロではない	40
コラム 7	安全規格とサイバーセキュリティ	45
コラム 8	製品出荷に関するリスク評価の事例	70
コラム 9	リスク管理	72
コラム 10	ハードウェア故障とソフトウェア故障	102
コラム 11	"systematic failure" 二つの訳―決定論的原因故障、系統的故障	106
コラム 12	ISO 26262 のスコープ	138
コラム 13	安全論証のための確証方策とは	144
コラム 14	ISO 26262, Part6 における要求事項の例	152
コラム 15	ISO 26262 のソフトウェア開発で求められること	153
コラム 16	ISO 26262 における安全要求の導出と STAMP/STPA との比較	158
コラム 17	システムズ理論とシステム思考	189
コラム 18	性能限界や誤操作、誤使用をカバーする規格 --SOTIF	194
コラム 19	ソフトウェア障害発生に関する課題	235
コラム 20	スパゲッティプログラム	252
コラム 21	観点リストの不具合低減効果	261

第1章
安全の基本

　近年、ソフトウェアに起因するシステム障害がマスコミを賑わすようになった。さらに、このソフトウェアは計算機の性能向上、IoT（モノのインターネット）やAI（人工知能）の技術進展によってますます複雑化し、安全設計への影響も懸念される。ソフトウェアの安全性については、機能安全に関する規格として普及が進みつつあるが、対象システムそのものの機能向上と複雑化も同時に進んでおり、単純に規格を使えば安全なものができるということではなくなっている。そのため、本書では最新の規格だけでなく、その裏にある安全設計の原理、安全論証の考え方、さらには、次世代の安全分析の方法論を解説する。本章では、複雑化したシステムの安全分析の背景、安全の基本、ハザードとリスク、安全論証と安全設計、リスク低減の基本戦略など、安全規格を理解し使ってゆく上で必要な基本的な考え方を紹介する。

1.1 複雑システムの安全設計の背景

今日の生活にあふれている工学製品は、我々の生活を格段に便利にしているが、同時にその故障や不具合が人間の身体的危害や経済的損害をも引き起こしており、その規模もますます大きくなっている。これらの工学製品のほとんどはコンピュータにより制御されているが、その一部である安全制御機能はソフトウェアが担っている。このソフトウェアに起因するトラブルは、マスコミを賑わしたものだけでも下記のようなものがある。

①データ入力ミスで旅客機が山に激突（1995年12月20日）コロンビア

旅客機が遅れを取り戻すため、空港への進入コースを変更する時に入力ミスをして墜落。「ROZO」と入力すべきところを「R」のみ入力、コンピュータはこれを別の入力コード「ROMEO」と解釈し、間違った旋回をして山に激突。

（http://www.shippai.org/fkd/cf/CA0000293.html）

②アリアン5号ロケット打ち上げ失敗（1996年6月4日）フランス

旧号機（アリアン4）の制御ソフトウェアの流用で加速度の桁あふれを起こして制御不能に至り墜落。

（http://www.sydrose.com/case100/284/）

③ソフトウェアのバグによるハイテク航空機の墜落事故（2000年12月11日）米国

海兵隊の垂直離着陸機の油圧システムのトラブル時に、PFCS（Primary Flight Control System）リセットボタンが点灯。手順どおりにボタンが押された際、ソフトウェアのバグにより異常な動作が発生し、コントロールを失って墜落。

（http://www.shippai.org/fkd/cf/CA0000486.html）

④湘南モノレール衝突事故（2008年2月24日）　日本

列車のモーター制御用インバータがノイズにより停止不能となり、かつ、運転士の停止指示の割込も受け付けない状況で衝突。ソフトウェアの安全設計の不備とハードウェアの経年劣化の重畳が原因。

（http://jtsb.mlit.go.jp/jtsb/railway/detail.php?id=1744）

⑤テスラ自動運転車での初の死亡事故（2016年5月7日）　米国

オートパイロットモードでハイウェイを運転中、交差点を横切るトレーラートラックに潜り込むかたちで衝突し、運転手が死亡。車載システムから「ハンドルに手を添えるように」と何度も警告を発せられていたが運転手の反応はなかった。

（https://wired.jp/2017/07/04/tesla-fatal-crash/）

これらの事例から分かるように、ソフトウェアによる安全制御は、その設計・製作ミスだけでなく、人間の挙動や外部環境の多様な変化、システムの故障との複雑な相互作用など、設計時に想定できなかったような原因で、失敗に至る。例えば、湘南モノレール衝突

事故では列車の運行開始後何年もたってから、割込を受け付けないという潜在バグが、電気回路系のノイズというハードウェアの劣化トラブルと重なることで顕在化して発生した。劣化しないソフトウェアと劣化するハードウェアを組み合わせたシステムを長期間にわたって管理することの困難さを示唆する例である。また、データ入力ミスによる旅客機の墜落もコンピュータと人間の対話の難しさを示している。今後普及するであろう自動運転車でも、複雑なソフトウェアと運転者の協調制御の欠陥による事故は容易に想像できる。

　これらの事故は、起こってしまった後に振り返ってみると「どうしてこんな簡単なことが事前に気づかなかったのか？」という反省に至ることが多い。畑村らはこれらの事故を「失敗学」と称して体系的にまとめている[1]。一方で、ここにまとめられている貴重な反省は、同時に、「後知恵（hindsight）」から出る結果でもあり、工学製品の新たな開発にあたって、これらの反省を事前、かつ、体系的に生かしてゆくことはそう簡単なことではない。

　このような事故を未然に防ぐための安全分析法はいろいろ開発されている。図1.1は、

コラム1　失敗事例に学ぶ

事例

　オートマチック車のエンジンをかけたところ、異常な音をたてて、通常は1,000回転以下のところが3,000〜4,000回転にもなった。ギヤが入っていれば大事故につながったかもしれない。

　原因は、コンピュータの集積回路（IC）のはんだ付け部分にき裂が入り、電気が通じ難くなったため、コンピュータが誤作動し、スロットルバルブを勝手に開き、エンジンが高速回転になったためとわかった。

（出典：科学技術振興機構（JST）失敗知識データベース）

何が問題か？

　上記の事例に対してグループで議論をすることにより、安全に対する関心・感覚を養成していく。

　●検討すべき障害の範囲はどうやって決めるか？
　●障害検出はどこまで可能か？
　●担当者の知識・経験不足はどうやってカバーするか？

S.K

MITのN.G.Levesonにより指摘された工学システムの安全分析法の変遷をまとめたものである[2,3]。ここで示したFMEA（Failure Mode and Effects Analysis）やFTA（Fault Tree Analysis）などの従来の安全分析法は、本書の中で繰り返し出てくるので、ここでは略号のみにとどめるが、いずれも50年以上前に開発された手法である。その後のコンピュータ制御・インターネット普及、さらには、人間との協調制御・IoT・AIの時代に、これらをどう使いこなしてゆくか、また、さらに新しい安全設計法も導入してゆくべきかが、本書執筆の基本的な動機となっている。

別の視点で安全設計の進化を象徴的に表したのが、図1.2に示した日経BP社提唱の

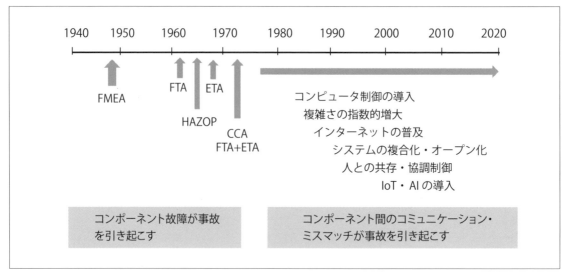

図1.1　工学製品開発の進展と安全分析の時代変化

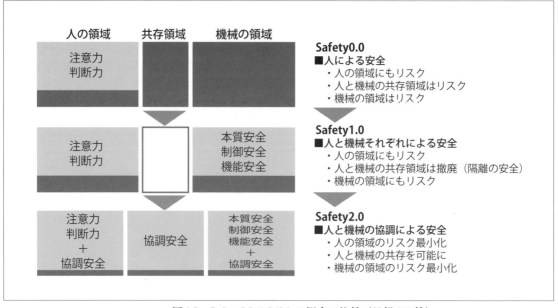

図1.2　Safety0.0/1.0/2.0の概念の比較（日経BP社）

Safety0.0 〜 2.0 の考え方である [4]。人間の注意力に頼っていた Safety0.0 の時代から、本書で説明する各種の規格により安全設計が定められた Safety1.0、さらには、今後に期待される Safety2.0（人と機械の協調安全）という進化の流れである。

本書では、これらの中の Safety1.0 に相当する各種規格の基本的な考え方を述べてゆく。そこでは、安全の基本規格といえる ISO/IEC Guide 51（JIS Z 8051）[5] と、それに伴う機械系、電気系、プログラマブル電子機器系（コンピュータ）の基本的なグループ規格、さらには、いくつかの代表的な分野別規格を説明してゆく。これらの中で、規格の最先端といえるのが、ソフトウェアによる安全制御に関わる規格 [6, 7] であるが、この基本的な考え方とその限界を十分に理解しておくことは、現場での詳細な安全設計をするためだけではなく、今後の IoT・AI 時代に、急速に進化すると考えられる工学システムの安全を考える上で必須になる。

1.2　安全の基本

(1) 事故モデル

工学システムの安全を考える上で、事故がどのように起こり、それをどうやって防ぐかという「事故モデル」を理解しておくことが必要である。この事故モデルとしてしばしば使われているものが、ドミノモデルやスイスチーズモデルと呼ばれるものである。ドミノモデルは、機器の故障やヒューマンエラーが連鎖して深刻な事故に至るというモデルであり、スイスチーズモデルは、同様の連鎖が、それらを防ぐべき防御機構の漏れと重なって深刻な事故に至るモデルである。後者は、**図 1.3** に示したような複数のスイスチーズの穴が偶然重なって先が見通せてしまう事象に喩えたモデルである。これらのモデルは、典型的な事故解析モデルである FTA などの基礎になっている。これらのモデルの特徴は、時

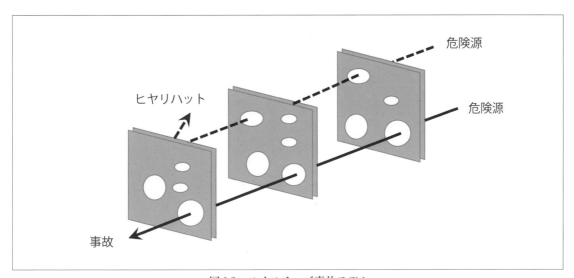

図 1.3　スイスチーズ事故モデル

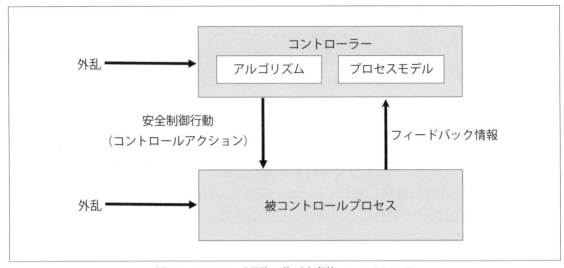

図1.4 システムズ理論に基づく事故モデルSTAMP

間の視点で一方向の事故進展モデルであり、複雑な事故を説明する観点でわかり易いものである。一方で、これら従来のモデルは、機器や人の不適切な動作が他の機器や安全制御機構の不適切な動作を引き起こし、さらに、それがフィードバックにより増幅されるといった複雑で動的な事故の説明には不十分であるという指摘もなされてもいる。図1.4には、この典型例として、N.G.Levesonにより提案されているシステムズ理論に基づく事故モデル（STAMP, Systems Theoretic Accident Model and Process）を示した[2]。これは、コントローラーにより与えられる安全制御動作（コントロールアクション）によって被制御対象の事故を防ぐというモデルである。コントローラーは、機械要素のみならず、人や組織の行動や意思決定までを抽象化したモデルでもあり、被制御対象システムに関するプロセスモデルと被制御対象システムからの観測情報（フィードバック）に基づいて、安全制御のためのコントロールアクションを提供する。このプロセスモデルやフィードバック情報が間違うことで事故を誘発するという事故モデルである。もちろん、コントロールアクションの生成アルゴリズムが間違っていたり、アクチュエータに不具合があっても同様に事故が起こりうる。プロセスモデルは明示的に与えられることも非明示的なこともある。コントローラーが人の場合、プロセスモデルは「メンタルモデル」に、コントロールアルゴリズムは「運転手順書」や「意思決定ルール」に該当する。人やインターネットを含んだ複雑な環境下で動作するシステムにおいては、設計時に想定したプロセスモデルやコントロールアルゴリズムが正しく動作するとは限らない。複雑システムでは、このようなフィードバックを含んだ動的な事象として事故モデルを考えるべきという指摘は、機能共鳴事故解析法（FRAM）という形で、E.Hollnagelによっても指摘されている[8]。

STAMPとFRAMは過去に起こった事故を抽象化して理解する際には重要であるが、個々の製品開発においては、開発対象と開発フェーズにあったモデルを使わないと問題を複雑にしかねないことには注意が必要である。例えば、人と機械の協調制御のようなフィ

ードバックシステムを想定したとき、不具合発生後の情報が一巡するまでは一方向の事象進展モデルに基づいて設計することで問題を簡単化できる。一方で、さらに複雑な状況に対応する安全設計を行うには、STAMPやFRAMのような動的モデルを用いる方がよいかもしれない。

(2) 信頼性と安全性

安全設計をする上で基本的に重要な概念は信頼性と安全性である。特に、ソフトウェアは機械や電気部品のような経年劣化がなく無体物なので人や環境に直接的に危害を及ぼすとは考えにくい。そのためか、ソフトウェアの世界では、信頼性と安全性は混同されやすい。しかし基本的に異なる概念である。JIS Z 8115 信頼性用語 では、信頼性と安全性を以下のように定義している。

- **信頼性**：（機器、設備などの）アイテムが与えられた条件のもとで、与えられた期間、要求機能を遂行できる能力。
- **安全（性）**：人への危害又は資（機）材の損傷の危険性が、許容可能な水準に抑えられている状態。

つまり、信頼性では製品寿命の期間内や使用条件の範囲内で要求された仕様をいかに満足しているかが問われているが、安全性では、製品寿命や仕様との適合性とは無関係に人（や環境）への危害がいかに低いかが問われている。言い換えれば、信頼性は、その製品の機能を実現する能力であるが、安全性は、その製品の機能とは無関係にリスクが低いことを示す概念である。

例えばよく故障する車があったとする。ただし、その故障が発進時によくエンストするようなものであれば、その車の信頼性は低いと言えるが、安全性は低いわけではない。また非常に稀であるが、あるタイミングで急発進することがある車ならば、安全性に問題がある。これは、安全性の概念では「危険側故障」と呼ばれる。一方で、故障があっても危

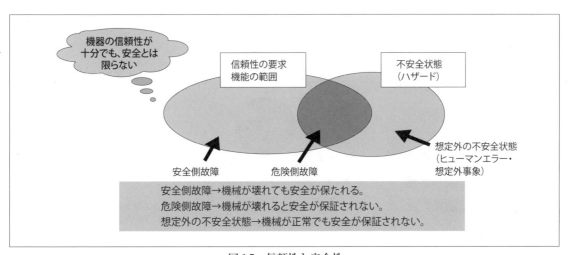

図1.5　信頼性と安全性

険側でなければ許容される（安全側故障）。信頼性の概念では、製品寿命期間内の故障発生率が設計目標以下であれば信頼性は確保されていることになるが、その時の故障が、安全側への故障か危険側への故障かは信頼性維持とは別の視点での問題になる。

　図1.5に示すように、製品の設計仕様で信頼性と安全性が重なっている領域は、信頼性が確保されていれば安全性も確保されることになる。しかしながら、故障によって信頼性が確保されなくなると、安全性も確保できない危険側故障となってしまう。安全性に関係しない領域の信頼性は、安全側故障とみなすことができる。一方で、設計仕様からはずれた領域での安全性にかかわる事象は、想定外事故になりうる領域であるが、これを合理的な範囲で想定し、どのように設計に反映するかは、今後の大事な課題である。第6章で述べる自動車の制御に関わる安全規格ISO 26262では、概念設計段階でハザード分析とリスクアセスメントによる安全論証が求められているが、これは、いきなり詳細設計に入ってしまうのに比べれば、想定外の事故を減らすことに役立つといえよう。一方で、制御システムが複雑で高度なものになると想定漏れをなくすことはそう簡単ではない。第8章では、このような複雑システムのハザード分析に役立つひとつの方法論としてSTAMP/STPA（Systems Theoretic Accident Model and Process / Systems Theoretic Process Analysis）を紹介する。

　このように、安全性確保のためには信頼性の確保が必要条件であるが、信頼性と安全性は元々異なった概念である。

コラム2　ディペンダビリティと安全性

　ディペンダビリティは、安全性とどのような関係にあるのだろうか。名古屋大学高田教授の解説を、下図に示す。ディペンダビリティ（dependability）とは、広義の信頼性を指し、狭義の信頼性（reliability）、可用性（availability）、セキュリティ（security）、安全性（safety）を包含する概念であるとしている。元来の言葉は、「頼りがいのあること」を意味しており、システムがどの程度頼りになるものかを示す概念である。ただし、これらの用語は人やコミュニティにより定義が異なるので注意が必要である。

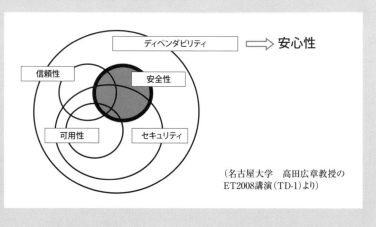

（名古屋大学　高田広章教授のET2008講演（TD-1）より）

S.K

(3) 本質安全と機能安全、フェイルセーフとフォールトトレラント

　機能安全（functional safety）という言葉は、本質安全という言い方に対して相対的に安全を捉えようとして生まれてきた新しい用語であり、IEC 61508（JIS C 0508）で定義されている。

　本質安全（inherent safety）は固有安全とも言い、システムの基本設計や運転特性に向けられた概念である。根源からリスクをなくして達成される安全のことである。それに対し、機能安全とは安全に寄与する保護システム（安全関連系など）や保護機能に向けられた概念で、（能動的に）付加された機能によって確保される安全のことである。

　機能安全という概念は、絶対安全（第2章参照）はありえず相対的に安全であるに過ぎないという考え方から生じている。機能安全はリスクの評価を行い許容以下になるようにリスク軽減を実施するという考え方である。従って、安全度合いを決めるための尺度がある。その尺度を安全度水準（SIL, Safety Integrity Level）と言う（第5章参照）。

　よく例に出されるのは図1.6に示す立体交差と踏み切りの比較事例である。また耐火建築の家屋は一般に本質（的に）安全であるが、可燃性の木造家屋は本質安全とは言えない。しかし、そこに煙探知器を備えているとか、灯油やガスを使わないような機能を備えた家であったら、機能安全の水準が高いと言える。

　なお、「絶対安全」はありえないということがISO/IEC Guide 51（JIS Z8051）で明言されているが、本質安全といえども設計の想定外の事象が起きれば安全は崩れてしまう。立体交差が本質安全と言っても橋脚が崩れ落ちる大事故の確率はゼロではない。しかし不安にかられて事故の可能性を過大評価しすぎると鉄道はない方が良いと言う文明否定に陥ってしまう。社会的通念として合理的な範囲で工学的にリスクを最小にする設計が重要である。

　機能安全に基づく安全設計ではリスクの低減策も重要である。その基本はフェイルセーフという設計指針である。システムの一部が故障したときに、システムが安全側で維持されるよう配慮した設計である。この典型的な例は、昔の鉄道のボール信号機である（図1.7）。ボールが高い位置（ハイボール）にあるときは、現代の緑信号のように列車の進行を許可し、ボールが地上にある（ローボール）ときには、赤信号として列車をストップさせる。ボール信号機の主な故障はロープ切れであるが、その際には、ボールは重力で落下してローボール（赤信号）になり、列車は進行できない。つまり、故障の際には安全側（赤信号）になるため、人命にかかわるような大事故につながる心配はなくなる。この背景には、"許可を表す緑信号には、エネルギーの高い物理的状態を対応させなければならない"という安全の基本原理があり、これをハイボールの原理と呼ぶ。これは、ウイスキーの炭酸割りであるハイボールの語源のひとつという説もある。英国の駅近くの酒場でウィスキーを飲みながら列車待ちをする英国紳士が、ハイボールを見ると、ウイスキーを炭酸で割って薄くして、いっきに飲んでホームに向かうという言い伝えである[12]。

　しかしながら、システムが複雑になるとフェイルセーフという考え方が使えなくなる。

図1.6　本質安全と機能安全

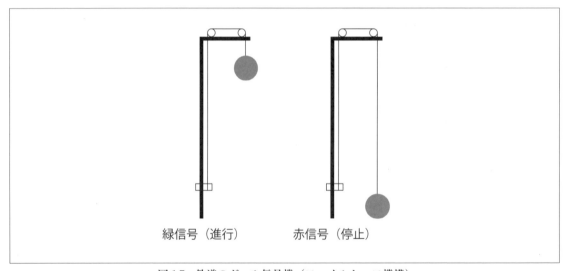

図1.7　鉄道のボール信号機（フェイルセーフ機構）

例えば、航空機のシステム故障の場合に単純に機能停止をすると墜落してしまう。原子力発電プラントでは、非常停止した後でも、核燃料の崩壊熱を冷すための冷却系の稼働が必要である。このような場合、フォールトトレランスという設計指針が必要である。これは、システムの一部が故障しても、それを他の機能で代替・回避できる構造や仕組みを取り入れる設計である。制御器の場合、これを多重化することで、ひとつの制御器が故障しても、他の制御器で制御を継続することができるような設計である。また、自己診断機能を内蔵し、故障が顕在化してシステムの機能喪失に至る前に故障を検知して制御器の切り替えを行うといったことも大切になる。機能安全の規格では、このような多重化によるリスク低

減策や自己診断機能による故障の検知とその際の対応策などが、安全目標の程度に応じて要求される。

　最後に、フールプルーフという設計指針も大事な概念なので指摘しておく。これは、人の不適切な行為や過失があっても安全性が損なわれないように配慮した設計である。冒頭で紹介したコロンビアでの「データ入力ミスによる旅客機の墜落」では、「R」という省略した入力が間違って解釈されて墜落に至ったが、このようなミスはインターフェイスの設計でこの指針を十分に意識していれば容易に防げた設計ミスといえる。

コラム3　安全と安心

　「安全・安心」という言葉は、世の中では一対で使われることが多いが、「安全ではあるが安心できない」とか、「安心できないので安全ではない」というように、混乱のもとにもなっている。安全設計に携わるエンジニアにとっては、工学的な立場からその意味をきちんと理解しておく必要がある。広辞苑では、安全は「安らかで危険のないこと」、安心は「心配・不安がなくて心が安らぐこと」とあるが、「危険のなさ」と「安らかさ」が同居しており、工学なのか心理学なのかが分からない。

　国際規格の定義では、安全は「許容できないリスクがないこと」とされている。「安らかさ」という概念は消えているが、「許容できない」というリスク容認についての基準を定めるのはそう簡単ではない。このため、本書での安全規格では、「Safety Integrity Level」（安全度水準）という表現で安全の程度を定量化・客観化しているが、これは、工学的立場での安全の定義であり、上記の「危険のなさ」をあらわしたものである。日本語の「安全」は「Safety」という訳語に対応させられるが、工学的には、Integrity という「健全、完全」という語源の言葉をつけて危険のなさを客観化している。そもそもの「安全」という日本語には、「安＝やすらか」と、「全＝欠けているものがない、完全」という言葉が組み合わさったものであり、これを単純に Safety と解釈すると、Integrity という工学的概念が抜けてしまう。

　では、安全の語源はどこにあるのであろうか？明治大学の向殿政男名誉教授のエッセイでその語源として、「中国の古典「孝経」に、「上に安じ、下に全うするは、礼より善きはなし」とある。この意味は、上は陛下に対して奉り、下は万民に向かい、至誠を尽くして天下の安全を図れと訓えたものである。」という紹介がある（注記）。確証はない説とあるが、Safety という概念が欧米から入ってきたときに、ここから「安全」という訳語を当てたとすると慧眼というべきであろう。ただし、この時点で、「危険のなさ」と「安らかさ」は同居している。今日、工学的立場で「安全」を再定義する際に、「Safety Integrity」（安全度）として「危険のなさ」を客

コラム3

観視するのは合理的だといえる。

　一方、「安心」はどうであろうか。これは、心の平和（Peace of mind）であり直訳の英語はない、心理学的・社会学的概念といえる。経済的な利害が絡むと風評被害につながる。また、パワハラは心理的な暴力で物理的な暴力と区別されるが、これも、安心と安全に対比できるかもしれない。このパワハラでは、加害者がパワハラと思っていないのに、被害者はパワハラと思ってしまうという心理学的な価値観の相違が問題になる。同様に、風評被害も生産者と消費者の間の価値観の相違が問題になる。利害関係者の価値観の相互理解を進めるための方法としてリスクコミュニケーションが注目されるが、その本質はお互いの信頼感の醸成でもあり、これが安心につながるといえる。

　（注記）向殿政男、安全という語源

　http://www.mukaidono.jp/anzenessay/1702termanzen.pdf

S.K

(4) 障害と故障

　安全設計においては、システム障害を致命的な段階になる前に検出し、どのようにそれを防ぐかが重要になる。その際、システムの障害や故障とは何かを明確に定義しておかないと混乱のもとになる。故障と障害（フォールト）という言葉は、Failure と Fault の和訳であるが、その定義は、規格により異なる使い方がされているので、その本質的な意味を理解して使う必要がある。

　塩見[4]によると、「IEC の定義のフォールト（障害）とは、要求機能を遂行することが出来ないアイテム（システムやその要素を指す）の状態であり、故障は event（事象）を表している。アイテムが故障すれば、フォールトをもつことになる。たとえば大きなシステムのなかの部品が故障してフォールト状態になる。あるいはソフトウェアバグ（フォールト）があっても、そこが使用されなければ，フォールトは潜在状態にあってシステム故障として顕在化することはない。」とされている。本書で述べる IEC 61508 や ISO 26262 を理解するために、これをもう少し丁寧に説明すると、**図1.8** のようになる。まず、システムの一部の部品が故障したとき、これがシステム全体の要求機能の停止までには至らず機能低下にとどまっている状態と、さらに、故障が他の部品に広がりシステムの停止に至る状態とに分けられる。大きなシステムでは、制御系の多重化によって一部が故障してもシステム全体はその運用を継続できる場合が多いが、これが機能低下の一例である。計算機でメモリの1ビット故障はシステム停止に至る障害になりうる可能性があるが、ECC（Error Correcting Code）機能によるエラー修正機能があれば、1ビットの欠陥は修復さ

れるので、潜在的障害となってシステム全体の機能には影響しない、というのも一例である。また、ソフトウェアのバグは、運用当初から埋め込まれた潜在的な障害状態であるが、そこが使用されなければシステム停止に至ることはない。この潜在的な障害状態で、安全設計上重要なことは、それが何らかの安全機構で検出できるかどうかである。これを検出できない場合は、潜在障害（Latent fault）と呼び、検出可能な障害と区別して扱っている。IEC 61508では、このような障害を、「当該要素に要求される機能遂行能力の低下又は喪失を引き起こす可能性がある異常状態（JIS X0014の14.01.10）」と定義している。

他方、この部分的な障害がシステム全体の機能に致命的な影響を与えたり、他の要素の障害やヒューマンエラー、外部電源喪失、セキュリティ攻撃などの外部環境の変化と重なったりしたとき、システム全体の停止に至ってしまうが、これを障害の顕在化、又は、致命的障害と呼ぶ。

また、図の中でシステム機能低下の状態でこれを修復して元の状態に戻せれば、システム停止に至ることなく、システム運用効率を上げることができる。これを予防保全（Preventive maintenance）や予知保全（Predictive maintenance）と呼んで、停止後の修復（事後保全、Corrective maintenance）と区別する考え方がある。航空機のように運航の後に必ず点検したり、原子力プラントのように毎年プラントを停止して点検するシステムでは、機能低下状態を検出しておくことで、その修復を短時間で確実に行うことができる。また、システムを停止することなく修復ができるメカニズムをあらかじめ組み入れておけば、システム運用中に修復が出来、システムの運用効率を高めることができる。これはオンライン・メンテナンスという呼び方をすることもある。これらの保全方式まで含めたシステムの運用形態を考慮して安全設計を行うことは重要であり、IEC 61508などの規格では、全安全ライフサイクルと呼んで、システムの概念段階から、設計・製作、運用・

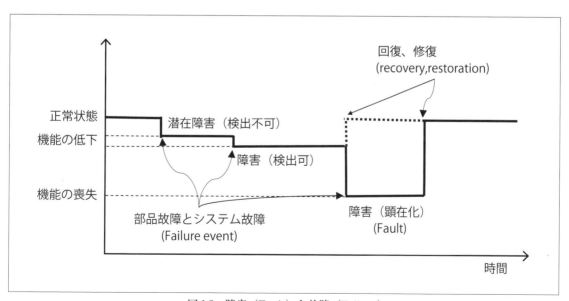

図1.8　障害（Fault）と故障（Failure）

廃棄にいたるまでの業務工程を定めている。

　安全設計では、FTA や FMEA がシステムの安全分析でよく用いられるが、トップダウンの分析法（FTA）では「Fault」が用いられ、ボトムアップの分析法（FMEA）では「Failure」が用いられることも、上記の定義に合致している。和訳ではどちらも「故障」という言葉が割り当てられているのも混乱の元かもしれない。ISO/IEC 規格で障害と故障の使い方を統一しようとする動きはあるが、まだ実現はしていない。

1.3　ハザードとリスク

　安全性を考える上で最初に理解しておく必要があるのは図 1.9 に示すようなハザードとリスクの概念である。人が何らかのリスク（危険や危害を受ける可能性）にさらされるということは、危害をもたらす何かが存在するからであって、この何かをハザード（危険源）と言う。ハザードの例としては、物理的な実体のあるものとして、毒性のある薬品や化学物質、高電圧電源、高圧タンクのほか、爆発の可能性のあるもの、可燃性物質、猛獣や病原菌などの生物などがある。事故を引き起こす可能性のある車、電車、エレベータ、エスカレータ、挟まれ事故を起こしかねないドアなどもハザードである。その他、台風、落雷、地震などの自然現象や、不景気や集団パニックなどの社会現象もハザードになりうる。つまり、ハザードはこの世界の至る所にあり条件が整えばリスクとなる。ハザードが大きな危険源として顕在化しない限り我々は意識しないので通常不安に陥ることはない（危険源の深刻さ）。また顕在化しても、ハザードが遠方にあるか（危険源にさらされる可能性が低い）、丈夫な物で隔離されていれば（危険源を制御できる）、人はリスクを感じない。それは、危害の程度が小さいか、又は、危害の発生確率（頻度）が小さいと判断しているからである。

　このように、リスクは人の対応能力や価値観により、あるいは設置環境や社会環境によっても変わってくるが、便宜上下記のような式で表現される。ただし、実際に起きる P と S の関係は単純な積演算ではないことに注意が必要である。

リスク（R）＝発生頻度（P）×危害の程度（S）　⇒　f（P,S）

　このリスクのイメージは図 1.10 のように表現される。リスクは定量的なものであり、社会通念として無視しうるリスク（許容域のリスク）と社会通念として許されないリスク（非許容域のリスク）との間に、便益とのトレードオフとなる領域がある。それをALARP（As low as reasonably practicable）領域と言う。機能安全の思想は、非許容域リスクと ALARP 領域のリスクを合理的に実行可能な範囲で、できるだけ小さくしてゆき、許容域に押さえ込もうということである。機能安全の対策を実施した後も、絶対安全はないので、残留リスクは存在していることに注意する必要がある。

図1.9　ハザードとリスク

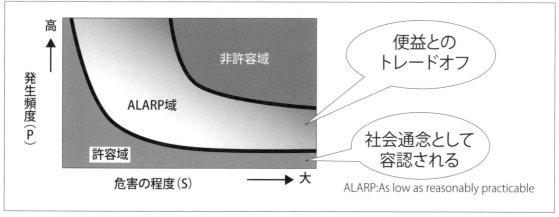

図1.10　リスクの概念

1.4　安全設計と安全論証

　安全設計者にとって、対象システムの考えうるリスクを論理的かつ合理的に評価し、ALARPの考え方に沿って社会通念上許容されるレベルまで下げることが必要であるが、同時に、その評価過程や設計過程を明示的な形で残しておかねばならない。

　安全設計では、この安全論証（Safety Argument, Safety Demonstration）過程をドキュメントとして残したものを、セーフティケースという言葉で表現する。英国の防衛規格 Defence Standard 00-56 では、これを、「与えられた運用環境におけるシステムの適用に関して、受容可能なレベルの安全であることを示すため、根拠資料の集まりにより支援された構造化された議論」と定義している[13]。つまり、セーフティケースとは、安全活動の証拠（作業成果物）を体系的にまとめるだけではなく、それを用いて開発対象に対する

安全要求が完結しており、かつ、満たされていること、不合理なリスクが無いことを論証するものである。上記の安全論証のために入力となっている文書や、論証の目標となる安全要求（Goal/Claim/Requirement）、論証（Argument）のためのすべての作業成果物（Evidence/Work product）がセーフティケースである。セーフティケースには、設計レビューの議事録や、エンジニアの能力の確証（コンピテンス管理の結果）なども幅広い意味で含まれることもある。このセーフティケースの一例を図 1.11 に示す。

この中の安全論証は、安全目標とその根拠となるエビデンス、さらには、それらを結ぶ論証過程の構造を論理的かつ明確に表現することが大事であるが、そのためのグラフィカルな表記法の一例として、GSN（Goal Structure Notation）を図 1.12、1.13 に示す。GSN では，議論の主張は「Goal」として表され、それは、さらにサブゴールに分解されて、最終的にはその根拠資料である「Solution」（作業成果物 =Evidence）に結び付けられる。各ゴールに付随する前提条件などの説明資料は「Context」という形で紐づけられ、また、サブゴールに分解する際の理由は「Strategy」というノードで表され、その妥当性は「Justification」や「Assumption」というノードで説明される。

なお、上記の安全論証で、「Argument」という言葉を使っているのは、数学的な証明（Prove）ではなく、根拠資料により論理的かつ合理的に論証するということを意味しており、完全な証明、即ち、絶対安全を保証するものではない点は理解しておく必要がある。

この安全論証の第一段階は、安全目標を定めることであるが、その標準的なステップを図 1.14 に示す。IEC 61508 などの規格（後述）では、この安全目標を SIL（Safety Integrity Level, 安全度水準）によって定量化し安全設計の根拠として用いる。最初にシステムの目的、必要性、機能、構造・構成、利用期間、利用場所を明確にし、想定される使用者と接触者（子ども、見学者など）を特定する。その場面で、想定される使用（意図する使用）を特定し、予想される誤使用例（合理的に予見可能な誤使用）を推定する。次に、製品の全ライフサイクルの各段階で、あらゆる条件下で発生しうる各ハザードを特定する。さらに、ハザードが引き起こすリスクを推定する。そして事故シナリオを分析することになる。次にそれぞれのリスクについて、発生頻度、危害の程度を予想してリスクの程度を評価する。各リスクが許容可能かどうかを判断して、許容可能でなければリスク低減策を立案し、許容可能なレベルになるまでこれらのサイクルを繰り返す。

こうして安全目標が定まったあとは、詳細設計において、この目標を実現するハードウェア、ソフトウェアのアーキテクチャを決めて製作に入る。これらの設計仕様などもセーフティケースの中に入って安全論証を補強する。もちろん、安全目標が達成できない状況では安全論証も成立しないので、その場合には設計の見直しや設計活動を再び行うことになる。

ここで述べた安全要求は、顧客や市場からの具体的な品質要求として取り組むことがある一方で、安全論証の提示は開発側（企業）としての責務にもなってきている。安全論証には、規格の要求事項や目的を満足することのエビデンス（成果物 =Work Products）が

必要となる。これを達成するためには、（安全設計における）最先端技術（State of the art）を踏まえることや、業界としての慣例、開発のタイミングでその時代に形成されている相場観を踏まえることも重要となる。安全規格に準拠するためには、安全分析においてFTAやFMEAなどの分析手法を用いることが多く、これらを用いていない場合、安全論証は成立しにくい。さらに、これらの分析では、HAZOP（HAZard and OPerability study）のガイドワードや、過去の失敗事例、フィールドデータを含む既存の知識もベースとして必要にもなってくる。

　一方で、先述したように安全にかかわる考え方は、国や地域、時代といった社会情勢とともに変化する。例えば、車の自動運転のように現行規格のスコープ外の新しい分野では、安全論証が従来の手法だけでは不十分となる可能性がある。それは、業界としての慣例や相場観が形成されておらず、起き得る失敗事例やフィールドデータもそろっていないからである。こうした場合、STAMP/STPAのような新しい方法論（本書第8章）を用いて利害関係者の間での相互レビューや共通の理解を得ることで、未経験・想定外のハザード

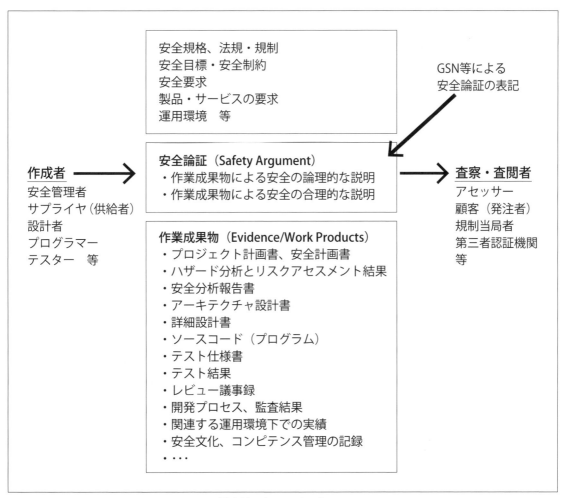

図1.11　セーフティケース

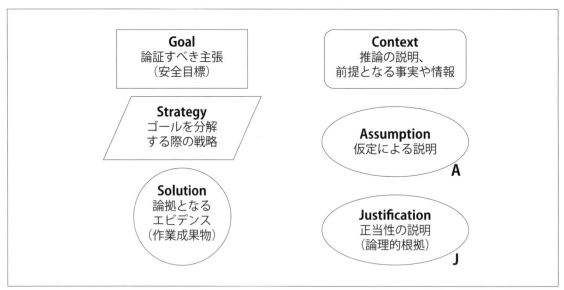

図 1.12　GSN（Goal Structure Notation）の主要な記号・要素

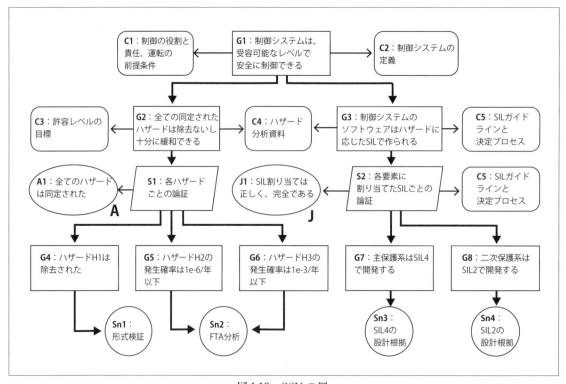

図 1.13　GSN の例

をできるだけ減らす努力も必要になってくるであろう。このような努力は、現行の国際安全規格に直接準拠するものではないが、新しい設計概念、新しい運用環境などのもとでの安全論証を強化するものとして役立つ可能性がある。すなわち、最善を尽くすことも安全論証を補強するものと考えるべきである。

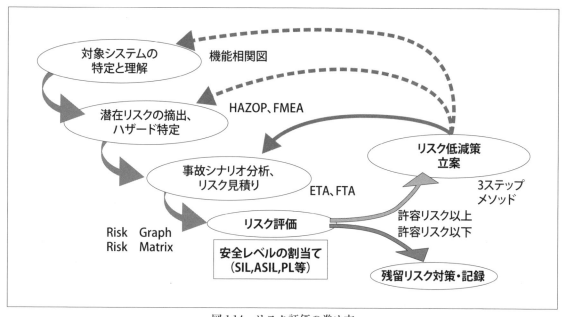

図1.14　リスク評価の進め方

1.5　リスク低減の基本戦略

　リスクが明らかになったところで、関連規格や事例を参考に、リスクの低減方策を打ち立てていくことになるが、基本的な考え方と、設計のヒントになる主な手法をいくつか概説する。

(1) スリーステップメソッド

　設計段階で、リスク低減を策定する際の優先順位は、次のスリーステップメソッドによる。詳しくは、第2章ならびに第4章を参照されたい。
　①本質的安全設計方策
　②安全防護及び付加保護方策（保護装置の設計、安全関連系の設計）
　③使用上の情報（警報、マニュアルなど）
　このようなリスク低減策を講じても、なお製品完成後のリスクは残る。使用段階で、さらにリスクを低減するためには、(a) 追加保護装置の設置、(b) 訓練、(c) 保護具の装着、(d) 安全管理の体制、などを検討する必要がある。ただし、使用段階の改善策を設計段階でのリスク低減策の代替にしてはいけない。

(2) 安全規格が要求する設計技法[9]

　制御システムに関する代表的な規格としては、下記がある。
　①制御システムの安全関連規格　ISO 13849-1（JIS B 9705-1）

②機械の電気装置　IEC 60204-1（JIS B 9960-1）
③機能安全規格　IEC 61508（JIS C 0508）
　IEC 61508 は、安全制御に関わるソフトウェアの設計・製作プロセスの規格を初めて定めたものであり、他の規格からも参照される重要なものになっている。そこではリスクの程度に応じて安全度水準を決め、その安全度水準に応じた設計技法を推奨しているが、なかでも、ソフトウェアの設計技法については、100項目ほどを提示している。

(3) リスク低減のための具体的戦略
　基本的な戦略をあげると、以下がある。
①フォールトアボイダンス、フォールトレジスタンス
　障害を回避する、あるいは、障害に対する抵抗力を高める構造・仕組みを考える。
②フォールトトレランス
　障害が発現しても、リスクが低くなるような許容性を持たせたる構造・仕組みを考える。
③フォールトディテクション
　障害発生時に的確な安全機能の実行ができ、障害発生後も確実に最低限の安全確保と迅速な事故対策、復旧対応ができるように、フォールトの検出・診断の仕組み・機能を考える。
④多重防護、深層防護、多様性
　潜在リスクの大きいシステムでは、リスク軽減施設や安全関連系などのバリアーを複数用意することになるが、例として3層構造の安全方策を考える。まず、異常状態を未然に「発生防止」することである。それが破られた時は、システム全体に波及しないようにする「拡大抑制」を考える。それも破られた時に備え、影響を最小限に留めるような「影響

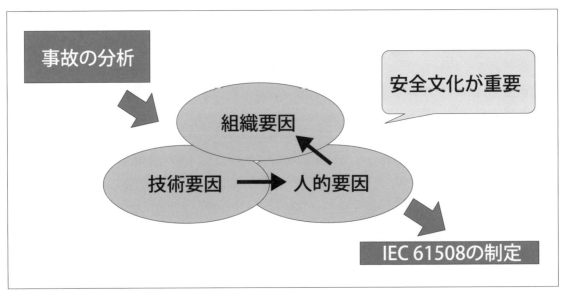

図1.15　重大事故に潜む三つの要因

緩和」を考える。バリアーを単に複数用意することではなく、各層毎に他の層をあてにせず、異なった独立の思想で設計するという考え方であり、多様性と呼ばれることもある。

⑤ライフサイクルマネジメント

ライフサイクルマネジメントは、対象システムの、安全装置の概念、設計、保守、改修、廃却に至る各段階での運用・管理プロセスをあらかじめ定めておくという、いわば、ゆりかごから墓場まで安全装置の面倒をみるという考え方である。例えば、第5章で述べる機能安全規格 IEC 61508 では、16 のフェーズからなる業務工程を定めている。

⑥安全文化の醸成

重大事故を引き起こす背景には図 1.14 に示すように技術要因、人的要因（個人のコンピテンシー）、組織要因の3つがあると言われている。本書はこのなかの技術要因につい

コラム4　多重防護、深層防護、多様性

　原子力発電設備のように安全性が最重要視されるところでは、安全対策を何段階にも構成し、安全性を高めているが、これを多重防護（Multiple Protection）と呼んでいる。一方、深層防護は、核ミサイル攻撃からアメリカ本土を守るための多層の防衛手段から生まれた言葉であるが、より厳重に、かつ、奥深く守るという意味合いがこめられており、原子力発電所の安全設備でも、多重防護に代わって、深層防護（Defense in Depth）という呼び方が用いられることが多くなっている。また、一般の安全設備では、冗長系（Redundant System）という言葉もよく用いられる。これは、同等の安全系を複数設置することで安全系の故障による被害を防ぐ方法である。これに対して、深層防護や多重防護は、ひとつの安全系で防ぎ切れなかった事象を、異なる方法によって次の段階で事象の影響を抑制し、被害を最小限にとどめる考え方であり、前述のより厳重な安全管理という意味がこめられている。また、安全系では、多様性（Diversity）という考え方も重要である。これは、異なる考え方に基づいて安全系の設計をすることであり、地震や火災などのような一つの事象によって、多重の安全系が同時に破られて事故に至ってしまうことを防ぐためにとられる設計手法である。デジタル制御システムが普及している最近のプラントでは、同じソフトウェアのバグで冗長系が同時に故障してしまう可能性があるため、この多様性という考え方が特に重要視される。原子力分野では、$D^3 =$ Defense in Depth + Diversity という言葉がしばしば用いられるが、これは、深層防護＋多様化によって安全性を高める考え方で、大規模なデジタル制御システムの設計に当たって重要視されている。

S.K

て論じているが、人的要因、組織的要因（安全文化の醸成）も安全性の確保のために大事な要因である。詳細は文献を参照されたい[10]。

⑦安全性と経済性の両立

　安全性と経済性は対立する概念（経済性を優先させて安全性を犠牲にするなど）のように言われることが多い。しかしながら、機能安全の概念をうまく使うことで、安全性を高めながら同時に経済性も高めることができる。例えば、列車の踏切制御では、踏切前の列車の閉そく区間を、その到達位置に依存した固定閉そくから、速度を利用した移動閉そく方式にすることで、短くすることができ列車の運行管理を効率化できる[11]。列車密度の高い都市部の路線では効果的であり、しかも踏切鳴動から列車到達までの時間的な余裕（安全裕度）を確保でき、安全性を損なうことなく踏切の開閉を最適化できる。文献では、他にも安全性と経済性を両立して高めることができる事例が多く示されている。

1.6　本章のまとめ

　本章では、以下の事項について概説した。
　（1）複雑システムの安全設計の背景
　（2）安全の基本（事故モデル、信頼性と安全性、本質安全と機能安全、故障と障害）
　（3）ハザードとリスク
　（4）安全論証と安全設計
　（5）リスク低減の基本戦略

　組込み系の安全設計では、対象システムの複雑化だけでなく、ソフトウェアを用いた安全制御アルゴリズムそのものの複雑化という難しい課題が出てきている。現状の規格は、この新しい課題に十分に対応できているとは言えないが、それでも、その規格の背景にある安全性の哲学を十分に理解した上で規格を使いこなしてゆくことが重要である。本章では、この規格の背景として重要な安全設計の基本を述べた。以降の章では、機能安全を中心に、規格の内容や設計手法について、解説していく。

参考文献（第1章）

1) 畑村洋太郎、失敗学のすすめ、講談社文庫（2000）

2) Nancy G. Leveson: Engineering a Safer World/Systems Thinking Applied to Safety, The MIT Press（2012）

3) SEC特別セミナー：システムベースのエンジニアリング最新動向,2015年6月18日, https://sec.ipa.go.jp/seminar/20150618.html

4) 向殿政男,「IoT時代におけるものづくり安全の動向」,情報通信学会誌、Vol.34, No.1, pp.41-46,（2016）（日経BP Safety 2.0 プロジェクト, Safety 2.0 コンセプト編, 日経BP社,2015年12月）

5) ISO/IEC Guide 51 ：1999 （JIS Z 8051：2004） 安全側面－規格への導入指針

6) IEC 61508：1998（JIS C 0508：1999）電気・電子・プログラマブル電子安全関連系の機能安全

7) 情報処理推進機構（IPA）,「組込みシステムの安全性向上の勧め」（機能安全編）, 2006年11月

8) エリック・ホルナゲル他,「実践レジリエンスエンジニアリング」,日科技連（2014）

9) 宮崎浩一,向殿政男,「安全設計の基本概念」,日本規格協会（2007）

10) ジェームズ・リーズン,「組織事故とレジリエンス」,日科技連（2010）

11) 神余浩夫、「目で見る機能安全」、（財）日本規格協会（2017）

12) 向殿政男,ためになる安全学,（2010） http://www.mukaidono.jp/anzenessay/dai9anzengaku.pdf

13) Defence Standard 00-56, Safety Management Requirements for Defence Systems Part 1,（2007）, https://www.skybrary.aero/bookshelf/books/344.pdf

14) 塩見弘,故障メカニズムと解析法,（1991） https://www.jstage.jst.go.jp/article/jjspe1986/57/3/57_3_418/_pdf

15) GSN COMMUNITY STANDARD VERSION 1,（2011） http://www.goalstructuringnotation.info/documents/GSN_Standard.pdf

MEMO

第2章
安全規格体系と概要

　本章では安全規格の全体的な体系と概要を説明する。

　2.1 節では、各国の安全規格と標準化機関について概観する。2.2 節では、国際安全規格を制定する際の基礎となる ISO/IEC Guide51 について解説する。2.3 節では、ISO/IEC Guide51 の下に位置づけられ、重要な機械系安全規格である ISO 12100 について概要を述べる。そして 2.4 節では、本書で扱ういくつかの安全規格と、規格の適用範囲や限界について解説する。

2.1 安全規格と標準化機関

この節では国際安全規格の発行機関である ISO, IEC 及び各国の標準化機関の概略について説明する。具体的ないくつかの安全規格については、2.3節、2.4節及び第4章以降で述べる。

安全規格には、国際規格から世界各国の国家規格、業界団体等による団体規格まで、いくつかのレベルがある。各レベルの標準化機関の一部を**図2.1**にまとめる。

以下に主な標準化機関の概要を説明する。

◆ ISO：International Organization for Standardization（国際標準化機構）

ISOは、サービスの国際交換を容易にし、知的、科学的、技術的及び経済的活動分野の協力を助長させるために、世界的な標準化及びその関連活動の発展を図ることを目的に、1947年に発足した。非政府組織ではあるが、国連とその関連機関における諮問委員会的組織である。その会員数は、設立翌年は25カ国であったが、その後増加の一途をたどり現在では160カ国を超えている（2018年時点）。加入は各国の代表的標準化機関一つに限

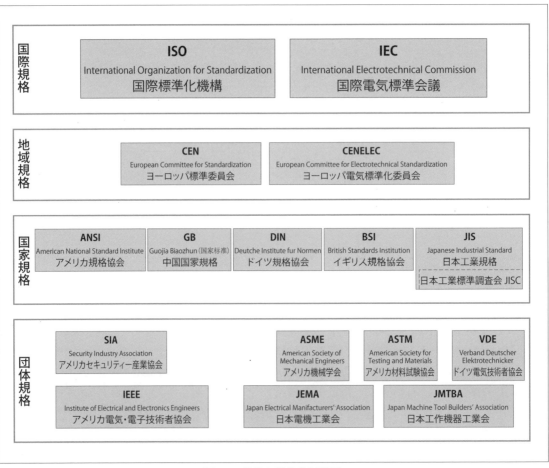

図 2.1　規格と規格発行機関

られている。

　組織構造は、総会の下に評議会があり、全体の活動を監督している。国際標準化は評議会の下部機構である技術管理評議会が管理しており、活動範囲は、IEC の担当する電気・電子技術規格以外の分野の、すべての標準化を推進する[1]。日本からは JIS の調査・審議を行っている JISC（日本工業標準調査会）が 1952 年から加盟している。

◆CEN：European Committee for Standardization（Comité Européen de Normalisation）（ヨーロッパ標準化委員会）

　1961 年にヨーロッパ 18 カ国の標準化機関が参加して設立された地域標準化機関である。現在のメンバーは 30 カ国（2018 年時点）であるが EU と関係の深い複数の国がアフィリエイトとなっている。EN（ヨーロッパ統一規格）は CEN のメンバー投票によって過半数の賛成で決定され、規格は EN 規格として参加国に採用される。

　CEN は ISO と密接に協調して業務を遂行している。規格制定当初の最大の目的は地域内の商品の安全を確保し、流通を円滑にすることにあった。欧州以外の国にも規格を広げる政策をとっている。

　また 1997 年からは JISC-CEN の定期協議が開催されており、日欧の標準化に関する情報交換が行われている。

◆IEC：International Electrotechnical Commission（国際電気標準会議）

　1904 年、アメリカのセントルイスにおいて開催された国際電気大会で批准され 1906 年に設立された。中央事務局はスイスジュネーブに設置され、会員は準会員を含み 80 カ国以上（2018 年時点）であり、規格の対象は電子、電磁気、電気通信及びすべての電気技術が含まれている。またそれらの用語、記号、測定方法、性能信頼性、設計及び開発、安全、環境などの領域もその対象に含まれている。IEC の使命は電気技術、電子技術及びその関連技術の分野で、電気技術の標準化に関するあらゆる問題解決と、規格への評価などさまざまな関連事項について、会員を通じて推進することにある。

◆IEEE：Institute of Electrical and Electronics Engineer（アメリカ電気・電子技術者協会）

　1963 年にアメリカ電気学会（AIEE）と無線学会（IRE）が合併し組織された、非営利の専門機関である。発祥はアメリカであるが、会員は世界各国に及び、この種の団体では世界最大である。パソコンと外部機器をつなぐインターフェースや、無線 LAN の規格などで馴染みが深い。対象とする分野は、通信・電子・情報工学とその関連分野に及ぶ。専門分野ごとに 38 の Society と 7 の Technical Council を持ち、それぞれが会誌（論文誌）を発行している。他の主な活動として規格の制定を行っている。

◆ANSI：American National Standard Institute（アメリカ規格協会）

　アメリカの工業的な分野の標準化組織であり、日本における日本工業規格（JIS）に相当する組織である。ISO に加盟している。

---

[1] 近年は、電気・電子技術規格についての標準化も推進している。第 6 章で述べる ISO 26262 がその代表的な例である。

アメリカの国内規格ではあるが、ANSI 規格がほぼそのまま ISO 規格になることも多い。

(1) 各国が国際標準を採用する理由

各国が自国の枠を超えて、規格の共通化を促す根拠は WTO/TBT 協定である。この協定は貿易の技術的障害（Technical Barriers to Trade：TBT）を取り除くためのもので、世界貿易機関（World Trade Organization：WTO）の加盟国すべてに適用されるものとなっている。規格類を国際規格に整合化することで、工業製品や農業産品などの輸出入において、不必要な貿易障害を取り除くことを目的としている。

JIS 規格と国際規格（ISO/IEC の規格）との整合性をとる歩みは、1995 年 1 月にWTO/TBT 協定が発効されるとともに開始された。この協定は、規格の国際的な整合性の確保に留まらず、適合性評価の手続き、その結果の相互認証、技術者の資格制度の整合化と相互認証などを、広範囲に規定している。

(2) 製造者や輸入者が国際標準を採用する理由

製造者や輸入者が国際標準を採用すれば、製品やサービスが国際的な基準に適合していることを示すことができる。製品が安全規格の認証を得ていれば、製品の安全性を客観的に説明できるようになり、万が一にも市場で事故が発生した場合などに説明責任を果たしやすくなる。

安全規格の認証を得るには、一般には製品を開発した組織からは独立した第三者組織によって、安全規格への適合が確認される必要がある。例えば JIS 規格では、製造者又は輸入者は、登録認証機関に認証を申請し、登録認証機関による審査を受けることになる。適合性の確認によって認証を受けた製品には、JIS マークを表示することができることになっている。ISO や IEC などでも第三者組織からの認証を取得し、その認証機関の適合性マークを表示することが多い。標準化機関が自分自身で適合性を確認するわけではない。

また、安全規格の適合を確認する枠組みは、一様ではない。一つの製品が、複数の安全規格や規制に従う必要があることも多く、さらに第三者独立組織からの適合性の確認には多大な金銭的負担を伴うことがある。そのため、産業や市場での求めに応じて、第二者（当該事業者の関連機関）による確認や第一者（当該事業者）自己適合宣言が行われることもある。

2.2 国際安全規格ガイド ISO/IEC Guide51

前節で示したように国際安全規格の主要な発行機関は ISO 及び IEC であるが、この節では安全規格の基本となる ISO/IEC Guide 51（JIS Z 8051）の概略について説明する。なお、安全性に関するガイドには、ISO/IEC Guide 51 以外に、IEC Guide 104 などがある。IEC の規格は、この 2 つのガイドに定められた原則に従うことが推奨されているが、本

書では IEC Guide 104 については割愛する。

2.2.1 ISO/IEC Guide 51 の構成と基本精神

ISO 及び IEC では、規格の作成にあたり安全に関する事項を規格に盛り込む場合の共通のガイドとして、

ISO/IEC Guide 51:2014 Safety aspects — Guidelines for their inclusion in standards を規定している。ISO/IEC Guide 51 は 1990 年に初版が、1999 年に第 2 版が、そして 2014 年には第 3 版が発行されている。第 3 版に対応する JIS は、JIS Z 8051:2015「安全側面—規格への導入指針」である。ISO/IEC Guide51 は安全に関する基本的な用語や概念を定義し、安全を達成するための基本的な方法論を規定している。特に重要なのは、安全をリスクに基づいてとらえたうえで、安全を達成するためには、リスクアセスメントに基づいて許容可能なレベルまでのリスク低減を実施しなければならないと規定している点である。ISO 及び IEC の規格の作成者は、ISO/IEC Guide 51 のこうした規定に沿って安全に関する要求事項を定める必要がある。

ISO/IEC Guide 51 は、短い文書ではあるが、安全に関する本質的で重要な点をいくつも述べている。ISO/IEC Guide 51 の目次を**表 2.1** に示し、以下その内容を説明する。

第 1 節「適用範囲」では、まず ISO/IEC Guide 51 の役割が、人、財産及び環境（又はそれらの組合せ）の安全側面を含む規格を作成する場合に参照すべきものであることが述べられている。

第 2 節「引用規格」では、ISO/IEC Guide 51 を補完するために、既存の規格や指針を引用している。旧版にはいくつかの引用があったが、第 3 版では引用規格がない。

第 3 節「用語及び定義」では、安全に関する基本的な 16 個の用語に定義を与えている。特に「安全」という用語には、「freedom from risk which is not tolerable：許容不可能なリスクがないこと」という定義を与えている。これは、安全にアプローチするうえでは、リスクという視点に立つことが基本であることを明言するものである。なお、「リスク」は「combination of the probability of occurrence of harm and the severity of that harm：危害の発生確率及びその危害の度合いの組合せ」と定義し、「危害」は「injury or

表 2.1　ISO/IEC Guide 51「安全側面 – 規格への導入指針」

節	表題
1	適用範囲
2	引用規格
3	用語及び定義
4	"安全" 及び "安全な" という用語の使用
5	リスクの要素
6	許容可能なリスクの達成
7	規格における安全側面

damage to the health of people, or damage to property or the environment：人への傷害若しくは健康障害，又は財産及び環境への損害」と定義している。

　第4節「"安全"及び"安全な"という用語の使用」では、"安全"という用語はリスクがないことと誤解されるおそれがあるため、直接用いるべきではないと指摘している。例えば、安全壁を防御壁、安全靴を保護靴とするなど、安全という用語を、安全をもたらす目的や方法を表す言葉に置き換えることを推奨している。安全規格では、第3節、第4節に見られるように、言葉の定義や扱いに慎重になることが大事である。

　第5節「リスクの要素」では、特定の危険状態に関連するリスクの要素を述べている。リスクは、危害の発生確率、及びその危害の度合いの関数となるが、危害の発生確率はさらに次の要素の関数となっていることが述べられている。

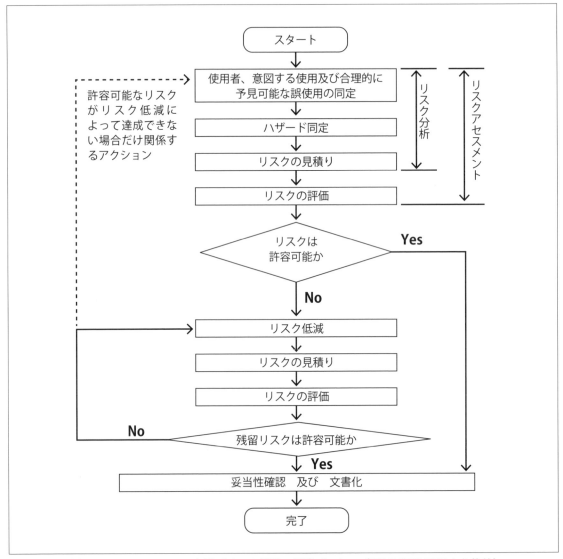

図2.2　リスクアセスメント及びリスク低減の反復プロセス（JIS Z 8501:2015 より抜粋）

第2章　安全規格体系と概要

・ハザードへの暴露

・危険事象の発生

・危害の回避又は制限の可能性

　第6節「許容可能なリスクの達成」では、リスク低減の反復プロセス（**図2.2**）の内容を、手順に沿って以下のように説明している。なお、第6節の前提となっている考え方は次の通りである。

・絶対安全というものはありえない。製品、プロセス又はサービスにおいては、残留リスクが存在し、相対的に安全であるとしか言えない

・安全は、許容可能なレベルまでリスクを低減することで達成される。許容可能なリスクは、利便性や費用対効果、社会風習などの複合的な要因によって決定されるため、常に見直すべきである。特に、リスク低減の改善が経済的に実現可能になったときには見直しが必要である。

・許容可能なリスクは、リスクアセスメントによるリスク低減のプロセスを反復することによって得られる。

①使用者、意図する使用及び合理的に予見可能な誤使用の同定：製品によって危害を受けやすい状態にある消費者、その他の者を含め、製品又はシステムにとって被害を受けそうな使用者を同定する。そのうえで、製品又はシステムの意図する使用を同定し、合理的に予見可能な誤使用を同定する。

②ハザード同定：製品及びシステムの、据付け、作動、メンテナンス、修理、及び解体又は破棄を含む、使用の段階及び使用状況から生じるそれぞれのハザード（合理的に予見可能な危険状態及び危険事象を含む。）を同定する。

③リスクの見積り：②で同定したハザードによって、①で同定した使用者や影響を受ける使用者グループに対してどの程度のリスクとなっているかを見積もる[*2]。

④リスクの評価：③で見積もったリスクを評価して、許容可能かどうかを判断する（例えば、類似の製品又はシステムと比較して）リスクが許容可能であれば、⑥を実施する。

⑤リスク低減：④の結果、リスクが許容可能でなければ、リスクの低減を行う。リスクの低減は、以下の三つの手段による。

1) 本質的安全設計

2) 安全防護及び付加保護方策

3) 最終使用者のための使用上の情報

　ここでの順位はリスク低減方策（保護方策）の優先順位を表している。つまり、設計を改善する代わりに追加的な保護装置や使用者に対する情報提供を用いてはならない。上記の三つのステップによるリスク低減の方法は、スリーステップメソッドと呼ばれる。リスク低減方策の実施後、③、④を反復して、リスクが許容可能になるまで行う。

---

*2) 第3章で述べるが、リスクはハザードだけでなく、ハザードに紐づく危険事象について見積りと評価が必要である。

⑥妥当性確認及び文書化：⑤の結果、リスク低減方策の妥当性確認と文書化を行う。

　リスクアセスメント及びスリーステップメソッドの具体的な実施方法については、それぞれ第3章「リスクアセスメント」及び第4章「機械系安全規格から見た安全設計の基本」を参照されたい。

　最後の第7節「規格における安全側面」は、安全規格を体系的に整備することを求めるものである。加えて、安全面を含む規格を作成する際に、新規の規格提案段階や準備作業、規格作成において考慮すべき点を述べている。安全規格の体系については、次の2.2.2項で述べる。

2.2.2　安全規格の階層構造

　ISO/IEC Guide 51 では、安全規格の種類及び階層を規定しており、それに従って体系的に安全規格を整備することを求めている。これは、規格間での安全の扱いに一貫性をもたせるためである。具体的には、以下の4種類からなる規格体系を規定している。

・基本安全規格（A規格）：広範囲の製品及びシステムに適用可能な一般的な安全側面に関する規格。基本的な概念、原則を含む規格。
・グループ安全規格（B規格）：一つ以上の規格作成委員会で扱われ、いくつかの製品やシステム、又は類似の製品やシステムのファミリーに適用できる安全側面を含む規格。

コラム5　残留リスクの通知

使用者に対する情報の一例を下図に示す。　　　　　　　　　　　　　　　　H.Y

家電における残留リスク通知の一例（旧三洋電機ホームページ 事故事例から学ぶ家電安全生活より）

> 🖐 やってはいけない！これが事故の原因

薄い皮膜でおおわれている卵は、電子レンジ加熱によって内部の圧力が高まり、風船のように突然破裂します。庫内で破裂しなくても、箸などを刺した途端に破裂することがあります。生卵のほか、おでんの玉子、目玉焼きの温め直しも破裂して危険です。また、殻のついた栗やぎんなんなども破裂しますので、殻付きのまま加熱しないでください

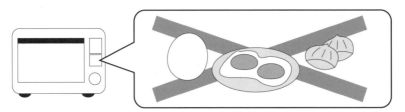

- 製品安全規格（C規格）：一つの規格作成委員会で扱われ、特定の製品やシステム、又は製品やシステムのファミリーのための安全側面を含む規格。
- 安全側面を含んでいる規格：安全側面を含むが、それだけを扱うわけではない規格。

このうち、グループ安全規格は、できる限り基本安全規格と関連させることが望ましいとされている。同様に、製品安全規格及び安全側面を含んでいる規格は、できる限り基本安全規格及びグループ安全規格と関連させることが望ましいとされている。このように横断的な規格と個別的な規格を階層的に分類することによって、安全規格が整合的かつ効率的に制定されることを目指しているといえる[*3]。なお、基本安全規格、グループ安全規格及び製品安全規格は、それぞれタイプA規格、タイプB規格、タイプC規格と呼ばれることがある。これらの間の階層関係と、それぞれのタイプに分類される代表的な安全規格を図2.3に示す。

例えば製造しようとする特定の機械の安全規格がタイプC規格に定められていれば、そのC規格に従って製造し、そうでなければA規格及びB規格に基づいて製造者が自己の責任において、その機械に必要な安全のための保護方策を定め実施することになる。

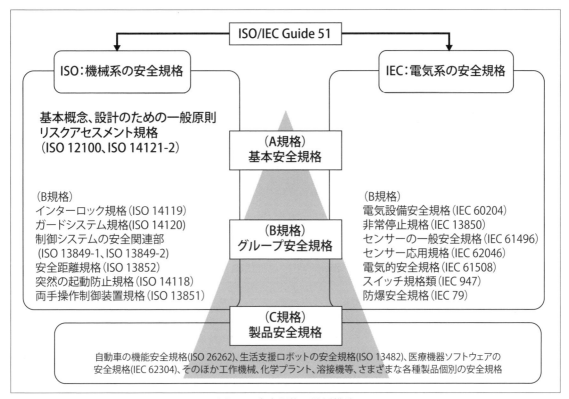

図2.3　安全規格の階層構造

[*3) 安全規格はこの階層関係の中で、必ずしも完全な整合が図られているわけではない。そして、安全規格への適合という観点では、規格の間に互換性があるわけではない。すなわち、タイプB規格に適合することで、関連するタイプC規格に適合したことにはならない。]

コラム6　「本質安全」もリスクゼロではない

踏切事故をなくすために立体交差をつくる（本質安全）。しかし1998年ドイツの誇る高速鉄道の車両の一部が立体交差の道路橋の橋桁にぶつかり橋桁が落下し、一部の車両は後続車両と橋桁に挟まれ押しつぶされるなどした。死者は101名にのぼった。仮に立体交差にして踏切事故は防げても、列車事故をゼロにはできない一例である。　　　H.Y

2.3　機械系安全規格 ISO 12100 の概要

　この節では機械系の安全規格である ISO 12100（JIS B 9700）について述べる。
　ISO 12100 は、ISO 12100-1:2003, ISO 12100-2:2003, ISO 14121-1:2007 を統合して 2010 年に発行された規格で、機械類の安全設計において考慮すべき一般原則やリスクアセスメント及びリスク低減をまとめた規格である。ISO/IEC Guide51 ではタイプ A 規格（基本安全規格）に分類される。対応する JIS 規格は JIS B 9700 である。
　ISO 12100 は、ISO/IEC Guide 51 の内容を機械類の安全設計に対して適用したものであり、機械設計におけるリスクアセスメントの実施、及びスリーステップメソッドによる保護方策の実施を求めるものである。

表 2.2　ISO 12100「機械類の安全性−設計のための一般原則−
リスクアセスメントとリスク低減」の主目次

節	表題
1	適用範囲
2	引用規格
3	用語及び定義
4	リスクアセスメント及びリスク低減のための方法論
5	リスクアセスメント
6	リスク低減
7	リスクアセスメント及びリスク低減の文書化
附属書 A	機械の構成図
附属書 B	危険源、危険状態及び危険事象の例
附属書 C	索引

ISO 12100の具体的な構成と内容について、以下に概要を述べる。ISO 12100の目次を**表2.2**に示す。

ISO 12100第4節「リスクアセスメント及びリスク低減のための方法論」では、リスクアセスメント及びスリーステップメソッドによるリスク低減の実施にかかわる全体像を述べており、その実施手順については「スリーステップメソッドによる反復的リスク低減プロセス」として、**図2.4**のように示している。

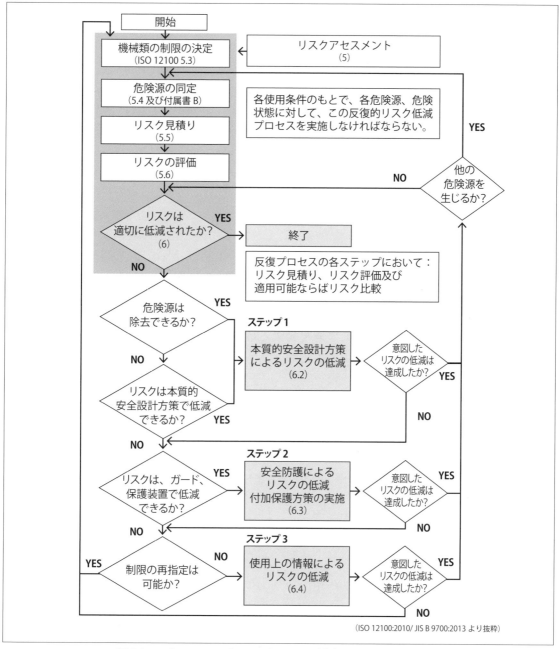

図2.4　スリーステップメソッドによる反復的リスク低減プロセス

図2.4が示すように、リスクアセスメントは五つのフェーズ（機械類の制限の決定、危険源の同定、リスク見積り、リスクの評価、及びリスク低減が適切かの判断）からなっている。また、リスク低減方策としては、ISO/IEC Guide 51が示すスリーステップメソッドを踏襲しており、以下三つを実施することが規定されている。

　ステップ1：本質的安全設計方策によるリスクの低減

　ステップ2：安全防護によるリスクの低減／付加保護方策の実施

　ステップ3：使用上の情報によるリスクの低減

　上記三つのステップで実施すべき内容をより具体的に規定しているのが、それぞれISO 12100第5節、第6節である。

ISO 12100の第5節「リスクアセスメント」では、機械類のリスクアセスメントにおいて危険源（ハザード）の同定を求めており、附属書B「危険源、危険状態及び危険事象の例」では、以下の基本的な危険源の分類及び潜在的な製品で起こりえる影響を列挙している。

・機械的危険源

・電気的危険源

・熱的危険源

・騒音による危険源

・振動による危険源

・放射による危険源

・材料及び物質による危険源

・機械設計における人間工学原則の無視による危険源

・機械が使用される環境に関連する危険源

・危険源の組合せ

これらの危険源の詳細については、本書第3章の表3.4を参照されたい。

ISO 12100第6節の2項「本質的安全設計方策」では、本質安全設計方策をリスク低減のための最重要かつ最優先のステップであるとし、そのために考慮すべき点を以下の分類に従って規定している。

・幾何学的要因及び物理的側面の考慮

・機械設計に関する一般的技術知識の考慮

・適切な技術の選択

・構成品間のポジティブな機械的作用の原理の適用

・安全性に関する規定

・保全性に関する規定

・人間工学原則の遵守

第 2 章 安全規格体系と概要

・電気的危険源の防止
・空圧及び液圧設備の危険源の防止
・制御システム設計への本質安全設計方策の適用
・安全機能の故障確率の最小化
・設備の信頼性による危険源への暴露機会の制限
・搬入又は搬出作業の機械化及び自動化による危険源への暴露機会の制限
・設備及び保全の作業位置を危険区域外とすることによる危険源への暴露機会の制限

　続く ISO 12100 第 6 節の 3 項「安全防護及び付加保護方策」では、安全防護（すなわち、ガード及び保護装置）の選択及び設計において考慮すべき点を規定している。さらに、安全防護以外にリスク低減のために必要となるかもしれない付加保護方策の例として以下の方策を示し、それぞれにおいて考慮すべき点を規定している。
・非常停止機能
・捕捉された人の脱出及び救助のための方策
・遮断及びエネルギーの消散のための方策
・機械及び重量構成部品の容易かつ安全な取扱いに関する準備
・機械類への安全な接近に関する方策

　最後に ISO 12100 第 6 節の 4 項「使用上の情報」では、使用上の情報として、機械の安全で正しい使用のために必要な指示事項を使用者に伝えなければならないとし、情報の提示方法や性質について規定している。特に、以下の形態の情報を用いる場合に考慮すべき点を規定している。
・使用上の情報の配置及び性質
・信号及び警報装置
・表示、標識（絵文字）及び警告文
・附属文書（特に取扱説明書）

　以上に述べたスリーステップメソッドに基づくリスク軽減方策の詳細については、本書第 4 章「機械系安全規格から見た安全設計の基本」を参照されたい。
　また、これ以外の ISO 12100 第 5 節、第 6 節の内容の一部については、第 3 章で詳しく説明する。

2.4 さまざまな安全規格と適用範囲

(1) ISO 13849 (JIS B 9705)

　ISO 13849 (JIS B 9705) は機械系の安全規格で、制御システムの安全関連部にかかわ

る要求事項を規定している。ISO/IEC Guide 51 では、タイプ B 規格（グループ安全規格）に属する。本書では、第 4 章で解説する。

(2) IEC 61508（JIS C 0508）

　IEC 61508（JIS C 0508）は電気・電子・プログラマブル電子の安全規格で、安全関連システム（安全関連系）にかかわる要求事項を規定している。ISO/IEC Guide 51 では、タイプ B 規格（グループ安全規格）に属する。本書では、第 5 章で解説する。

(3) ISO 26262

　ISO 26262 は自動車の安全規格で、IEC 61508 の下位規格である。ISO 26262 もまた、電気・電子・プログラマブル電子の安全規格であるが、自動車向けであり、ISO/IEC Guide 51 では、タイプ C 規格（製品安全規格）に属する。本書では、第 6 章で解説する。

(4) ISO 13482（JIS B 8445）

　ISO 13482（JIS B 8445）は生活支援ロボットの安全規格で、ISO 13849 ならびに IEC 61508 の下位規格である。ISO/IEC Guide 51 では、タイプ C 規格（製品安全規格）に属する。本書では、第 7 章で解説する。

(5) 安全規格の適用範囲と限界

　ISO/IEC Guide 51 で、安全規格の三つの階層構造を述べた。それぞれの安全規格には、適用範囲が定められていることをあらためて述べておきたい。

　タイプ B 規格である IEC 61508 は、コンピュータを含む、安全機能が求められるさまざまな製品を対象としているが、言い換えれば、コンピュータを含んでいないような製品（はさみなど）は対象外であるし、コンピュータで実現していない安全機能（逆流防止弁やクッション材など）にも要求事項を規定していない。IEC 61508 では、適用範囲外の技術のことを他技術（other technologies）と呼んで規定から除外している。

　タイプ C 規格である ISO 26262 では IEC 61508 の適用範囲の中にあって、さらに ISO 26262:2011 では適用範囲の一例として、車両総重量が最大 3,500 kg までの量産される乗用車に限定されている。ISO 26262:2018 では、モータサイクルや、トラックやバス、トレイラーなどの商用大型車に適用範囲を広げているが、モペッドは除かれている。

　しかし、これはあくまで各安全規格における要求事項を定めた適用範囲であり、実際の製品では包括的にリスクアセスメントやリスク低減のための安全方策を導入して、リスクを軽減する必要がある。

　一方で、安全規格には限界もある。一つがヒューマンエラーへの対応である。合理的に予見可能でない誤使用や、予見可能であってもあらゆるヒューマンエラーへの対処を、安全規格は要求していない。ヒューマンエラーへの対処は、想定される使用者などから、安

第 2 章　安全規格体系と概要

> ### コラム 7　安全規格とサイバーセキュリティ
>
> 　安全性と信頼性、セキュリティなどは定義や概念としては異なるものである。ところが製品としてみると、それらは非常に密接にかかわっていることがある。製品に安全機能を導入することで信頼性が低下したり、安全機能に信頼性のない部品を使用することで安全性が損なわれることが起こりえる。また、製品が悪意のあるサイバーセキュリティの脅威にさらされることで、許容できないリスクが顕在化することが起こりえる。安全規格は、使用者が製品を（合理的に予見可能な誤使用も含めて）正しい使用方法で扱うことを前提としているが、悪意のあるサイバーセキュリティの脅威や脆弱性については、適用範囲として十分に取り込んでいない。これらは自動運転車や AI 同様、安全規格よりも新しい特性を持つ製品が先行している事例でもある。特に、サイバーセキュリティによる脅威や脆弱性を考慮した安全性確保は、安全規格の制定も含めて今後の新しい流れとなるかもしれない。
>
> 　　　　　　　　　　　　　　　　　　　　　　　　　　　　　　　　　　　H.Y

全規格とは別に製造者、設計者が判断すべきである。もう一つが、新しい特性を持つ製品への対応である。自動運転車や人工知能（AI）にかかわる製品など、これまで安全規格で扱いにくかった製品が市場に増えているが、こうした製品に対しても、安全規格とは別に、安全性の確保を図っていく必要がある。

2.5　本章のまとめ

　本章では、国際規格を発行する標準化機関について概説した。国際規格が横断的な広がりを見せ、規格を無視できないことを述べた。

　また安全規格に関しては、ISO/IEC Guide51 が安全規格全体において最上位にある指針であることを述べ、その下位に属する、タイプ A 規格であり安全規格についての基礎である ISO 12100 について概観した。そこで、リスクアセスメントの実施やリスク低減方策の決定などの基礎を述べた。この詳細は、第 3 章で解説する。そのさらに下位に属するタイプ B 規格、タイプ C 規格のいくつかについては、第 4 章以降で解説する。

参考文献（第 2 章）

1）日本規格協会、向殿政男監修、安全の国際規格 3、制御システムの安全、（2007）
2）ISO/IEC Guide 51:2014「Safety aspects – Guidelines for their inclusion in standards」
　　（JIS Z 8051:2015 安全側面 – 規格への導入指針）

※個別の規格は、他章の参考文献を参照のこと

第3章
リスクアセスメント

　安全設計では、危険源（ハザード）を同定し、その危険源に対する危険事象（危害に至るシナリオ）についてリスクを見積り、リスクを評価する「リスクアセスメント」を行う。リスクの見積りでは、安全規格によって、危険事象ごとにレベル別けとして「安全度水準」を決定する。受容（許容）できないリスクに対しては、「リスクの低減」を行う。

　この章では、リスクの低減を図ることによる安全な製品を設計するために、最初の重要なプロセスであるリスクアセスメントの概要について述べる。特に危険源の同定、危害に至るシナリオの想定、そのリスクの見積り手法、ならびに評価手法などに関して焦点を当てて記載する。

　実際にリスクアセスメントを実施した際の安全設計手法（具体的なリスク低減のための技術的保護方策など）については、第4章以降で解説を行う。

3.1　リスクアセスメントとその意義

　リスクアセスメントは、安全確保のための最も基本的な作業の一つであり、機械、化学、医療、電気・電子・プログラマブル電子（E/E/PE）などさまざまな分野で利用されている。リスクアセスメントは ISO 12100 シリーズで実施することが要求されており、すべての機械にはリスクが存在するという大原則に基づいて、機械に存在する危険源（ハザード）や危険事象（危害に至るシナリオ）を評価する理論的な手順である。リスクアセスメントは機械ができあがってから行うものではなく、設計の段階で安全設計を行い、より安全で使いやすい機械を作るために必要不可欠なテクニックである。図 3.1 にリスクアセスメントの手順を示す。

　なお、ここでは ISO 12100 に従って機械類に対して説明するが、ここでの内容は機械類に限らず多くの分野で共通のものである。

　リスクアセスメントの意義はさまざまであるが、大きな二つを取り上げる。

　一つ目の意義は、リスクを見積ることである。製品（サービスを含む）にはさまざまなリスクが内在するが、すべてのリスクが同程度として扱ってよいわけではない。危険源から生じる危険事象の発生頻度（発生確率）は事象ごとに異なるし、人が回避できる可能性や、人が受ける危害の大きさは異なってくる。そのため安全規格では「安全度水準」という考え方で、その程度を分類している。このときに抜け漏れてしまった、見積られていな

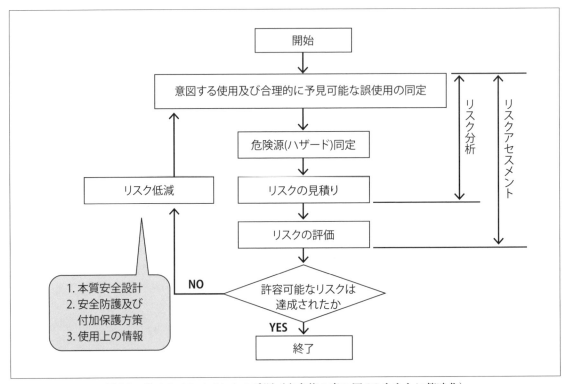

図 3.1　リスクアセスメントの手順（本書第 2 章の図 2.2 をもとに簡略化）

いリスクは想定外のリスクとなってしまい、設計上、考慮することができなくなる。

二つ目の意義は、製品が達成しなければならない安全目標（安全要求、安全制約などを含む）を導くことである。安全要求にはリスク低減のための技術的保護方策などに関わるものも含まれる。リスクアセスメントの結果として、製品開発ではシステム、ハードウェア、ソフトウェアの各設計工程が実施される。これら各設計工程の中では、達成すべき安全に関わる技術的な要求が必要である。

リスクアセスメントによって、これら二つの意義が成し遂げられて、はじめて製品の安全が確認、検証できることになる。すなわち、リスクアセスメントとは適切にリスクを見積って、安全目標・安全要求を定めることにつながり、その達成によって許容リスクを評価（つまり安全であることを評価）できるという、安全設計における初期工程の重要な手順といえるのである。

3.2　機械類の制限(使用及び予見可能な誤使用の同定)

最初に、対象装置（製品）の特徴を正確に把握し、使用目的・使用条件を明確にすることが重要である。永遠に使える装置はないので、有効期限は何年まで、こういう目的で使う、使用者はこういう条件を満たしている、設置のための条件はこれこれである、といった条件を整理することである。

次に「予見可能な誤使用」という概念に基づいて、通常の人（組み立て作業者、設置工事者、オペレータ、保守要員などに加え、清掃作業者や対象装置に近づく可能性のある第三者まで含める）であれば、こんなミスや本来の目的外での使用をする可能性があると想像し、その「誤使用」まで条件に加えるようにする。

このように機械安全規格では、「機械類の制限」を決定することが要求されている。

そこでは、「使用上の制限」、「空間上の制限」、「時間上の制限」と、さらに細かく分類され、それぞれを明確化することが要求されている。

①使用上の制限

使用上の制限は、「意図する使用」及び「合理的に予見可能な誤使用」を明確にすることを意味する。この制限を検討するうえで、考慮すべき要件として ISO 12100 では以下の4つが示されている。また、これらを加味した一般例を、**表 3.1** に示す。

a) さまざまな機械の各運転モード及び介入手順

　通常運転、機能不良の修正、保全、修理など

b) 性別、年齢、利き手又は身体的能力の限界によって特定される人の機械類の使用

c) 機械使用者の訓練、経験、能力の想定レベル

　オペレータ、保全要員又は技術者、見習い及び初心者、一般大衆

d) 機械類に関連する危険源への第三者の暴露

　　–周辺地域で作業するオペレータ

　　–周辺地域のオペレータではない被雇用者

　　–周辺地域の被雇用者ではない人

②空間上の制限

　空間上の制限とは、当該機械の可動範囲、機械の設置や運転及び保全のための空間、オペレータと機械の間のインタフェース、機械と動力供給の間のインタフェースなどを決定することである。一般例を**表3.2**に示す。

③時間上の制限

　時間上の制限とは、機械類やそのコンポーネントの寿命限界や点検修理間隔を考慮することである。一般例を**表3.3**に示す。

表3.1　使用上の制限要素例

制限要素例		
1	意図する使用	ライフサイクル上の相互作用
		機能不良に伴う相互作用
		対象とする人
2	合理的に予見可能な誤使用	・オペレータによる操作不能の発生 ・機能不良、事故発生時の人の反射的な挙動 ・集中力の欠如又は不注意による機械の操作誤り ・作業中での近道反応による被災 ・第三者の行動
3	予期しない起動	・制御システムの故障やノイズなど外部からの影響による指令で生じる起動 ・センサーや動力制御要素など、機械の他の部分での不適切な扱いにより生じる起動 ・動力中断後の再復帰に伴う起動 ・重力や風力、内燃機関での自己点火など機械への外部又は内部からの影響による起動 ・機械の停止カテゴリ（IEC 60204-1）

表3.2　空間上の制限要素例

制限要素例		
1	機械の可動範囲	アクチュエータの可動範囲、及びその可動速度又は運動エネルギー
2	オペレーター機械間インタフェース	機械の大きさに適した使用場所、操作パネルの位置、オペレータの作業範囲、保守時の点検／修理スペース、点検部位へのアクセス、工具や加工物の放出、機械のレスポンスタイム
3	機械－動力間インタフェース	機械可動部の過負荷対応、異常時のエネルギー遮断、蓄積エネルギーの消費、捕捉時の救出
4	作業環境	階段、はしご、手すりの設置、プラットフォーム

表3.3　時間的な制限要素例

制限要素例		
1	機械的制限	加工用の砥石やドリルなど工具の交換時期、可動部のベアリングや油空圧部品のシール寿命
2	電気的制限	絶縁劣化、接点寿命、配線被覆の磨耗、接地線の外れ

④その他の制限

①から③までの制限の他にも、環境面、掃除レベル、加工材料の特性の制限がある。

以上、4つの制限について述べたが、表現可能な限りこれらはユーザーズマニュアルなどで利用者に明示する必要がある。

3.3　危険源の同定

安全規格によっては、危険源の同定と、危険事象の同定（危害に至るシナリオの想定）とを区別していることがある。そのため本項では、まず前者に絞って解説する。

危険源の同定では、対象とする装置には、どういう危ない源があるかを全て洗い出し、リストとして整理する。この作業は、意外と難しい作業で、無意識のうちに回避している危険源などを、つい見落とすことがある。この見落としを少しでも防ぐためには、ISO 12100の附属書Bとして記載されている「危険源、危険状態及び危険事象の例」が参考になる。

IEC 60204（JIS B 9960）など、あるいはCEマーキングの低電圧指令やEMC指令での要求項目が国際的にも通用する安全レベルと考えることができるので参考にすると良い。

①危険源とは

危険源とは、危害を生じる可能性のある原因のことを示す言葉であり、危険源があるからといって、即、事故や災害が起こり、危害が発生するということではない。すなわち、

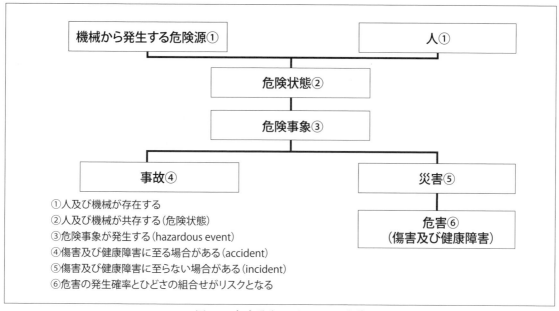

図3.2　危害発生のプロセスの定義

表 3.4　ISO 12100 で規定されている危険源

危険源	危険源の具体例
機械的危険源	可動する機械と直接人が接する、機械や装置に巻き込まれる、又ははさまれるなど、機械の動きが要因となり危害を生じる可能性がある危険源。 (例)・機械又はその部分の回転運動 　　　・スライド運動 　　　・往復運動 　　　・これらの組合せ
電気的危険源	電気に起因して危害が生じる可能性がある危険源。 (例)・直接接触 　　　・間接接触 　　　・充電部への人の接近 　　　・合理的に予見可能な使用条件下の不適切な絶縁 　　　・帯電部への人の接触などによる静電気現象 　　　・熱放射 　　　・短絡もしくは過負荷に起因する化学影響のような又は溶解物の放出のような現象
熱的危険源	人間が接触する表面の異常な温度（高低）が要因となり危害が生じる可能性がある危険源。 (例)・極端な温度の物体又は材料との接触 　　　・火炎又は爆発及び熱源からの放射熱 　　　・高温作業環境又は低温作業環境
騒音による危険源	機械から発生する騒音が要因となり、危害を生じる可能性がある危険源。
振動による危険源	長い時間の低振幅又は短い時間の強烈な振幅が要因となり危害を生じる可能性がある危険源。
放射による危険源	次のような種類の放射が要因となり危害が生じる危険源。短時間で影響が現れる場合もあれば、長期間を経て影響が現れる場合もある。 (例)・電磁フィールド（例えば、低周波、ラジオ周波数、マイクロ波域） 　　　・赤外線、可視光線、紫外線 　　　・レーザー放射 　　　・Ｘ線及びγ線 　　　・α線、β線、電子ビーム又はイオンビーム、中性子
材料及び物質による危険源	機械の運転に関連した材料や汚染物、又は機械から放出される材料、製品、汚染物と接触することにより危害が生じる可能性がある危険源。 (例)・有害性、毒性、腐食性、はい（胚）子奇形発生体、発がん（癌）性、変異誘発性及び刺激性などをもつ流体、ガス、ミスト、煙、繊維、粉じん、ならびにエアゾルを吸飲すること、皮膚、目及び粘膜に接触すること又は吸入すること 　　　・生物（例えば、かび）及び微生物（ウイルス又は細菌）
機械設計時における人間工学原則の無視による危険源	機械の性質と人間の能力のミスマッチから危害が生じる可能性がある危険源。 (例)・不自然な姿勢、過剰又は繰り返しの負担による生理的影響（例えば、筋・骨格障害） 　　　・機械の "意図する使用" の制限内で運転監視又は保全する場合に生じる精神的過大もしくは過小負担、又はストレスによる心理・生理的な影響 　　　・ヒューマンエラー
滑り、つまずき及び墜落の危険源	床面や通路、手すりなどの不適切な状態、設定、設置により生じる可能性がある危険源。
危険源の組合せ	上に揚げた危険源がさまざまに組み合わされることにより生じる可能性がある危険源。個々には取るに足らないと思われても、重大な結果を生じるおそれがある。

危険源が存在したとしても、そこに接近する人がいなければ危害の発生に至ることはない。ここで、危害発生のプロセスを（人に対する危害にしぼって）定義すると図3.2のようになる。また、ISO 12100では、危険源のことを、危害を引き起こす潜在的根源と表現している。

②**危険源の同定**

危険源の同定は、リスクアセスメントにおける初期のステップの中でもっとも重要なものの一つである。これは、機械の通常運転中だけでなく、機械の製作、運搬、組立及び設置、検収、使用停止、分解、及び、安全上問題がある場合には廃棄処分、といったように、機械の寿命上のすべての局面を考慮し、当該機械に付随する全ての危険源、危険状態及び危険事象を同定（3.4節）することへとつながる。

表3.4にISO 12100で規定されている危険源を表す。危険源の例の詳細はISO 12100の附属書Bを参照されたい。

3.4 危険源から危害に至るシナリオの想定

危険源を同定したあとには、危険源から危険事象の同定（危害に至るシナリオの想定）を行う。そのための分析手法の例を表3.5に示す。

この表にある代表的な手法であるHAZOP, FMEA, FTAの活用手順を以下に示しておく。またSTAMP/STPAについては第8章、ソフトウェアにおけるFMEAの考え方については第9章で解説する。

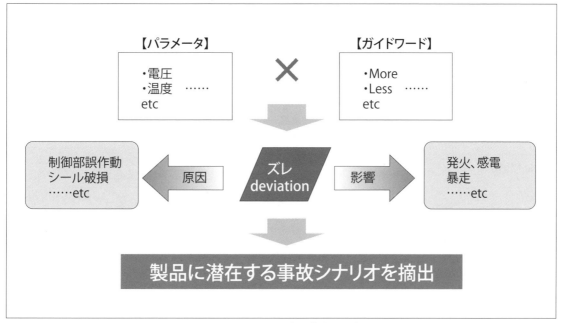

図3.3　HAZOPの活用手順の概略図

3.4.1 HAZOP（HAZard and OPerability study）

HAZOP は IEC 61882 として国際標準化された、化学プラントの潜在故障分析をするために作られた手法で、**図 3.3** に基本的な活用手順を示す。電圧や温度のようなプラントのパラメータの設計意図からのズレ（deviation）の原因と影響を評価することで、製品に潜在する危険事象を摘出し、その軽減策を検討する方法である。この特徴は、設計意図からのズレを、後述するガイドワードを利用してリストアップすることにある。

以下では、HAZOP の活用手順の概略を、車両の単独区間の進入制御モデルを例に説明する。このような排他制御は、リアルタイムの安全制御ロジックでも良く用いられるため、組み込みシステムへの HAZOP 適用にも役立つ事例である。

表 3.5　危険事象の分析手法例

分析手法	概要
What-if	非体系的なブレーンストーミング手法であり、手順として、悪い事態を仮定し、それによって起こる事故とその安全防御を考察する。
なぜなぜ分析	起こった問題に対して、その要因を「なぜ」を繰り返しながら論理的に深堀し、根本原因を追求し再発を防ぐための方法論である。
FMEA Failure Mode and Effects Analysis	製品及び製造プロセスについて、構成要素ごとに故障モードによる影響を分析して製品やプロセスの問題の解決を図る手法である。製品が使用される段階で起こりうる欠陥や異常な状態などを分析する。
HAZOP HAZard and OPerability study	ガイドワードによって通常状態からのズレ（設定の温度や濃度など）を考察し、ズレが発生した場合にその原因と発生する結果の事象を特定する。
FTA Fault Tree Analysis	システムの特定故障や不具合事象を想定して、その発生原因を上位レベルから下位レベルまで論理的に展開する。最下位レベルのシステムの機能の故障発生率から、システムの特定故障や不具合事象の発生原因や発生確率を求めることができる方法である。
ETA Event Tree Analysis	ある初期事象からスタートして、いろいろな経路をとることにより結果がどうなるかを明らかにする手法である。
Risk Graph	ツリー形式でリスクをグラフ化して示す方法である。想定される危害のひどさ、危険源／危険事象／危険状態にさらされる頻度、回避の可能性などがリスクパラメータとなる。
Risk Matrix	危害の発生確率（頻度）と危害のひどさを定性的に見積もる手法である。それぞれの要素の分類は、4 分類する場合や 6 分類する場合など任意である。
R-Map Risk Map	ルービックキューブの一面に似た縦横 30 の小間に、プロットした各々危害情報の安全度を表示する。それにより対象製品を客観的な視点、使用者の視点からデザインして見せる製品安全のツールである。（財）日科技連が推進している。
STAMP/STPA Systems Theoretic Accident Model and Process/ Systems Theoretic Process Analysis	システムズ理論に基づく事故モデルによって、不適切な安全制御行動が引き起こす事故の可能性やその誘発要因を分析する安全分析法である。

54

①システムの見える潜在故障分析を進めるに際して、図3.4のような車両の単線区間の進入制御図を作成することで、システムを構成する要素間の存在関係を明確化する。
②信号機制御方法の概念図を図3.5で示す。この概念図に出てくるそれぞれの駅の制御システム単線区間の状態をモデリングし、図（状態遷移図）で表したものが図3.6である。

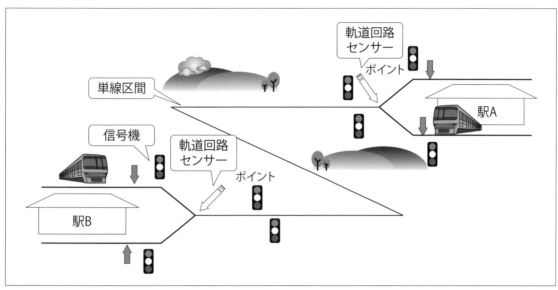

図3.4　単線区間進入制御の事例の概念図

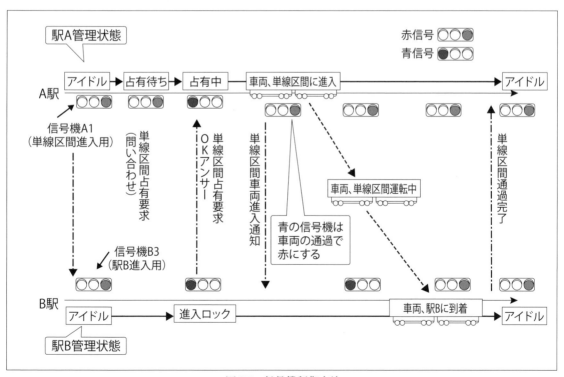

図3.5　信号機制御方法

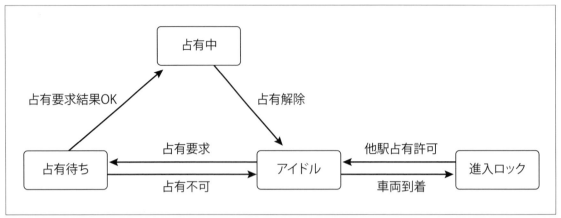

図 3.6　信号機制御の状態遷移図

表 3.6　信号機制御の状態遷移表

		状態			
		アイドル	占有持ち	占有中	進入ロック
イベント	NO.	1	2	3	4
車両進入事象発生（車両進行スケジュール）	1	相手駅へ占有要求を行い、「占有待ち」へ			
占有要求に対する相手駅のアンサー	2		if 相手 OK 　単線区間進入用 　信号機を「青」 　にして「占有中」へ else「アイドル」へ		
相手駅から車両通過（単線区間抜け出し）通知	3			「アイドル」へ	
相手駅から占有要求	4	相手駅に OK を送信「進入ロック」へ	相手駅に NG を送信	相手駅に NG を送信	相手駅に NG を送信
車両通過検出	5				「アイドル」へ

　次に表 3.6 のように、状態遷移図をさらに状態遷移表を用いてモデリングする。制御システムを図や表により可視化し、HAZOP に係る複数のメンバー間での情報共有化をはかることが大切である。

③対象システムのパラメータを②で作成したシステム図から選択する。参考までに、パラメータの一般的な例を表 3.7 に示しておく。

④表 3.8 に示すようなガイドワードを当てはめて、該当しうるズレを選択する。表 3.8 は一般的なガイドワードであるが、適用対象によっても異なるため、HAZOP メンバー間で事前にガイドワードの一覧を作成しておくことが望ましい。今回の対象システム（図

第3章　リスクアセスメント

表3.7　パラメータ表の例

機構・構造		電気・電子・信号・制御	流体・気体・熱
質量	荷重	電圧	温度
温度	変位	電流	圧力
密度	歪み	電力	容積
振れ	応力	電気抵抗	膨張率
角度	せん断力	静電容量	液位
振れ	張力／斥力	磁力	湿度
速度／加速度	クリアランス	位相	比熱
回転数	振動	温度	熱伝導
角速度／角加速度		周波数	対流
力積		電磁波	流量
慣性モーメント		ノイズ	流速
剛性		データ／アドレス	粘度
共振周波数		歪み／補正	濃度
応答		配線／接合	充填量

表3.8　ガイドワードの例

ガイドワード	意味
None	設計意図の否定
More	量や特性の増加
Less	量や特性の減少
As Well As	質的増加（設計意図は達成されているが、他の意図しない事象が付随する）
Part Of	質的減少（設計意図の一部は達成されているが、一部は達成されない）
Reverse	逆転（設計意図と逆の事象の発生）
Other Than	設計意図とは異なる（異なる材料が使用されるなど）
Early	時間的に早い
Late	時間的に遅い
Before	意図したタイミング／シーケンスより早い
After	意図したタイミング／シーケンスより遅い
Fluctuation	変動、動揺、不安定

第3章

表 3.9 状態遷移図用のガイドワードの例

属性	ガイドワード	意味
Event	No	イベントが発生しない
	As well as	別のイベントが発生する
	Other than	予想していたイベントの代わりに予期されていないイベントが起きた
Action	No	実行されない
	As well as	思いもよらないことが起こる
	Part of	不完了（不完全）な動きが執り行われた
	Other than	間違った行動が起こった
Timing of Event or Action	No	絶対にイベント／行動が起こらなかった
	Early	予測前にイベント／行動が起こった
	Late	予測後にイベント／行動が起こった
	Before	他のイベントの前もしくはそれに先行すると予想された行動
	After	他のイベントの後もしくはそれに続くと予想された行動

　3.6 の状態遷移図と**表 3.6** の状態遷移表）に適用したガイドワードの例を**表 3.9** に示しておく。

⑤状態遷移表を使って HAZOP を実施する場合、状態遷移表のすべてのセルについて HAZOP のガイドワードを適用する。

⑥ズレを引き起こしうる原因を推定する。

⑦その結果発生する危険性・運転上の問題を同定する。

⑧さらに、発生しうるリスクの低減策を検討する。

⑨以上の検討結果を、**表 3.10** のようなワークシートとしてまとめる。

　なお、HAZOP を効率的に進めるポイントとして、以下のような点に注意することが大事とされている。

・明らかに現実ではない事象についての検討は、なるべく避ける。

・現実的に起りにくいと判断されるものは、破棄する。

・重複することが明らかな場合に限り、その検討は避ける。

・パラメータやガイドワードは、対象に応じて加減する。

・情報の欠如、その場で解決しない問題、追加の対策案の検討などはアクションアイテムとしてピックアップし別途検討する。

3.4.2　FMEA（Failure Mode and Effects Analysis）

FMEA は、IEC 60812 として国際標準化された、設計上の潜在的な欠点を見出すため

表 3.10　HAZOP ワークシートの例

No.	遷移イベント	遷移状態	属性	ガイドワード	故障モード	原因	影響	他への波及	故障検出	リスク低減策	残留リスク
1	車両進入事象発生（車両運行スケジュール）	アイドル	Event	No	上位システム（運行管理システム）の故障	運行管理システム自体の障害発生	車両が単線路に進入できなくなるが、安全側故障となる	本システムの故障ではないので、上位システムが復帰すれば、自動的に復帰する			
2	車両進入事象発生（車両運行スケジュール）	アイドル	Event	No	上位システム（運行管理システム）との通信故障	運行管理システムとの通信経路の故障発生	車両が単線路に進入できなくなるが、安全側故障となる	同上			
3	車両進入事象発生（車両運行スケジュール）	アイドル	Event	No	車両運行スケジュール管理処理にて、スケジュールで指定された時間になってもイベントを発行しない	車両運行スケジュール機能のソフトウェアのバグ	車両が単線路に進入できなくなるが、安全側故障。システムの復帰は専門の技術者の対応が必要となる	車両運行スケジュールが無視され、何回も経て単線区間まで車両が単線区間に入れなくなる（機能喪失）。ただし、単線区間の相手側からの要求は正常に処理できる	定周期で動作する必要がある運行スケジュール処理の起動周期を監視する	運行スケジュール処理が定周期で動作しているかどうか、定周期起動のチェックを行う。異常検出で駅員に通報する	定周期で動作していることは十分条件。時刻判定バグ等はカバーできない
4	車両進入事象発生（車両運行スケジュール）	アイドル	Event	As well as	運行スケジュール上でほとんど同一の時間に連続して占有要求がある	上位システムから送られてきた車両運行スケジュールが不正	1回目の起動で単線区間にて占有状態になり、2回目以降の起動は無視される	問題なし			

に構成要素や機能の故障モードとその上位項目への影響を解析（分析）する手法である。
　その特徴を以下に示す。
・システムの各構成要素や各機能に生じる可能性のある故障の形態を列挙し、それがシステム全体の機能に与える影響を定性的に評価する方法（定量的な評価に用いてもよい）
・構成要素からボトムアップ的に危険事象を同定する手法
・1950 年台に軍用航空産業で開発
・機器故障だけでなく、ヒューマンエラーにも適用可能
・検討結果だけでなく、検討過程も重要
　FMEA では、故障モードを網羅的に列挙し、検討することが重要である。例えば、システムのある構成要素の故障モードを列挙し忘れると、設計上の欠点が見過ごされ、安全上の事故につながることが起こり得る。そのため、FMEA は結果だけでなく、なぜその結果で十分と判断したのかという過程も重要となる。

FMEA の実施手順例

手順 1）対象となるシステムに対して各部品、構成要素や機能を調べ、分析対象となるものを決定する。
手順 2）各部品などの考えられる故障モードを列挙し、その原因を調べる。
手順 3）故障モードによるシステムの損害度を評価。
手順 4）故障の確率を推定、システムの損害度の結果と総合し、総合した評価値（対策の

表 3.11　FMEA 実施フォームの例

構成品	品名	故障モード	推定原因	影響		故障等級	備考
				燃料システム	エンジン		
燃料供給装置	タンク	漏れ	1) クラック 2) 材料欠陥 3) 溶接不良	機能不全	1) 運転時間短縮 2) 火災の可能性	II	
		不純物混入	1) 保全の欠陥 2) 材料選定ミス	同上	運転上問題あり	II	
	チェックバルブ	漏れ	1) パッキング不良 2) コンタミネーション 3) 加工不良 4) 組立不良	同上	1) 運転時間短縮 2) 火災の可能性	II	
		動作不能 （閉じず）	1) コンタミネーション 2) バルブシート表面傷 3) 加工不良	機能せず	停止時問題あり	III	
		動作不能 （閉じず）	1) コンタミネーション 2) バルブシート表面傷 3) 加工不良	同上	運転不能	I	

優先度など）を求める。
手順5）総合した評価値による優先度に従って企画、設計上の改善・施策を検討する。

3.4.3　FTA（Fault Tree Analysis）

　FTAはIEC 61025として国際標準化された、望ましくない事象に対して、その要因を探る分析手法である。FMEAがボトムアップのアプローチであるのに対し、FTAはトップダウンのアプローチが特徴である。

FTAの実施手順例

手順1）分析の対象となるシステムの構成・機能・作動を理解し把握する。
手順2）システムについての望ましくないトップ事象を選定する。
手順3）手順2で定められた事象につながる第1次要因（サブシステム）を列挙し、それらに関連する外部の要因も吟味する。
手順4）手順3で得られた要因と事象との因果関係を論理記号によって結びつける。
手順5）手順3及び手順4を繰返して、構成品レベル又は部品レベルへと展開し、もうこれ以上分解できないレベルまで続けFT図（Fault Tree図）を描く。
手順6）描かれたFT図を見直し、必要な整理を行う。
手順7）FT図の末端の各要因に発生確率を割りつける。
手順8）論理記号に従ってトップ事象の発生確率を計算する[*1]。
手順9）各要因の上位レベルへの影響の厳しさを評価し、効果的な改善対策を検討する。

　対象とするシステムにおいて、望ましくない事象をトップとして設定し、トップ事象の発生原因を機器・部品レベルまで展開し、その原因・結果を論理記号（AND、ORなど）

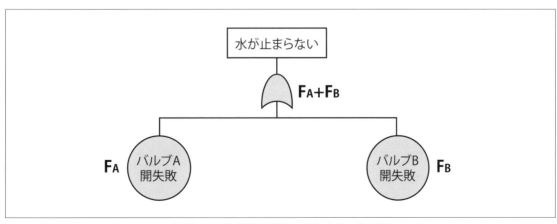

図3.7　理論記号で結びつけたツリー状の例

＊1）発生確率の計算には最小カットセットを決める必要がある。また、ソフトウェア開発で用いる場合など、発生確率が得られない場合には手順7、手順8は省略してもよい。

で結びつけてツリー状に表現したものである（図 3.7）。

機器 X の過熱保護回路の例（図 3.8）より、この機器 X の停止失敗という事象におけるFTA の簡単な例を図 3.9 に示す。

安全設計では、危険源の同定がまず重要である。その危険源における危険事象を十分に想定内におさめることが製品安全につながる。危険事象を分析する手法として、ここでは

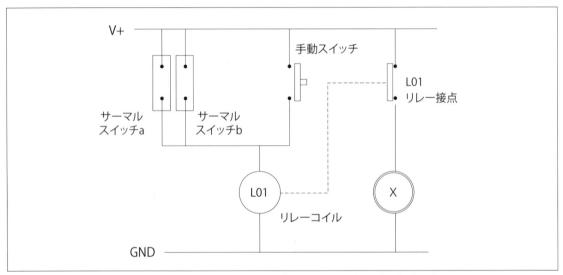

図 3.8　フォールトツリーの例（機器 X の過熱保護失敗）（1/2）

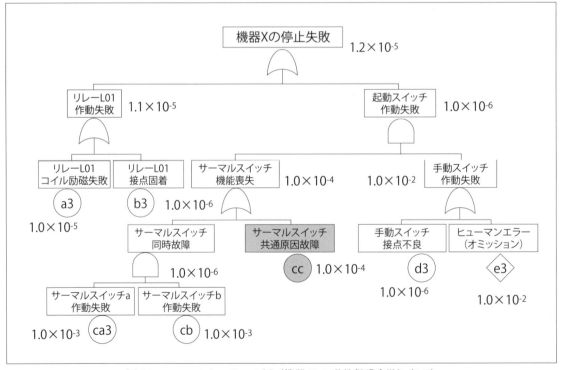

図 3.9　フォールトツリーの例（機器 X の過熱保護失敗）（2/2）

62

第3章　リスクアセスメント

HAZOP, FMEA, FTAの三つを紹介した。これらを含む分析手法は、目的や実施工程に応じて使い分ける必要があり、どれか一手法を実施すればよいと言うものではない。

　これらの手法は危険事象の分析だけでなく、システム、ハードウェア、ソフトウェアの各設計工程におけるアーキテクチャ設計フェーズなどでも用いられる手法である。各工程やフェーズでは、ここで紹介した手順や実施内容を改良しながら用いることも多い。例えば、FMEAには設計故障モード影響分析（DFMEA, Design FMEA）、機能故障モード影響分析（FFMEA, Functional FMEA）、工程故障モード影響分析（PFMEA, Process FMEA）などがある。ハードウェアでのアーキテクチャメトリクスの評価では、故障モード影響診断分析（FMEDA, Failure Modes, Effects, and Diagnostic Analysis）がよく用いられている[*2]。

3.5　リスクの見積り

　危険源及び危険事象を同定したあとには、個々の危険事象についてリスクの大きさを見積もる必要がある。見積もりの際には、リスクの定義から分かるように、危害の発生確率（頻度）とその程度（厳しさ）という二つの要素を考慮する（**図3.10**）。また同時に、リスクの見積もりの際には、**表3.12**に示すような要因に配慮する必要がある。

　なお、リスクの見積りには製品分野（ISO/IEC Guide51におけるタイプCの各製品安全規格）によって考え方が異なってくる。発電所のように特定の訓練を受けた運転者のみが操作できて、大規模な危害が想定されるものと、自動車やモーターサイクルのように自動車運転免許試験所で取得した免許があれば操縦できて、想定される危害が限定されるものとでは同じようにリスクを見積るのは難しい。ここでは、まずISO 12100に基づく基本

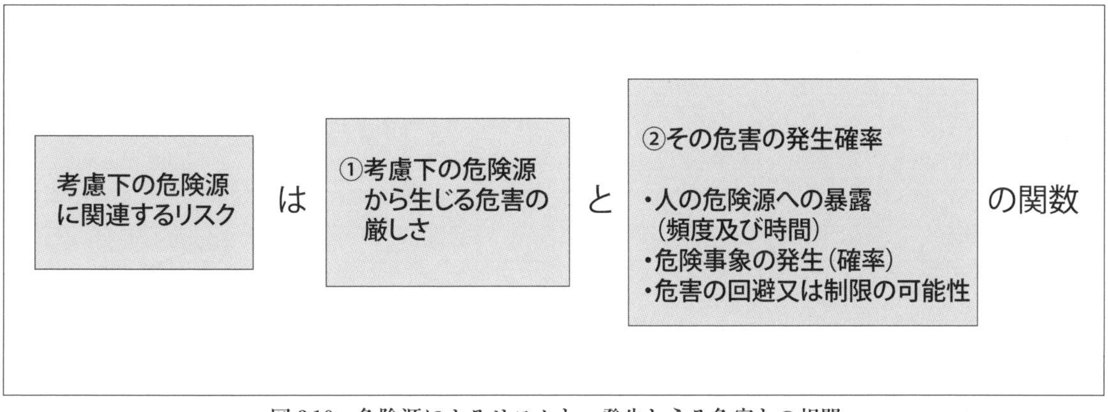

図3.10　危険源によるリスクと、発生しうる危害との相関

[*2] DFMEAは設計段階で用いられる。製品の部品ごとに故障モードをあげ、これらが製品に及ぼす影響を予測することによって、潜在的な故障を設計段階で予測・特定し、回避する。FFMEAは、故障モードを部品ではなく、機能構成に着目して行うFMEAのことである。PFMEAは製造工程における故障発生の原因などを予測・特定し、工程を改善することを目的とする手法である。FMEDAは、製品や（サブ）システムレベルの故障率、故障モード、（リスク低減方策や保護方策の一つである）診断機能を得るための定量的な分析手法である。

的な考え方を解説したあとに、IEC 13849（制御システムの安全関連部に関する機械類の安全規格）とIEC 61508（電気・電子・プログラマブル電子安全関連系の機能安全規格）及びISO 26262（自動車の機能安全規格）を例に、リスクパラメータや安全度水準について紹介

表 3.12　危害の厳しさ、及び発生確率ならびにその要件

		考慮すべき要件
①考慮下の危険源から生じる危害の厳しさ		①保護対象の性質（人、財産、環境） ②傷害又は健康障害の厳しさ（軽い、重い、死亡） ③危害の範囲（個別機械の場合、一人、複数）
②危害の発生確率	・危険源にさらされる頻度及び時間	①危険区域への接近の必要性 ②接近の性質 ③危険区域内での経過時間 ④接近者の数 ⑤接近の頻度
	・危険事象の発生確率	①信頼性及び他の統計データ ②事故履歴 ③健康障害履歴 ④リスク比較
	・危害回避又は制限の可能性	①誰が機械を運転するか ②危険事象の発生速度 ③リスクの認知 ④危害回避又は制限の人的可能性 ⑤実際の体験及び知識による回避や制限

表 3.13　リスクマトリックス

確率（頻度）	危害の厳しさ			
	無視可能 negligible	軽微な marginal	重大な critical	破局的な catastrophic
信じられない incredible	1	1	1	1
起こりそうにない improbable	1	1	2	2
あまり起こらない remote	1	2	2	3
たまに起こる occasional	2	2	3	4
かなり起こる probable	2	3	4	4
頻繁に起こる frequent	3	4	4	4

リスクの大きさ
1: 無視可能なリスク
2: 許容可能なリスク
3: 受け入れられないリスク
4: まったく受け入れられないリスク

する。

図 3.10 は ISO 12100「リスクの見積り」にある図である（ISO/IEC Guide51 にも同様の図がある）。

①は、ある危険源が顕在化したときに、人が被る危害の程度を意味している。例えば、一人死亡するのか、あるいは腕や手がなくなってしまうのか、脚が動かなくなるか、又はかすり傷程度で済むものなのかなどである。

②は、危害の起こる確率や頻度を意味している。例えば、その危害は 100 年に 1 回起こるか、10 年に 1 回起こるのか、あるいは 1 年に 1 回起こるものなのかなどである。この危害の発生確率を見積もるためには、暴露の頻度、危険事象の発生確率、危害回避又は制限の可能性の3要素を考慮することが必要とされる。

暴露の頻度とは、ある危険な状態に人がさらされる回数と時間のことを意味している。さらされる回数とは、1 時間に 1 回か、8 時間に 1 回か、10 日に 1 回か、あるいは全くさ

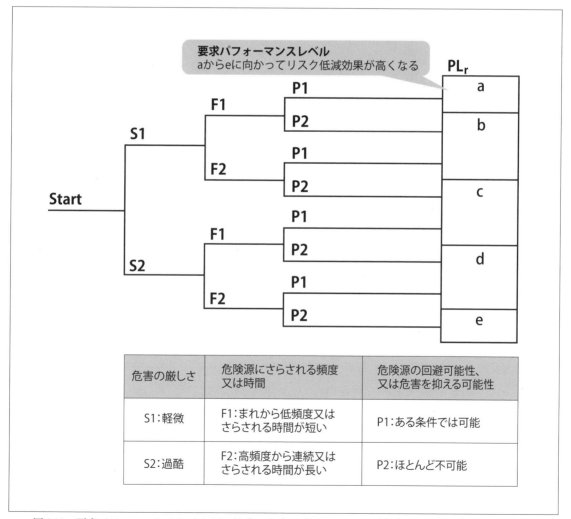

図 3.11　要求パフォーマンスレベル PLr 決定のためのリスクグラフの例（ISO 13849-1 付属書 A より）

らされることはないのかということを意味しており、さらされる時間とは、瞬間的か数十秒程度、数分程度の比較的短時間か、あるいは数時間、数ヶ月、数年間など長期にわたるものなのかということを意味している。

危険事象の発生確率とは、故障などにより、実際に危害に至る出来事がどのくらいの頻度で起こるのか（危険側故障率）を意味している。

危害の回避の可能性とは、危険事象が発生した際、危害に至らないように回避できる可能性である。危害にあう人が熟練者であっても回避できないことや、熟練者でなくてもその人の身体的能力により（俊敏性や反射的動作などで）回避できることもある。また、非常停止が有効な場合など危害を回避できる可能性もある。

リスクの見積りには、いくつかの方法論がある。代表的なものとして、危害の発生確率（頻度）とその危害の程度（厳しさ）からリスクを見積る手法（リスクマトリックス）を表3.13に示す。それぞれの要素の分類は、4分類する場合や6分類する場合などがある。

リスクマトリクスにおける危害の発生確率を、危険源にさらされる頻度や回避の可能性など、いくつかの要因に分解して分析する場合には、ツリー形式で示す方法（リスクグラフ）などがとられる。この結果、安全度水準や要求パフォーマンスレベルが決定される。

（1）ISO 13849

本書第4章で紹介するISO 13849-1では、SRP/CS（制御システムの安全関連部のこと。SRP/CS, Safety-Related Parts/Control System）が遂行する安全機能に対して要求パフォーマンスレベル（PLr）を決定するためのリスクグラフの使用例が示されている（図3.11）。

表3.14 SIL割当てのためのリスクグラフの例（IEC 61508-5より）

Cn：危険事象による結果	Fn：危険領域にさらされる時間と頻度	Pn：危険事象回避の可能性	Wn：望ましくない事象がおきる可能性		
			W3：比較的高く、繰り返し起きる	W2：低く、まれにしか起きない	W1：極めて低く、ほとんど起きない
C1：軽い障害			特別な安全要求事項はない	安全要求事項はまったくない	安全要求事項はまったくない
C2：一人以上の重大な障害又は1名の死亡	F1：まれに、又は比較的頻繁に危険領域にさらされる	P1：ある条件下で回避可能	SIL1	特別な安全要求事項はない	安全要求事項はまったくない
		P2：ほとんど回避不可能	SIL1	SIL1	特別な安全要求事項はない
	F2：潜在危険領域に頻繁に又は常にさらされる	P1：ある条件下で回避可能	SIL2	SIL1	SIL1
		P2：ほとんど回避不可能	SIL3	SIL2	SIL1
C3：数名の死亡	F1：まれに、又は比較的頻繁に危険領域にさらされる		SIL3	SIL3	SIL2
	F2：潜在危険領域に頻繁に又は常にさらされる		SIL4	SIL3	SIL3
C4：非常に多数の死亡			単一の安全系では不十分	SIL4	SIL3

(2) IEC 61508

同様に、IEC 61508-5（本書第5章）では、E/E/PE 安全関連系が遂行する安全機能に対して安全度水準（SIL, Safety Integrity Level）を割り当てるためのリスクグラフの使用例が示されている（**表 3.14**）[*3]。SIL の定義は第5章を参照されたい。

(3) ISO 26262

ISO 26262（本書第6章）では、乗用車自身といった車両レベルで機能を実現するシステムなど「アイテム」と呼ばれるものに対して、(1) 状況分析と危険源（ハザード）の同定、(2) 危険事象の分類、を要求している。後者の危険事象の分類では、危険事象ごとに、曝露可能性、回避可能性、過酷度を決定する。IEC 61508 のリスクパラメータ（**表 3.14**）との関係をあえて模式的に図示すると**図 3.12** のようになる（**図 3.12** のリスクパラメータの図は、**図 3.2** を一部要約してある）。

ISO 26262 ではリスクパラメータの数が一つ少ない。これは ISO 26262 では、自動車（バスやトラック、モーターサイクルでも同様）を操縦しているなど、常に人が共存していることを前提としているためである。

各リスクパラメータのクラスは**表 3.15** にあるとおりである。

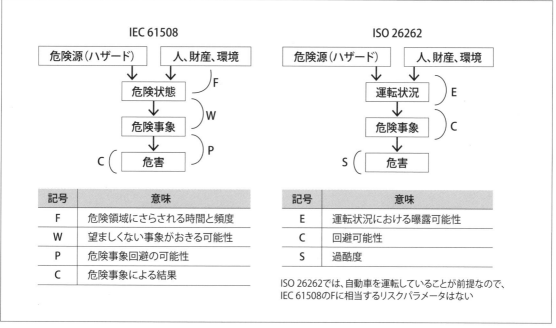

図 3.12　リスクパラメータの比較

---

*3) IEC 61508-5 には、リスクパラメータの考え方やリスクグラフによる SIL の決定方法について、一般原理が示されている。リスクパラメータの厳密な定義やそれらの重みづけは、特別な状況や産業分野ごとに定義される必要がある。表 3.14 は、規格書においてリスクグラフの一般的スキームから、リスクパラメータとリスクグラフを実装した一つの例として示されているものである。常にこのようなリスクパラメータの定義とリスクグラフによって、SIL が決定されるわけではないことに注意されたい。

各リスクパラメータのクラスに対して、IEC 61508 の安全度水準（SIL）と同様に、**表 3.16** によって、個々の危険源（危険事象）に対して、自動車安全度水準（ASIL, Automotive Safety Integrity Level）を決定する。ASIL ならびに QM（Quality Management）については第 6 章を参照されたい。なお、IEC 61508 における SIL と ISO 26262 における ASIL には、対応関係は定義されていない。

　製品安全規格では、リスクの見積もりと安全度水準について独自のパラメータやリスクグラフ、決定表などを設けているが、根底にある考え方の多くは共通である。

表 3.15　ISO 26262 におけるリスクパラメータの定義

	過酷度のクラス			
	S0	S1	S2	S3
内容	負傷なし	軽症か中程度の負傷	重症ではあるが命に別状はない	致命的な重症

	運転状況における曝露可能性のクラス				
	E0	E1	E2	E3	E4
内容	可能性がない	可能性が非常に低い	可能性が低い	可能性が中程度	可能性が高い

	回避可能性のクラス			
	C0	C1	C2	C3
内容	一般的に回避可能	容易に回避可能	通常は回避可能	回避困難か回避不能

表 3.16 自動車安全度水準（ASIL）の決定表

過酷度クラス	曝露可能性クラス	回避可能性クラス		
		C1	C2	C3
S1	E1	QM	QM	QM
	E2	QM	QM	QM
	E3	QM	QM	A
	E4	QM	A	B
S2	E1	QM	QM	QM
	E2	QM	QM	A
	E3	QM	A	B
	E4	A	B	C
S3	E1	QM	QM	A
	E2	QM	A	B
	E3	A	B	C
	E4	B	C	D

3.6　リスクの評価

リスクの評価は、リスク見積もりの後、許容可能リスクが達成されるかどうか、適切にリスクが低減されるかどうかを、判断基準となる安全度水準に基づいて決定するために要求される。その評価の結果、許容可能リスクが達成されている、あるいはリスクが適切に低減されていればよいが、リスク低減が（あらたに）必要とされた場合には、適切な保護方策を選定し、リスクアセスメントの手順を反復しなければならない（**図 3.13**）。

許容可能なリスクの定義（ISO/IEC Guide 51:2014）
　→現在の社会の価値観に基づいて、与えられた状況下で受け入れられるリスクのレベル

許容可能なリスクとは、ISO/IEC Guide51 では上で示す定義に加え、「絶対安全という理念、製品、プロセス又はサービスと使用者の利便性、目的適合性、費用対効果、ならびに関連社会の慣習のように、諸要因によって満たされるべき要件とのバランスで決定される」と説明している。つまり、許容可能なリスクは普遍的な一定の基準として決められるものではなく、限りなくリスクがゼロになることを目指し（絶対安全）、製品などを使用する人の利便性、製品がその本来の使用目的と適合していること、費用対効果、開発時点での社会の文化・慣習などのさまざまな要因によって決定されるものとしている。コラムにリスク評価の事例を示す。

リスク評価を行った結果として、通常は残留リスクが多少なりとも残ってしまう。この残留リスクに対してはそれが受け入れ可能であると判断した論拠を残すとともに、表現可能な内容は制限事項としてユーザーズマニュアルなどで利用者に明示することが重要である。

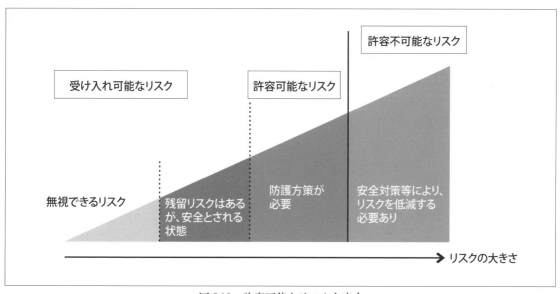

図 3.13　許容可能なリスクと安全

コラム8 製品出荷に関するリスク評価の事例

1.「危害の厳しさ」のクラス分け

アプリケーションを想定して、起こり得る最悪の状況として評価する。

	危害の厳しさ（事例）			
	I	II	III	IV
人身事故	死亡又は高度障害 回復の見込みがない要介護状態	部分的な恒久身体障害 （指の切断など）	休業（1日以上）を余儀なくされる怪我	無休レベルで、完全に回復する怪我
焼損・火災事故	延焼（工事火災）	盤内・装置内の延焼	装置の部分的発煙	装置の部分的変形・変色
物損事故	1億円以上 製造ラインへの重大な影響 （半導体工場全体への波及など）	1億円未満 （客先装置への著しい損傷）	50万円未満 （客先の保守要員により修復可）	3万円未満
環境破壊	法令に反する回復不可能なダメージ	法令に反する回復不可能なダメージ	法令に反しない環境への悪影響	ごく限定できる領域への影響

2.「危害の発生確率」

	頻繁に起こる/frequent	$10^{-1} \leqq x$
	かなり起こる/probable	$10^{-2} \leqq x < 10^{-1}$
発生確率	たまに起こる/occasional	$10^{-3} \leqq x < 10^{-2}$
	あまり起こらない/remote	$10^{-4} \leqq x < 10^{-3}$
	起きそうにない/improbable	$10^{-6} \leqq x < 10^{-4}$
	信じられない/incredible	$x < 10^{-6}$

3.判定基準

リスクは「危害の厳しさ」「危害の発生確率」との組合せにより大きさを判定する。
ここでは、4種類の危害に層別にして、マトリクスに整理する。

人身事故

発生確率	危害の厳しさ I	II	III	IV
頻繁に起きる incredible	①	①	②	③
かなり起こる probable	①	①	③	④
たまに起こる occasional	②	②	④	⑤
あまり起こらない remote	④	④	⑤	⑥
起こりそうにない improbable	⑤	⑤	⑥	⑥
信じられない incredible	⑥	⑥	⑥	⑥

物損事故

発生確率	危害の厳しさ I	II	III	IV
頻繁に起きる incredible	①	②	③	④
かなり起こる probable	①	③	④	⑤
たまに起こる occasional	②	④	⑤	⑤
あまり起こらない remote	④	⑤	⑥	⑥
起こりそうにない improbable	⑤	⑥	⑥	⑥
信じられない incredible	⑤	⑥	⑥	⑥

焼損・火災事故

発生確率	危害の厳しさ I	II	III	IV
頻繁に起きる incredible	①	②	③	③
かなり起こる probable	①	③	④	④
たまに起こる occasional	①	④	③	⑤
あまり起こらない remote	③	⑤	⑥	⑥
起こりそうにない improbable	⑤	⑥	⑥	⑥
信じられない incredible	⑤	⑥	⑥	⑥

環境破壊

発生確率	危害の厳しさ I	II	III	IV
頻繁に起きる incredible	①	①	①	②
かなり起こる probable	①	①	②	③
たまに起こる occasional	①	②	③	④
あまり起こらない remote	②	③	⑤	⑤
起こりそうにない improbable	③	⑤	⑥	⑥
信じられない incredible	③	⑤	⑥	⑥

①	出荷不許可
②	製品認定者による決裁にて限定的出荷可能（Engineering Sample等）
③	改善が望ましい。品質保証部長による決裁で出荷可能
④	改善が望ましい。工場長による決裁で出荷可能
⑤	改善努力を要する。設計課長による決裁で出荷可能
⑥	コスト等を考慮し、可能なら改善

H.Y

3.7　リスク低減方策の決定

　リスクが許容可能なレベル以下にならない場合、又は、ISO 12100でいえば、適切にリスク低減がなされていない場合、許容可能なレベルになるような適切なリスク低減を達成するために必要とされる方策を、リスク低減方策又は保護方策という。

　ISO/IEC Guide51では、リスク低減方策と保護方策を「危険源を除去するか、又はリスクを低減するための手段又は行為」と定義しており、本質的安全設計、保護装置、保護具、使用上及び据付け上の情報（設計者による方策）ならびに追加保護方策、訓練、保護具、組織（使用者による方策）などによる方策を要求している。

　ISO 12100では、ISO/IEC Guide51に従って、保護方策を「リスク低減を達成するための方策」としており、上記と同様に、設計者による方策と使用者による方策とに分けている。

　簡単な具体例は本文中でも一部紹介した。この他、機能安全におけるリスク低減のための方策としては、例えば危険な状態に推移しないよう、もしくはその推移を監視するためのウォッチドックタイマーの設置[6]がある。また、ソフトウェアでは安全関連系と非安全関連系との間にパーティショニング[*4]を設けることもその方策となりえる。

　なお、リスク低減方策や保護方策のことを、安全機構や安全方策と呼ぶこともある。安全方策という場合には、技術的な解決方法だけでなく設計者による成果物レビューなどの技術的な活動が含まれる。

3.8　本章のまとめ

　本章では、製品の安全設計を行う上で非常に重要なステップであるリスクアセスメントについて、次のような事項について解説した。

・リスクアセスメントの意義
・機械類の制限（使用及び予見可能な誤使用の同定）
・危険源の同定
・危険源から危害に至るシナリオの想定
・リスクの見積り
・リスク評価
・リスク低減方策の決定

　これらは、製品分野を問わず、安全規格において、また安全設計全般において基礎となる重要な内容である。

---

*4）パーティショニングとは、ある設計を実現するための、機能もしくはエレメントの分離のこと。連鎖故障（不具合の伝播）からソフトウェアを保護することができるための概念であり機能安全の一つである。

コラム9　リスク管理

　ISO/IEC Guide51 では、リスクを「危害の発生確率及びその危害の程度の組み合せ」と定義しており、TR Q 0008（ISO/IEC GUIDE 73:2002）[*1]では「事象の発生確率と事象の結果の組み合わせ」と表現している。そして、ここでのリスク管理（リスクマネジメント）とは、リスクを組織的・包括的に管理し、危険源や損失などを回避もしくは低減を図る体系的なプロセスのことである。

　リスクマネジメントに関しては、標準として TR Q 0008 が制定されているが、リスクは、低減、対応、コントロールするものであり、リスクへの対策は、ISO/IEC Guide51 などの安全規格より広い内容となっている。近年、重要度を増している、製品に対するサイバーセキュリティにおける脅威についても、リスクマネジメントの一環と考えてかまわない。

　ISO/IEC Guide51 と TR Q 0008 の違いを簡単に表現すると ISO/IEC Guide51 が、安全分野に特化しており、リスクから生じる結果はネガティブリスクとしてとらえているのに対し、TR Q 0008 は、リスクから生じるポジティブリスクも対象としていることである。

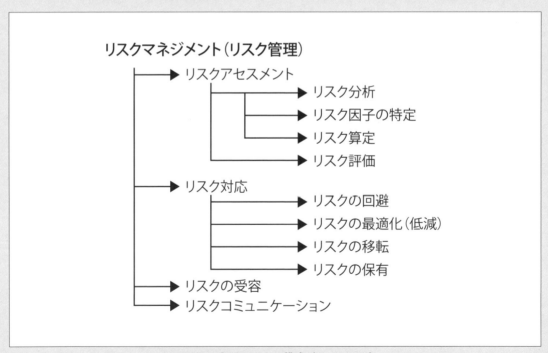

リスクマネジメントの構成（TR Q 0008）

TR Q 0008 によるリスクマネジメントは、上図のように表現される。

リスクマネジメントは「リスクアセスメント」、「リスク対応」、「リスクの受容」、「リスクコミュニケーション」を含み、さらに「リスクアセスメント」は「リスク分析」、「リスク評価」により定義される。

最初に、リスク分析は、「リスク因子の特定」と「リスク算定」により構成され、リスク因子の特定は、リスク因子を発見し特徴を明確にすること、リスク算定は、リスク因子の発生確率と結果を設定することになる。

次のリスク対応では、リスクを変更させるための方策を選択して実施する。また、リスク評価の結果、リスク対応を実施することが決定したリスクについては、リスク回避、リスクの最適化、リスクの移転、リスクの保有の4つから選択をすることになる。

リスクの受容は、リスクを受容する意思決定プロセスを作成する。つまり、リスクアセスメントによって、リスクが特定されていても、経済的、技術的、人為的などその組織又は社会的な要因により、リスクマネジメントできないリスクに対して、組織の最終意思決定者により内在するリスクとして決定を受ける行為を指す。

リスクコミュニケーションは、社会を取り巻くリスクに関する正確な情報を、例えば、行政、専門家、企業、市民などのステークホルダーである関係主体間で共有し、相互に意思疎通を図ることをいう。さらに、本章で述べているリスクアセスメントや、第4章で述べる安全設計の基本と3ステップメソッドもリスク管理の一部として位置づけられる。

なお、安全設計で技術的に直接取り扱うリスク（すなわちリスクアセスメントの対象）には、プロジェクト・リスクは含まない。ただ、プロジェクトの安全管理（機能安全管理など）に関わる内容は安全設計を進める上で重要なものである。安全文化、コンピテンス管理などがこれに含まれる。例えば製品安全を達成する上で必要なスキルを持ったエンジニアや管理者をアサインできないような場合は、製品安全に影響を与えかねない。これはプロジェクト・リスクの一部として組織が十分考慮しなければならない内容と言えるだろう。

H.Y

＊1）TR Q 0008（ISO/IEC GUIDE 73:2002）とはリスクマネジメントシステムにおいて、使われる用語を統一するために作られた用語集である。この中では、リスクという用語が、事象、発生確率、事象の結果の組み合わせと定義されており、不確実性を伴う出来事（インシデント）のことを指しているため、マイナス因子だけではなく、プラスの因子もリスクに含むと定義されているのが特徴である。

参考文献（第3章）

1) 向殿政男監修、向殿政男、宮崎浩一共著、安全設計の基本概念、安全の国際規格第1巻、日本規格協会、（2007）

2) 向殿政男監修、向殿政男、宮崎浩一共著、機械安全、安全の国際規格第2巻、日本規格協会、（2007）

3) 向殿政男監修、井上洋一他、制御システムの安全、安全の国際規格第3巻、日本規格協会、（2007）

4) （独）原子力安全基盤機構規格基準部、成果報告書「ディジタル安全保護系規制要件調査等」、（2006）
http://www4.jnes.go.jp/katsudou/seika/2006/kikaku/07kihi-0005.pdf

5) Think It 情報セキュリティ「トピックと手法から学ぶリスクマネジメント」
http:// www.thinkit.co.jp/free/article/0607/11/1

6) 余宮尚志他、ソフトウェアを中心とした安全設計技術、東芝レビュー、Vol.65, NO.7, （2010）
https://www.toshiba.co.jp/tech/review/2010/07/65_07pdf/f03.pdf

第4章

機械系安全規格から見た安全設計の基本

　前章でのリスクアセスメントを実施した結果、リスクの低減が必要となった危険源に対して、リスク低減方策を検討し実施することになる。本章では、設計者が講じるリスクを低減するための手法として、スリーステップメソッドを中心に紹介する。スリーステップメソッドの各ステップについては、各節で紹介する。

　4.1節では、「本質的安全設計方策（Inherently safe design measure）」（ステップ1）として、設計上の各種処置方策を適切に選択することや、設計を工夫することで危険源を除去し、またリスクを低減する方策について紹介する。

　4.2節では、「安全防護及び付加保護方策（Safeguarding and additional protective measure）」（ステップ2）として、ガードや保護装置によりリスクを低減する方策、非常停止などの付加的なリスク低減方策について紹介する。また最近、機器が複雑化してきたためプログラムを用いた安全防護及び付加保護方策もとられているが、最終的には機械としての機能安全を満足することが求められることも紹介する。

　4.3節では、「使用上の情報（Information for use）」（ステップ3）として、専門あるいは一般の使用者が安全かつ正しい使用を確実に行えるようにするため、残留リスクについて必要な情報を伝えることと、本来「本質的安全設計方策」、「安全防護、付加保護方策」を適切に使用すべきところに安易に「使用上の情報」を適用すべきではないことも含めて紹介する。

4.1 本質的安全設計方策

　前章でリスクアセスメントに関して紹介したが、リスクアセスメントを実施した結果、リスクの低減が必要となった危険源に対して、リスク低減方策を検討し実施することになる。リスク低減方策としては、設計者が講じるものと使用者が講じるものがあるが、ここでは、設計者が講じる方策について紹介する。

　設計者が講じるリスクを低減するための手法として、スリーステップメソッドがある。この方法論に関しては、ISO 12100 ／ JIS B 9700 に記載されている。

　この ISO 12100 は、タイプとしては A 規格（基本安全規格）に属し、機械を安全に設計する上で重要なリスクアセスメント、及びリスク低減方策の考え方、方法などを規定している。この規格は以前存在していた 3 つの規格（ISO 12100-1：2003[1,2]、ISO 12100-2:2003[3,4] 及び ISO 14121-1：2007[5]）を 1 つにまとめて、ISO 12100：2010[6] として発行されている。しかしながら、安全規格の考え方の本質は変っていないので、本書では、以前の規格をベースに解説している。規格は技術進展に応じて改定されるため、設計で用いる場合には、最新の規格の原典の確認も怠らないようにしていただきたい。

　スリーステップメソッドは、設計の段階で事故が起きないように危険を排除する設計を行うための「本質的安全設計方策」（ISO 12100：2010 6.2、旧 ISO 12100-1:2003 3.19）、それでも十分低減できないリスクから人を保護するために、安全防護物や非常停止手段等によって保護を行うための「安全防護及び付加保護方策」（ISO 12100：2010 6.3、旧 ISO 12100-1:2003 3.20）、以上 2 つの方策を行ってもまだ残ってしまう残留リスクに関して、その情報を使用者に伝え、さらにリスクを低減させる方策としての「使用上の情報」（ISO 12100：2010 6.4、旧 ISO 12100-1:2003 3.21）の三つから成る。

　また実施にあたっては優先順位があり、「本質的安全設計方策」をステップ 1、「安全防護及び付加保護方策」をステップ 2、「使用上の情報」をステップ 3 とすると、ステップ 1 ＞ステップ 2 ＞ステップ 3 の順となる。こうした安全設計のためのステップや考え方は、機器の組込みシステムを設計するうえでも重要である。

　本節では、「本質的安全設計方策」（スリーステップメソッドのステップ 1）として、設計上の各種処置方策を適切に選択することや、設計を工夫することで危険源を除去し、リスクを低減する方策について紹介する。この方策を大きく分類すると制御手段と非制御手段による方策がある。制御手段による方策としては、制御システムで故障、不具合を生じないようにすることで、人に危害を生じる動作を防止する対策などがある。また、非制御手段による方策としては、危険な箇所をなくす方策や、オペレータの精神的、肉体的疲労などを低減する方策などがある。

4.1.1 本質的安全設計とは

　設計者による保護方策（スリーステップメソッド）の実施にあたり、最初に実行すべき

最も重要な位置付けにあるのが本質的安全設計方策であり、ISO 12100-1:2003 3.19 の中で「ガード又は保護装置を使用しないで、機械の設計又は運転特性を変更することにより、危険源を除去する、又は、危険源に関連するリスクを低減する保護方策」と定義されている。これは大きく分けて次の二つの考え方に基づいている。(1)「設計の段階から各種処置方策を適切に選択することで、可能な限り危険源の生成を防止し、低減させること」と、(2)「作業員が危険区域内に入る必要性を可能な限り少なくすることで、人の危険源への暴露を制限すること」である（図4.1）。

(1)「設計の段階から各種処置方策を適切に選択することで、可能な限り危険源の生成を防止し、低減させる」は、危害の要因を取り除く、あるいはその要因から生じる危害の程度が小さくなるように設計処置を行うことである。そのための規定内容として、以下の事項がある。

・幾何学的及び物理的要素に関する配慮

　幾何学的要素に関する配慮の一例としては、人がその部位に触れることにより、怪我をしないようにすることが挙げられる。また、物理的要素に関する配慮の一例としては、力の流れの遮断があり、人体部位と危険箇所間の力の流れを人体が感じる痛みの限界値に達する前に遮断してしまうことが挙げられる。

（例：ロボットアームの危険性のある鋭利な部分を除去する）

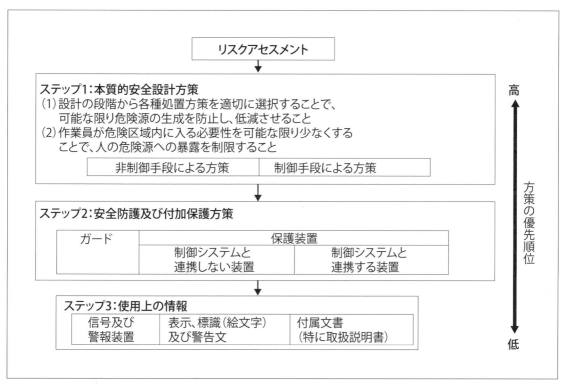

図 4.1　ISO 12100-2 で規定されるリスク低減方策（出典：安全の国際規格第二巻機械安全[7]）

- 機械設計に関する一般的技術知識の考慮

  機械設計に関する一般的技術知識の考慮に関する配慮の一例としては、機械的応力、材料やその特性を基に機械設計し、安全性を確保することが挙げられる。

  （例：ロボットアームの最大可動範囲外に制御パネルを設置する（図 4.2））

- 機械的結合の安全原則

  機械的結合の安全原則に関する配慮の一例としては、一つの可動な機械的構成品が直接接触して、又は剛性要素を介して他の機械的構成品に連動する作用に対して、安全性を確保することが挙げられる。

  （例：クラッチを切り離すことで動力源との結合を遮断する）

- 人間工学原則の遵守

  （例：制御パネルを作業しやすい高さにする）

- 制御システムへの本質的安全設計の適用
- 安全機能の故障確率の最小化
- 空圧及び液圧設備の危険源の防止
- 電気的危険源の防止

また、(2)「作業員が危険区域内に入る必要性を可能な限り少なくすることで、人の危険源への暴露を制限する」は、危険なところには行かない、あるいは行く頻度を減らせば危害にあう確率が減るという考え方に基づく方策である。そのための規定内容として、以下の事項がある。

- 設備の信頼性を上げることにより修正等の介入の機会を制限する方法
- 搬入又は搬出作業を機械化及び自動化することにより危険な箇所への接近を制限する方法
- 設定（段取り等）及び保全の作業位置を危険区域外とすることにより危険な箇所への接近を制限する方法

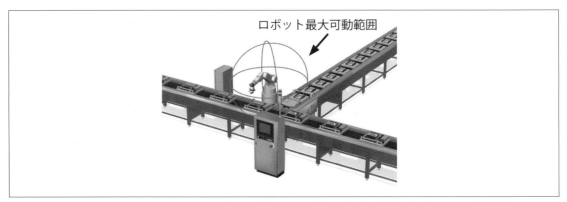

図 4.2　ロボットアームの最大可動範囲を考慮した本質安全設計方策例（出典：IDEC 社資料）

4.1.2　非制御手段と制御手段による本質安全設計方策例について

　本質安全設計を行ううえでの重要な方策に非制御手段と制御手段によるものとがある。そこで、非制御手段による方策としての「人間工学原則の遵守」と制御手段による方策としての「制御システムへの本質的安全設計の適用」の二つを取り上げ、紹介する。特に制御手段に基づく本質的安全設計のための考え方は、組込み機器の制御関連システムを設計するうえでも重要である。

・「人間工学原則の遵守」

　人間にミスはつきものであり、ミスを完全に無くすことはできない。そこで設計段階から人間の精神的、身体的ストレス及び緊張を低減するための方策を組み込んでおけば、ヒューマンエラーの多くの部分が回避できる。ISO 12100-2:2003 4.8 には、オペレータの精神的、身体的ストレスや緊張を低減することで安全性を確保するための方法が規定されている。ここでは、人体部位の寸法、年齢、力の強さと姿勢の関係といった身体的特性、騒音レベルといった使用環境から始まって、オペレータと機械とのインターフェースに関する種々の心理的特性や設計時の検討項目に至るまで述べられている。例えば、「オペレータの作業リズムを自動運転のサイクルに無理に合わせない」と規定されている。オペレータ自身が危険源の原因となる可能性のある場合は、如何に自動化による環境改善効果があっても行うべきではない、ということである。オペレータの精神的ストレスを低減するための改善方策をまず優先すべきだという立場からの規定である。組込み機器等で非制御手段を用いて設計する場合において、こうした人間工学的観点からの方策は参考になると思われる。

・「制御システムへの本質的安全設計の適用」

　制御システムは、機械安全の重要な位置づけとなっている。制御システムの設計に誤りや不適切な部分があったり、構成部品に故障が発生したり、動力源が変動・故障したりすると、以下の事項などが生じて、危害が人間に及ぶ可能性がある。そうしたことを踏まえ、組込み機器の制御関連システムを設計することが重要である。

①意図しない・予期しない機械の起動

　事例：動力復帰後にオフラインから運転モードや保全のためのテストモードに切替えた際、プログラムミス等で本来動作しないはずの機械が起動してしまう。

②無制御状態の速度変化

　事例：制御システムが不能となり回転数速度が制御できず回転数が上昇（下降）してしまう。

③運動部分の停止不能

　事例：運動部分の制御システムが不能となり、停止できなくなる。

④加工物等の落下や放出

事例：上記同様に加工物等を固定している制御システムが不能となり、固定できなくなる。

⑤ 保護（安全）装置の機能停止

事例：制御設計の誤りで安全装置が機能しなくなる状態が存在する。

　これらを防止するための制御設計上の安全原則として、ISO 12100-2 では主として、以下の事項が規定されている。

①機構運動の起動又は停止

　事例：起動時は電圧（エネルギーレベル）が低い方から高い方に切替えることで起動し、停止時は電圧が高い方から低いほう方に切替えることで停止するように設計する。

②動力中断後の再起動防止

　事例：動力中断後に再起動すると機械が自動的に再起動し、危険源になるため、例えば自己保持リレーを使用する等での再起動防止の設計をする。

③動力供給の中断

　事例：安全のために常時運転を必要とする装置（例えば、ロックシステム、パワーステアリング等）は安全を維持するための装置を備える設計とする。

④自動監視の使用

　事例：安全に稼動しているかを監視システムで常時監視し、異常を検知する設計とする。

⑤手動制御器の安全原則

　事例：

・人間工学の原則に従って設計しているか。

・停止制御装置は起動制御装置の近くに配置されているか。

・一つの機械を複数の制御器で起動できる場合は、稼動時はそのうちの一つが有効となるような制御設計になっているか。

・無線通信による制御の場合は、制御信号が受信されない場合は自動停止となる設計となっているか。

⑥制御モード及び運転モードの選択

　事例：人によるマニュアル運転、システムによる自動運転といったモードが存在するような制御機器では、安全のためにモード切替え装置を備える設計とする。

　こうした制御設計上の安全原則を基に制御システムの安全関連部の設計に関しては、次の 4.1.3 節で述べる。

4.1.3　機械系安全規格 ISO 13849 での制御システムの安全関連部

　ISO 13849 は、機械類の制御システムの安全関連部（SRP/CS, Safety-Related Parts of Control Systems）の設計・統合に対する要求事項及び指針をまとめた規格であり、タイプとしては B 規格（グループ安全規格）に属する。ISO 13849 は、以下の二つのパートで構成されている。

・ISO 13849-1:2006[8]　機械類の安全性 - 制御システムの安全関連部 - 第 1 部：設計のための一般原則
・ISO 13849-2:2012[9]　機械類の安全性 - 制御システムの安全関連部 - 第 2 部：妥当性確認

　なお ISO 13849-1 に対応する JIS は JIS B 9705-1 であるが、現行の JIS B 9705-1:2011 は、旧版の ISO 13849-1:2006 の内容を翻訳したものであり、新版の ISO 13849-1:2015 に対応するものではないことに留意されたい。新版の ISO 13849-1:2015 は、2006 年版の理解をしやすくする（技術的内容を追加していない）ために追補した 2012 年発行の追補 1 版を統合したものである。したがって現行の JIS B 9705-1:2011 にも対応している ISO 13849-1:2006 版をベースに説明することとする。

　ISO 13849 が対象とする制御システムの安全関連部とは、「安全に関連する入力信号に応答して、安全に関連する出力信号を生成する制御システムの一部」として定義されている。ISO 13849 は、ISO 12100 に沿ったスリーステップメソッドの実施を前提としており、リスク低減の手段として制御システムが用いられる場合には、それが制御システムの安全関連部に該当する。つまり、本質的安全設計を制御システムによって実現する場合や、安全防護又は付加保護方策を制御システムによって実現する場合には、それらの制御システムが制御システムの安全関連部となり、ISO 13849 の対象となる（前述の図 4.1）。

　制御システムの安全関連部に用いられる制御機器としては、スイッチやリレーがある。これらはハードウェアのみから成る。しかしソフトウェアやマイクロプロセッサにより構成されるものも増え、故障の自己診断を行うなど威力を発揮している[10]。これらにはセ

（日本シャッター製作所ホームページより）

図 4.3　PLC を利用した安全保護装置の一例

ーフティライトカーテンやプログラマブルロジックコントローラー（PLC）などがある（図4.3）。セーフティライトカーテンは、光電式の透過型センサーであるが、産業用ロボットや機械設備の危険箇所で働く作業員の人体検出に使われている。

ISO 13849 の要求事項は、端的に述べると、制御システムの安全関連部に対してリスクアセスメントに基づいて適切に安全機能及びパフォーマンスレベル（PL, Performance Level）を割り当てることと、それらの妥当性確認を確実に行うことを求めるものである。

以下、ISO 13849-1 の具体的な構成と内容にフォーカスして、概要を述べる。ISO 13849-1:2006 の目次を、**表 4.1** に示す。

ISO 13849-1 第 4 節「設計における考慮事項」では、制御システムの安全関連部によるリスク低減の考え方（図 4.4）と、実施すべき制御システムの安全関連部の設計プロセス（図4.5）が示される。ここでは、パフォーマンスレベル（PL）の概念が導入される。パフォ

表 4.1　IEC 13849-1「機械類の安全性 - 制御システムの安全関連部」の主目次

パート	節	表題
ISO 13849-1:2006 設計のための 一般原則	1	適用範囲
	2	引用規格
	3	用語及び定義
	4	設計における考慮事項
	5	安全機能
	6	カテゴリ及びカテゴリと各チャネルの MTTFd、DCavg 及び CCF との関係
	7	障害の考慮、障害の除外
	8	妥当性確認
	9	保全
	10	技術文書
	11	使用上の情報
	附属書 A	要求パフォーマンスレベルの決定
	附属書 B	ブロック手法及び安全関連ブロック図
	附属書 C	単一コンポーネントの MTTFd の計算又は推定
	附属書 D	各チャネルの MTTFd を推定するための簡略手法
	附属書 E	機能及びモジュールの故障診断率（DC）の推定
	附属書 F	共通原因故障（CCF）の推定
	附属書 G	システマティック故障
	附属書 H	SRP/CS の組合せ例
	附属書 I	PL r の計算例
	附属書 J	ソフトウェア
	附属書 K	カテゴリ、DCavg 及び各チャンネルの MTTFd と PL の関係の数表

ーマンスレベルとは、「予見可能な条件下で制御システムの安全関連部が安全機能を遂行できる能力を示すために用いられる離散的水準」として定義され、PL a から PL e までの5段階によって示される。このうち、PL e が最も高い水準を表す。設計プロセスにおいては、まずリスクアセスメントを通じて、制御システムの安全関連部に対する要求パフォーマンスレベル PLr（required Performance Level）を決定したうえで、それを満足するように制御システムの安全関連部を設計することが求められる。さらには、PL の検証及び妥当性確認が必要となる。PL は、さまざまな要素に基づく複合的な指標であり、以下

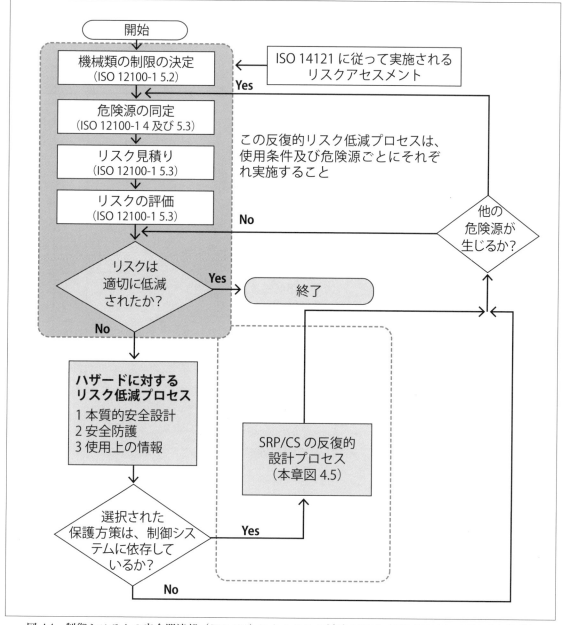

図 4.4　制御システムの安全関連部（SRP/CS）によるリスク低減の概要（ISO 13849-1：2006 より抜粋）

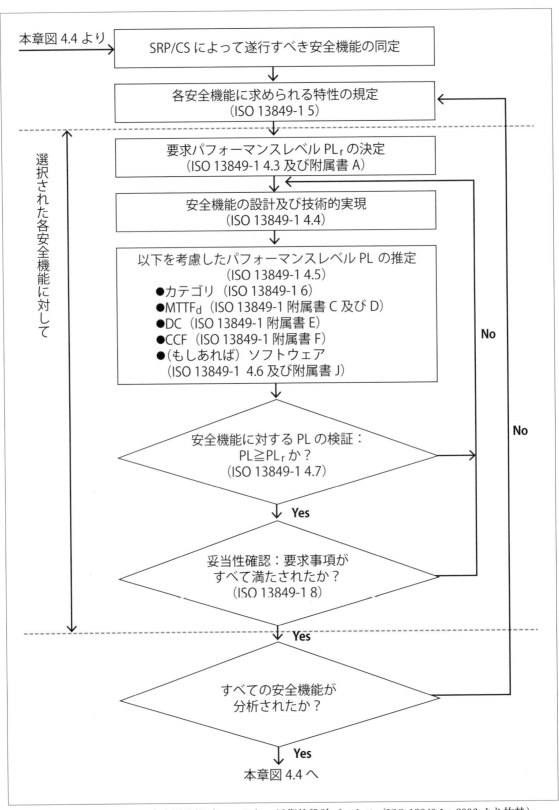

図 4.5　制御システムの安全関連部（SRP/CS）の反復的設計プロセス（ISO 13849-1：2006 より抜粋）

第4章　機械系安全規格から見た安全設計の基本

の側面を考慮して PL を推定するための手順が述べられる。

・単一コンポーネントに対する MTTFd（平均危険側故障時間：Mean Time To dangerous Failure）の値
・DC（故障診断率：Diagnostic Coverage）
・CCF（共通原因故障：Common Cause Failure）
・カテゴリ（Category：システムの構造及び障害条件下での安全機能の振舞い）
・安全関連ソフトウェア
・システマティック故障
・環境条件下で安全機能を遂行できる能力

なお、このうちカテゴリについての詳細は、ISO 13849-1 第 6 節で述べられる。
ISO 13849-1 第 5 節「安全機能」では、制御システムの安全関連部によって実現される典型的な安全機能が列挙され、それらに対する要求事項及び参照すべき他の規格が述べられる。特に以下の機能については、詳しく述べられる。

・安全関連停止機能
・手動リセット機能
・起動／再起動機能
・局所制御機能
・ミューティング機能

ISO 13849-1 第 6 節では、制御システムの安全関連部におけるカテゴリの概念が導入される。カテゴリとは、「障害への耐性及び障害条件下での挙動に基づく制御システムの安全関連部の分類であり、制御システムの安全関連部の構造的配置や障害検出、信頼性によって達成されるもの」として定義され、カテゴリ B 及びカテゴリ 1 からカテゴリ 4 までの五つの段階で表される。それぞれのカテゴリの定義を、**表 4.2** にまとめておく（ISO 13849-1:2006 から抜粋）。なお表 4.2 中の「基本安全原則」、「十分吟味された基本安全原則」及び「十分吟味されたコンポーネント」については、ISO 13849-2 附属書 A から D までに、システムの種類（機械、空圧、油圧及び電気）に応じて考慮すべき内容が列挙されているので、詳細はそちらを参照されたい。

カテゴリは制御システムの安全関連部のアーキテクチャに基づく分類であり、パフォーマンスレベルを決定するうえで重要なパラメータとなっている。カテゴリによって、達成可能な最高の PL が制約されている（**表 4.2** 参照）。

ISO 13849-1 第 8 節「妥当性確認」は、制御システムの安全関連部の設計に対する妥当性確認（validation）の実施を求めるものである。妥当性確認は、制御システムの安全関連部の組合せが ISO 13849-1 の関連する要求事項をすべて満足していることを実証する作業である。妥当性確認の実施方法は、ISO 13849-2 において詳しく述べられている。ISO 13849-2 では、妥当性確認プロセスが規定され、プロセスの各フェーズに対する要求事項が述べられている。

表 4.2　ISO 13849-1 におけるカテゴリ要求事項

カテゴリ	要求事項の要約	システムの挙動	達成可能な最高の PL
B	制御システムや保護装置の安全関連部は、想定される外的影響に耐えられるよう、関連する規格に従って設計、製造、選定、組立て及び組合せがなされていること。基本安全原則に従うこと。	故障発生時、安全機能の喪失を招くことがある。	b
1	・カテゴリ B の要件を満たすこと。 ・十分吟味されたコンポーネントを用い、十分吟味された安全原則に従うこと。	故障発生時、安全機能は失われるかもしれないが、その発生確率はカテゴリ B よりも低い。	c
2	・カテゴリ B の要件を満たし、十分吟味された安全原則に従うこと。 ・安全機能は、機械の制御システムにより適切な間隔でチェックされること。	・チェックとチェックの間で故障した場合、安全機能が失われる恐れがある。 ・安全機能の喪失は、チェックによって検出される。	d
3	・カテゴリ B の要件を満たし、十分吟味された安全原則に従うこと。 ・制御システムの安全関連部は、以下の方針に従って設計されること。 ー単一故障では安全機能が喪失しないこと。 ーできる限り、単一故障を検出できること。	・単一故障が発生した場合でも安全機能は常に機能する。 ・すべてでないが、故障が検出される。 ・検出されなかった故障が蓄積した場合、安全機能が失われる恐れがある。	e
4	・カテゴリ B の要件を満たし、十分吟味された安全原則に従うこと。 ・制御システムの安全関連部は、以下の方針に従って設計されること。 ー単一故障では安全機能が喪失しないこと。 ー単一故障は、安全機能に対する次の作動要求時又はその前に検出されること。それが不可能な場合には、故障の蓄積が安全機能の喪失を招いてはならない。	・単一故障が発生した場合でも安全機能は常に機能する。 ・障害の蓄積を検出した場合には、安全機能の喪失の可能性が小さくなる。 ・障害は、安全機能の喪失に至る前に検出される。	e

表 4.3　パフォーマンスレベル（PL）と安全度水準（SIL）の関係

PL	時間当たり平均危険側故障発生確率（Average Probability of Dangerous　Failure per Hour（1／h））	SIL
a	$10^{-5} \leqq PFH_d < 10^{-4}$	—
b	$3 \times 10^{-5} \leqq PFH_d < 10^{-5}$	1
c	$10^{-6} \leqq PFH_d < 3 \times 10^{-5}$	1
d	$10^{-7} \leqq PFH_d < 10^{-6}$	2
e	$10^{-8} \leqq PFH_d < 10^{-7}$	3

　なお、引用規格として明記されているように、現行の ISO 13849 には IEC 61508（本書第 5 章）の考え方が取り入れられている。パフォーマンスレベルは 2006 年の改訂に伴い ISO 13849 に取り入れられた概念であるが、これは IEC 61508 が規定する安全度水準（SIL）

の概念の影響を受けている。パフォーマンスレベルと安全度水準を、平均危険側故障確率を介して関係づけると**表4.3**のようになる。

4.2　安全防護及び付加保護方策

　本節では、「安全防護及び付加保護方策」（スリーステップメソッドのステップ2）として、ガードや保護装置によりリスクを低減する方策、非常停止などの付加的なリスク低減方策について紹介する。ガードは危険な箇所へ接近することを防止する方策で、保護装置は、機器の危険な動作を停止させる方策である。機器が複雑化してきたためプログラムを用いた安全防護及び付加保護方策もとられているが、最終的には機械としての機能安全を満足することが求められる。

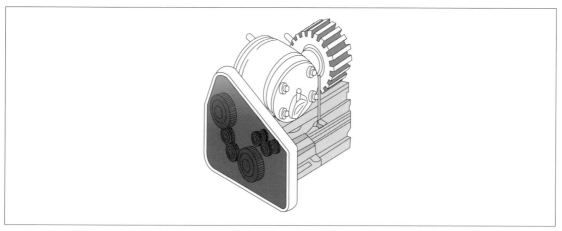

図4.6　固定式ガード（囲いガード）例　（JIS B 9716:2002 図1）

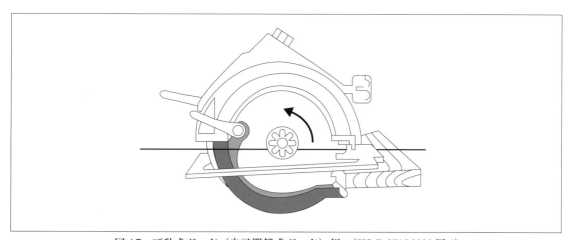

図4.7　可動式ガード（自己閉鎖式ガード）例　（JIS B 9716:2002 図4）

4.2.1 安全防護とは

ガード及びセンサーなどの保護装置は、安全防護と呼ばれ、ISO 12100-1:2003, 3.20 の中で「本質的安全設計方策によって合理的に除去できない危険源、又は十分に低減できないリスクから人を保護するための安全防護物の使用による保護方策」と定義されている。

さらに追加設備（例えば、非常停止設備）を含む付加保護方策を使用しなければならない場合もある（ISO 12100-1:2003, 5.4）。

また、安全防護物は、ISO 12100-1:2003, 3.24 の中で「ガード又は保護装置」と定義されている。ガードは保護するために機械の一部として設計された物理的な障壁であり、固定式ガード（図 4.6）や可動式ガード（図 4.7）などがある。保護装置は、人の侵入や存在を検知するセンサー、インターロック装置などの制御装置やくさび、車止めといったものであり、制御システムと連携する装置としない装置に分類される。

装置概要と事例
・インターロック装置

危険な運転状態となることを防ぐことを目的とした機械式、電気式等の装置である。代表的なものとして制御式インターロックと動力式インターロックがある。制御式は、インターロック装置からの停止信号を機械側の制御システムで受けて、機械のアクチュエータへのエネルギー供給を中断するかアクチュエータと稼動部を切り離すことで機械の稼動を止めるものである。動力式は、インターロック装置からの停止命令により機械のアクチュエータへのエネルギー供給を直接遮断するかアクチュエータと稼動部を切り離すことで機械の稼動を止めるものである。リミットスイッチやキースイッチ等のスイッチを利用してインターロック装置を構成しているものが多い。

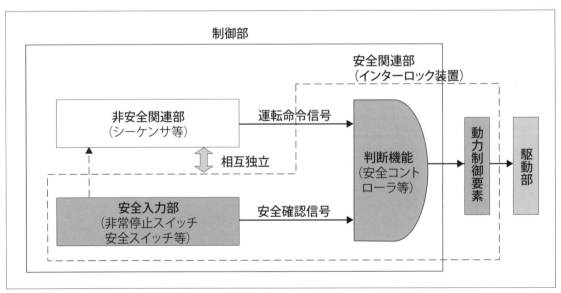

図 4.8　安全関連部と非安全関連部の基本的機能概要図

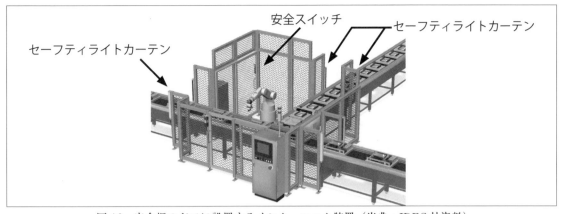

図 4.9　安全柵のドアに設置するインターロック装置（出典：IDEC 社資料）

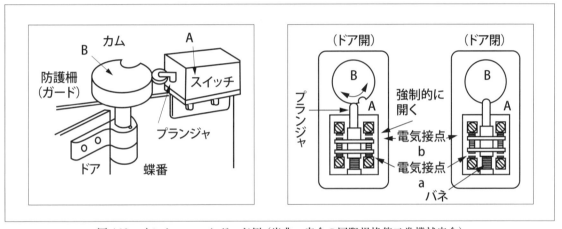

図 4.10　インターロックガード例（出典：安全の国際規格第二巻機械安全）

　図 4.8 は「制御部」における安全関連部（インターロック装置）と非安全関連部（シーケンサ等）の基本的機能概要を示したものである。安全性が要求される機械設備においては、「制御部」及び「駆動部」から構成される。
　安全入力部（非常停止スイッチ等）からは安全確認信号が送られ、非安全関連部（シーケンサ等）からの運転命令信号が送られてきた時のみ動力制御要素に電気等のエネルギーを供給する。
　図 4.8 に示すように、インターロック装置の役割は、安全が確認された結果を動力制御要素に与える役目をする。またシーケンサがインターロック装置に悪影響を与えないように安全信号をシーケンサに送る場合もある。すなわち、安全関連部（インターロック装置）と非安全関連部（シーケンサ等）とはそれぞれ独立した関係となっている。ISO 12100 では、制御部を安全関連部と非安全関連部に分け、非安全関連部が正常時あるいは異常時においても安全関連部に影響を与えない構成にする必要がある。
　一例として安全柵のドアにインターロック装置を施したシステム（図 4.9）で考えると、機械はガード（ドア）が閉じるまでは安全スイッチからの安全確認信号が送られないため

運転できない。機械運転中にガードが開くと機械停止の指示が出て機械は停止し、ガードを閉じると機械は運転可能となる。ただし、ガードを閉じたことが、機械の自動運転開始とはならない（再起動防止制御）ようになっている。

図 4.10 はカム位置検出器を備えたインターロックガードの例である。カムの回転によりAの位置検出器のプランジャを押し、内部の電気接点を強制的に引き離す例である。図 4.10 のAの位置検出器はB接点タイプである。その構成は右図で示されている。カムとプランジャは剛性要素で構成されており、カムの回転により強制的に接点を引き離す。

・両手操作制御装置

例えば危険な装置を操作するその人自身のための保護手段となるものであり、危険な機械に対し起動開始命令を出し、かつ維持するために、両手で同時にスイッチを押す等の同時操作を少なくとも必要とする制御装置である（図 4.11）。

・イネーブル装置

機械の危険な動きを制御するための手動制御操作装置であり、継続的に運転したい場合に、機械を運転可能とする装置である。例えば2ポジション型の場合、ボタンを押していないと機械の駆動部は起動しない。ボタンを押していると駆動部が起動するといったものである（図 4.12）。

・ライト（光）カーテン

侵入禁止区域に人が侵入した際、危険区域の境界に設置したライトカーテン（図 4.13)

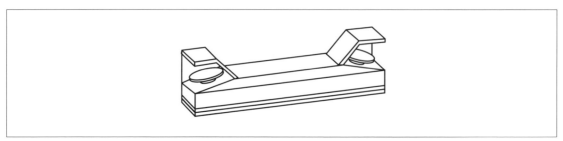

図 4.11　両手操作制御装置　（JIS B 9712:2006 図 4（一部））

図 4.12　イネーブル装置例（出典：IDEC 社資料）

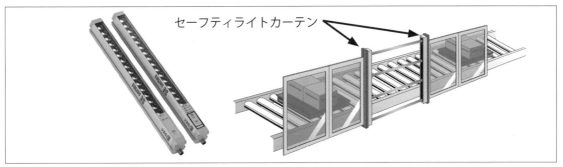

図4.13 ライト（光）カーテン例（出典：IDEC社資料）

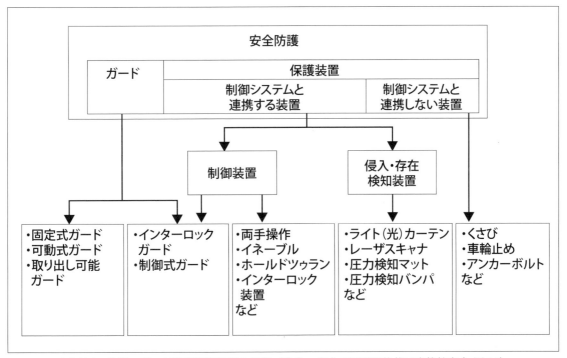

図4.14 各種のガード及び保護装置の分類（出典：安全の国際規格第二巻機械安全 図3.1）

の光がさえぎられたことを検出して機械に停止信号を送信する保護装置である。
・圧力マット
　圧力を検出するセンサーから成り、人などがその上に立つと危険な駆動部を停止させる保護装置である。

　各種のガード及び保護装置は、ISO 12100-1:2003,3.25 及び 3.26 に定義されている。ある種の安全防護物は、数種の危険源への暴露を回避するために使用してもよく、例えば、機械的危険源が存在する区域に接近することを防止するための固定式ガードは、騒音レベルの低減又はエミッション（騒音、振動、危険物質など）の回収にも使用することができる。
　各種のガード及び保護装置を分類しまとめたのが**図4.14**である。

4.2.2 付加保護方策とは

機械の「意図する使用」及び合理的に予見可能な機械の誤使用からの危害を防ぐ方策で、本質安全設計方策でなく、安全防護でもなく、使用上の情報でもない保護方策を付加保護方策という。特に非常停止に関しては、組込み機器のシステム設計においても考慮すべきである。

付加保護方策では下記が規定されている。

(1) 非常停止

危険になったプロセス又は運動を停止させる非常動作の方策であり、組込み機器のシステム設計においても考慮すべき重要事項である。

人が異常に気づき、非常停止装置（**図 4.15**）を押すと非常停止動作を開始し、停止状態となる。その後、リセット信号が入力されるまで停止状態が維持される（**図 4.16**）。また、非常停止はすべての機能の中で最優先されるものであり、非常停止信号がリセットされる

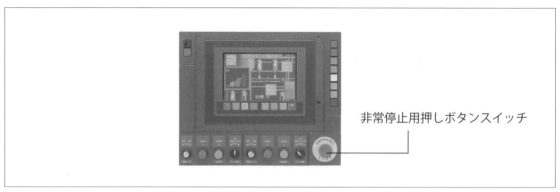

図 4.15　非常停止装置例（出典：IDEC 社資料）

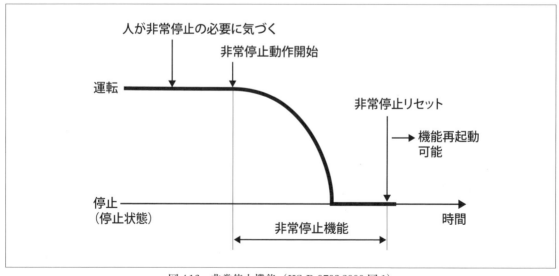

図 4.16　非常停止機能（JIS B 9703:2000 図 1）

第4章　機械系安全規格から見た安全設計の基本

表4.4　IEC 60204-1 で示される停止機能（出典：安全の国際規格第二巻機械安全）

停止カテゴリ0	機械、アクチュエータの電源を直接遮断することによる停止（すなわち、非制御停止）
停止カテゴリ1	機械、アクチュエータが停止するための電力を供給し、その後停止したときに電源を遮断する制御停止
停止カテゴリ2	機械、アクチュエータに電力を供給したままにする制御停止

制御停止：制御装置が停止信号を認識すると、例えば指令電気信号をゼロにするが、停止までは、機械アクチュエータへの電気/電力を残しておく機械の停止方法。
非制御停止：機械アクチュエータへの電力を切ることによる機械動作の停止であり、ブレーキその他の機械的停止装置はすべて動作させるもの。

までその機能を持続しないといけないものである。

　非常停止機能の要件を以下に示す。

・非常停止機能は、機械のすべての運転モードよりも優先される。

・リセットされるまで他のすべての起動信号は有効になってはならない。

・他の安全機能の代替手段として用いてはならない。

・非常停止機能は、他の保護装置又は他の安全機能を持つ装置の有効性を損なってはならない。

・非常停止装置の動作後、非常停止機能は別の危険を発生させることなしに安全に機能を停止させるものである。

　停止機能に関して IEC 60204-1 では、停止カテゴリとして分類（**表4.4**）している。この分類に基づいて、ISO 13850 においては、非常停止は停止カテゴリ0又は停止カテゴリ1の停止機能を有していないといけないとしている。

(2) 捕捉された遮断及びエネルギーの消散に関する方策

　危険区域内で作業を行う場合の安全確保のために、予期しない起動の発生を防止する必要があり、以下の装置を用いた方策がある。

　①動力源の遮断装置

　②蓄熱エネルギーの消散又は制限装置

(3) 人の脱出及び救助のための方策

　脱出及び救助のための方策としては、以下の事項がある。

　①オペレータが捕捉される危険源を生じる設備での脱出ルート及び避難場所の確保

　②非常停止後に特定の要素を手で動かすための手段

　③特定の要素を逆転させるための手段

　④下へ降りる装置をつなぎ止めるための係留具

　⑤捕捉された人が救助を求めることができる伝達の手段

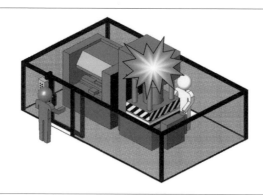

図 4.17　危険区域内にいる作業者が予期せぬ機械の起動から自身の安全を確保する方策例（出典：IDEC 社資料）

(4) 機械及び重量構成部品の容易、かつ安全な取り扱いに関する準備

手で移動又は運搬ができない機械やその構成部品については、つり上げ装置による運搬のための適切な付属用具を備えておくか、又は付属用具を取り付けることができるようにする方策が必要である。

(5) 機械類への安全な接近に関する方策

機械類への安全な接近に関する方策としては、以下の事項がある。

①運転や保全などの作業を地上レベルで行えない場合の方策として、プラットフォームや階段などを設置する。

②機械類の高所へ接近するための手段としての階段やはしごには、ガードレール等を設置する。

③歩行区域に関する要求事項として、作業時にすべらないような材料で歩行面を製作する。

④危険区域入口に鍵を取り付け、鍵が取り外されない限り装置を操作できないようにする（図 4.17）。

4.3　使用上の情報

本節では、「使用上の情報」（スリーステップメソッドのステップ 3）として、専門あるいは一般の使用者が安全かつ正しい使用を確実に行えるようにするため、残留リスクについて必要な情報を伝えることと、本来「本質的安全設計方策」、「安全防護、付加保護方策」を適切に使用すべきところに安易に「使用上の情報」で適用すべきではないことも含めて紹介する。「使用上の情報」は、大きく三つに分類され、(1) 機器の状態変化や異常状態を知らせるための信号や警報装置、(2) 機器を正しく使用するために必要な表示等、(3) 機器の運転や保全等に必要とされる情報、に分類される。

4.3.1 使用上の情報とは

使用上の情報は、専門・一般の使用者に、安全でかつ正しい使用を確実にするためのものである。そのための必要な情報を与えるために、文章、語句、標識、信号、記号、図形又はそれらの組合せによる伝達手段で構成される。

使用者に使用上の正しい情報を伝えることは、スリーステップメソッドの3ステップ目に位置づけられる。ステップ1、ステップ2の方策の実施ではリスクが除去、低減されない場合の最終手段である。したがって、機構設計での安全の作り込みを行わず安易に情報の提供に頼ることは望ましくないし、他の保護方策のように方策自体でリスクを除去、低減できるものではない。ただし多くの場合、本質安全設計や安全防護を行ってもどうしても残ってしまうリスク（残留リスク）があるので、これらを適切に伝えることは、機器が安全に使用されるために重要なことである。組込み機器のシステムにおいても機器が安全に使用されるという観点で考慮すべき事項である。

使用上の情報は、次のタイプに分類される。

4.3.2 使用上の情報の種類

(1) 信号及び警報装置

危険であることを警告するために使用される視覚信号（点滅灯等）（図4.18）及び聴覚信号（サイレン等）といったもの。
①危険事象が発生する前に発せられること
②曖昧な警告でないこと
③明確に知覚でき、他の信号と識別できること

(2) 表示、標識（絵文字）、警告文

機器等を明確に識別するために要求されるもの。
①製造業社の名前及び住所

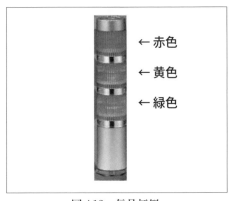

図4.18　信号灯例

図4.19　警告ラベル例

②シリーズ名又は型式名

③製造番号

④マーキング

⑤文字での表示等（**図4.19**）

(3) 付属文書（取扱い説明書）

機器等の取扱いにあたって必要とされる提供すべき情報。

①機械の運搬、取扱い、保管に関する情報

②機械の設置及び立ち上げに関する情報

③機械自体に関する情報等

④機械の使用に関する情報

⑤保全に関する情報

⑥使用停止、分解、及び廃棄処分に関する情報

⑦非常事態に関する情報

4.4　本章のまとめ

　設計者が講じるリスクを低減するための手法として、スリーステップメソッドがある。

　スリーステップメソッドとは下記の各ステップに基づくリスク低減策である。こうした安全設計のための考え方は、機械類の組込みシステム（特に、組込み機器で用いられる制御関連システム等）を設計するうえでも同様に重要である。

①**ステップ1**「本質的安全設計方策」：設計の段階で事故が起きないように危険を排除する設計を行うための方策

②**ステップ2**「安全防護及び付加保護方策」：①でも十分低減できないリスクから人を保護するために、安全防護物や非常停止手段等によって保護を行うための方策

③**ステップ3**「使用上の情報」：①、②の2つの方策を行ってもまだ残ってしまう残留リスクに関して、その情報を使用者に伝え、さらにリスクを低減させる方策

　また方策実施にあたっては優先順位があり、ステップ1＞ステップ2＞ステップ3の順とする。

参考文献（第4章）

1) ISO 12100-1:2003「Safety of machinery -- Basic concepts, general principles for design -- Part 1: Basic terminology, methodology」

2) JIS B 9700-1:2004「機械類の安全性－設計のための基本概念，一般原則－第一部：基本用語，方法論」

3) ISO 12100-2:2003「Safety of machinery -- Basic concepts, general principles for design -- Part 2: Technical principles」

4) JIS B 9700-2:2004「機械類の安全性－設計のための基本概念，一般原則－第二部：技術原則」

5) ISO 14121-1:2007「Safety of machinery -- Risk assessment -- Part 1: Principles」

6) ISO 12100:2010「Safety of machinery -- General principles for design -- Risk assessment and risk reduction」

7) 向殿政男監修、宮崎浩一、向殿政男共著、安全の国際規格第二巻、機械安全、日本規格協会、（2007）

8) ISO 13849-1:2006「Safety of machinery -- Safety-related parts of control systems -- Part 1: General principles for design」

9) ISO 13849-2:2012「Safety of machinery -- Safety-related parts of control systems -- Part 2: Validation」

10) 向殿政男監修、安全の国際規格第三巻、制御システムの安全、日本規格協会、（2007）

MEMO

第5章
機能安全設計の基本 /IEC 61508

　本章では、IEC 61508 の要求事項に基づいて、安全関連系の設計・開発方法について解説する。最初に、IEC 61508 の基本的な概念と特徴を説明した後、規格の構成を説明する。次に、規格の体系の中で重要な全安全ライフサイクルを概説する。さらに、その中で定義される安全度水準（SIL, Safety Integrity Level）の実現方法に関して、主に、IEC 61508-2 が規定する E/E/PE 系に共通して適用される要求事項、及びハードウェアへの要求事項と、IEC 61508-3 が規定するソフトウェアへの要求事項に焦点をあてて説明する。

5.1 IEC 61508（JIS C 0508）の概要とその特徴

IEC 61508 は、制御システムの機能安全に関する規格として 1998 から 2000 年に導入され、JIS 規格では「電気・電子・プログラマブル電子安全関連系の機能安全」、IEC 規格では "Functional safety of electrical/electronic/programmable electronic safety-related systems" と呼ばれる。名称内の "electrical /electronic/ programmable electronic" は E/E/PE と略記されるが、その中の "PE" は、コンピュータによって安全設計が実現されるシステムを意味しており、近年の工学製品を広くカバーする重要な規格として認められている。また、名称の中に「機能安全（functional safety）」、「安全関連系（safety-related systems）」と少し耳慣れない言葉が入っているが、これらの定義をきちんと理解した上で制御システムの安全設計に利用してゆくことが大切になる。

安全規格の階層構造からは、グループ規格としての B 規格に位置付けられ、下位の C 規格である個々の製品やシステムの安全規格に拘束的な役割を果たす。例えば、ISO 13849（機械の制御システムの安全関連部に関する安全規格）に引用されている他、化学プラントなどのプロセス産業関連、原子力、医療機器、鉄道関連、自動車などにも適用され、また、逆に、これらの分野別の規格もまた IEC 61508 に影響を与えている。つまり、IEC 61508 は特定の分野に適応する規格ではなく、広く多種多様な制御システムに適用されるものといえる。

本書では、規格の主要な部分の説明を行うが、その詳細な説明に先立って、理解を助けるための六つの基本的な規格の特徴を以下に示しておく。

(1) 安全関連系とは？

規格では、その適用範囲として「安全関連系」と定めている。安全関連系は、大きく 2 種類に分けられる。ひとつは、化学プラントや FA ロボットなどの緊急停止システムのような安全関連保護システムで、危険源となりうる制御対象とは独立して設けられるシステムである。もうひとつは、鉄道信号システムや自動車ブレーキ制御システムのような安全関連制御システムであり、制御対象の挙動を制限する。制御対象の本来の機能が故障等により喪失した場合、制御対象が危険源とならないようにその機能を制限し安全な状態を維持する。これらの安全関連系は、その故障によって制御対象が危険源となりうる場合においてのみ、規格の対象とみなされる。規格を効果的に活用するには、安全に関連する制御システムと通常の制御システムをできるだけ分離して設計することが大切で、これにより不必要な認証作業を避けることができる。

(2) 安全度水準とは？

安全関連系は、どの程度確実に安全機能を遂行すべきであろうか。これがシステム設計に際しての安全目標になるが、規格では、これを定量的に安全度水準（SIL, Safety

Integrity Level）として、4段階の水準を規定している。これは IEC 61508 の重要な概念の一つであり、SIL 1 ～ SIL 4 と表記し、安全機能の運用モード（低頻度作動要求モードと高頻度作動要求モード）によって2種類の定義をしている。低頻度作動要求モードでは作動要求時の危険側機能失敗時間平均確率を用いて目標値を定めているのに対して、高頻度作動要求モードでは、単位時間あたりの時間平均危険側故障頻度を用いている。かなり割り切った考え方であるが、多様な安全関連系の動作モードを考えると規格としてはやむを得ない考え方ではある。正確な説明ではないが直観的理解としては、1年に1回の低頻度作動要求があるシステムでは、SIL 1 の場合、10 ～ 100 年に1回失敗し、SIL 4 では 1 ～ 10 万年に1回失敗するというように、SIL ごとに1桁の故障率の低減がなされるということである。注意が必要なのは、通常の信頼性工学の機器の寿命評価（故障するまでの平均時間）と異なり、IEC 61508 では危険側故障のみに着目して故障率を評価している点と、故障後の修復時間や定期点検周期も含めての非稼働時間から故障率を評価するという点である。

（3）安全ライフサイクルとは？

本規格の特徴の一つとして、システムの安全に関して、設計段階の考慮だけでなく、その運用から保全・廃棄の全体までを対象としている点がある。これを IEC 61508 では全安全ライフサイクルと呼んでおり、システムの概念設計段階から、安全要求事項、仕様の決定、仕様に基づいた安全装置の設計・開発、運用・保全、廃棄までの全ライフサイクルにわたって、安全を達成・維持するために必要な事項を 16 ステップに分けて規定している。

フェーズ 1 ～ 4 では、制御系に異常があった場合のリスクを解析し、リスクを軽減するために必要な安全要求仕様を決定する。フェーズ 5 では、安全関連系の機器や施設に安全要求機能を割り当て、各安全機能に対して安全度水準（SIL）を割り当てる。フェーズ 6 ～ 8 では、設置から保守に至る工程で、安全を維持するための計画を策定し、フェーズ 9 ～ 11 では要求された SIL を実現する。フェーズ 12 ～ 16 では、設置から廃棄に至る工程における安全を維持する。

なお、全安全ライフサイクルに伴う活動として、すべてのフェーズで機能安全管理（Functional safety management）と文書化が要求されている。機能安全管理では、安全ライフサイクルを実施する上での、管理業務の規定、及び、規定に従った管理の実施を求めている。さらに安全ライフサイクル全体を対象とする、機能安全アセスメント（Functional safety assessment）の実施も求められている。機能安全アセスメントは、安全関連系によって、目標とする機能安全が達成されたかどうかをアセスメント計画に基づいて判定する作業であり、結論として合格、条件付合格、不合格のいずれかを勧告するもので、その実施者には安全度水準に応じた独立性が求められている。

(4) ハードウェア故障とソフトウェア故障とは？

　一般に信頼性工学では、システムの要素はある故障率で時間的にランダムに故障するとして、システム全体の信頼度を評価する。これをランダム故障、もしくはランダムハードウェア故障と呼ぶ。安全関連系のハードウェア（センサーやアクチュエータなど）ではこれが当てはまるが、ソフトウェアで作成された安全装置では、ソフトウェアは経年劣化しないためにこのような仮定が成り立たない。ソフトウェアの故障は、設計段階での要求仕様の欠陥やコーディングのバグが原因であり、ある決まった条件の下では常にその故障が

> **コラム10** ハードウェア故障とソフトウェア故障
>
> 　ハードウェアは全く同じ仕様で製作されても、品質にある程度のばらつきが避けられない。製造環境、動作時の周囲環境、利用頻度等、様々な影響により多様なメカニズムのもとで経年劣化する。性能がドリフトすることもある。ハードウェア故障の発生については、右図の故障率曲線（バスタブカーブ）に示すように、初期故障期、偶発故障期、磨耗故障期と３つに分けられると言われている。製品寿命の中で最も長い偶発故障期は、時間的に無秩序なランダム故障期と呼ばれ、信頼性理論に基づいた設計・運用管理がなされる。
>
> 　これに対して、ソフトウェアは基本的に経年劣化することはない。時間に関係なくランダムなエラーが発生することもない。従って、ソフトウェアの故障又は障害については、仕様書の欠陥、設計・製作時の不具合、実行環境とのミスマッチが原因であり、システマティック故障とされ、機能安全規格では、ハードウェアと異なり、ソフトウェアの製作プロセスに関わる安全要求事項によってその信頼度を管理している。
>
>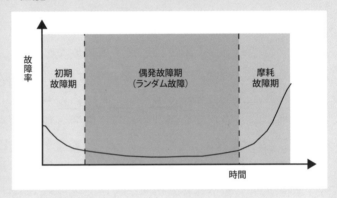
>
> ◆ハードウェア
> ・劣化する
> ・ランダムに故障する
> ・性能がドリフトする
>
> ◆ソフトウェア
> ・基本的に劣化しない（ただし陳腐化する）
> ・決定論的に何らかの原因による故障
> 　（設計、製造時の不適合）がほとんどである
> 　→よって何らかの条件、状態が揃えば100％再現する（はず）
>
> したがって、ハードウェアとソフトウェアの安全要求事項は、異なる。
>
> M.K.

起こることになる。規格ではこれをシステマティック故障と呼ぶ。ランダム故障に対する反語であり、ある条件が重なると必ず起こることから決定論的故障や系統的故障と呼ぶ場合もあるが、本書では、システマティック故障という言葉を用いている（詳細はコラム参照）。

規格では、目標とする安全度水準（SIL）を達成するために、ハードウェアコンポーネントでは信頼性工学の手法でシステムの信頼度（正確には安全度水準）を評価して目標を達成する方法論を定めている。一方、ソフトウェアコンポーネントに関しては、同様の方法はとれないので、その設計・製作プロセスの手順や設計技法をSILのレベルに応じて制約するという方法をとっている。ソフトウェアの設計技法については、100項目ほどを提示している。

(5) 危険側故障と安全側故障、自己診断可能性とは？

安全度水準の項でも述べたが、規格では、システムの一部が故障した際、システム全体として外部の人や環境に危害を与えうるかどうかが大事になる。これを、危険側故障と安全側故障として区別し、安全度水準は、この危険側故障に着目して評価する。第1章で述べたように、安全規格では、システムの信頼性と安全性の違いを認識したうえで、危険側故障を評価することが大事になる。もう一つ、IEC 61508の特徴は、危険側故障の中で、それを自分で検知できるかどうか（自己診断可能性）の尺度を用いている点である。安全側故障割合（SFF, Safe Failure Fraction）は、故障全体（安全側故障＋危険側故障）の中で、安全側故障と自己診断できる危険側故障を合わせたものの割合、すなわち、自己診断できない危険側故障を除いた割合であるが、これを安全度水準の達成基準の一つに用いている。規格では、自己診断できない危険側故障を低減することが最終目標になるが、その目標が達成されたかどうかを確認するためには、それ以外の安全側故障や自己診断可能な危険側故障も、どのような要因があるかを評価する必要がある。

(6) アーキテクチャ制約とは？

ハードウェア安全度を達成するためには安全関連系の目標機能失敗尺度が基準になるが、IEC 61508ではそれに加えて、安全関連系を構成するサブシステムに対して一定のフォールトトレランス（冗長度に相当）を要求している。すなわち、サブシステムの「タイプ」、「安全側故障割合（SFF）」、及び、「ハードウェアフォールトトレランス」によって、システムが主張できる安全度の上限を定めるもので、これを、アーキテクチャ制約と呼んでいる。

要素（サブシステム）のタイプとは、サブシステムを複雑さに応じてタイプAとタイプBの2つに分類するものであるが、前者のタイプAは、以下の3つの条件を満足するものである。

a) 全ての構成部品の故障モードを、十分に定義している。

b) フォールト（障害）状態下のサブシステムの動作を、完全に決定することができる。

c) 検出できる危険側故障、及び検出できない危険側故障に対して、主張する故障率を満たすことを証明するのに十分な信頼できるデータがある。

タイプ A でないものはすべてタイプ B に区分される。タイプ A の条件から分かるように、これは、安全関連系として十分に実績のあるリレー、ソレノイド、抵抗、コンデンサ等の単純な電気回路部品である。その他のマイクロプロセッサを用いたスマートセンサーや ASIC はタイプ B に該当する。このタイプごとに、安全側故障割合（SFF）とハードウェアフォールトトレランス（冗長度）に応じた安全度水準のレベルが規定されている。

5.2　規格書の章構成

規格書は 7 部構成である。構成の一覧を**表 5.1** に掲げる。IEC 61508 は大部の書であるため、参考までにその頁数も記載する。ただし頁数は仏文、英文並記であるため、倍の頁数となっている。

なお、この 7 部の他に、第 0 部（パート 0）として、2005 年、IEC 61508:2000 を簡単に概説する目的で 1 部追加された。"Functional safety and IEC 61508"（機能安全と IEC 61508、2005 年、33 頁）である。テクニカルレポートであり、規格ではない。

〈機能安全と関連する主な用語〉

規格 IEC 61508 は、"Functional safety：機能安全" に関するものであり、その対象は E/E/PE の制御つき装置システムである。IEC 61508 の第 0 部、P.13 を参考にし、機能安

表 5.1　IEC 61508:2010 の構成

部	表題	頁数
第 1 部	General requirements 一般要求事項	132
第 2 部	Requirements for electrical/electronic/programmable electronic safety-related systems 電気・電子・プログラマブル電子安全関連系に対する要求事項	192
第 3 部	Software requirements ソフトウェア要求事項	236
第 4 部	Definitions and abbreviations 用語の定義及び略語	72
第 5 部	Examples of methods for the determination of safety integrity levels 安全度水準決定方法の事例	102
第 6 部	Guidelines on the application of IEC 61508-2 and IEC 61508-3 第 2 部及び第 3 部の適用指針	240
第 7 部	Overview of techniques and measures 技術及び手法の概観	300

全規格の主な用語を整理すると次のようになる。

このシステムにどのような重大な潜在的な危険（危険源、hazards）があるのかを特定し、リスクを低減するプロセスは、すでにみたリスクアセスメントとスリーステップメソッドによるリスク低減を反復的に行う安全規格と変わらない。

IEC 61508 では、危険の防護のために "機能安全" を設計で考慮する。機能安全は潜在する危険を扱うひとつの方法に過ぎず、本質安全（inherent safety）のように、潜在する危険をなくしたり、少なくしたりする他の方法が第一に重要である。つまり、機能安全とは、設計で考慮されるべき危険を低減するための機能である。

安全機能（safety functions）とは、リスクが受容レベルに保たれていることを保証する機能である。また、安全度水準（SIL）は、水準が高ければ危険が少ないことを示す基準である。したがって、機能安全がシステムに対して設計で考慮され、システムが安全機能と安全度水準がいずれも要求を満たしているとき、システムは安全関連（safety-related）という。

製品に要求される SIL は、徹底したリスクアセスメントからのみ確定できる。

5.3 全安全ライフサイクル

システムの安全に関して、安全機能や安全度水準を設定し、それらを設計に盛り込むためのおおよそのプロセスは上に述べたが、安全はシステムの運用のみで終わるのではなく、保全、廃棄の全体までを対象としなければならない。

IEC 61508 は、このような「全安全ライフサイクル」を考慮している規格である（図5.1）。IEC 61508 は、規格の標題に "programmable" とあるようにソフトウェアを含む規格であるところに特徴がある。同時にソフトウェアに関する安全を取り扱う場合は、機械などの故障と異なり、システマティック故障（systematic failure）という概念を導入し、部品の経年劣化などのランダムハードウェア故障（random hardware failure）と区別している。システマティック故障は因果的（決定論的）に発生する事象であり、これを防ぐには、その原因を取り除くか、又は取り除けない場合は、リスク低減方策をはかる必要がある。IEC 61508 では、これらソフトウェアを含むシステムの概念設計から、安全要求事項、仕様の決定、仕様に基づいた安全装置の設計・開発、運用・保全、廃棄に至るライフサイクル全体にわたって、安全を達成・維持するために必要な事項を規定している。

コラム11 "systematic failure"
二つの訳—決定論的原因故障、系統的故障

　機能安全規格 IEC 61508 に出てくる "systematic failure" は、「決定論的原因故障」と訳されている（JIS C 0508-4　1999）。ところが、同じ頃に制定された ISO/IEC 15026 に出てくる同語は、「系統的故障」と訳されている（JIS X 0134　1999）。

　人によっては、そのまま「システマティック故障」と訳し、意訳をあえて避けているケースもあるようだ。訳語が複数あるのは混乱しかねないが、定義は同じものになっている。

　JIS C 0508-4　3.6.6 では、『ある種の原因に決定論的に関連する故障。この原因は、設計変更、製造過程、運転手順、文書化又はその他の関係する要因の修正によってだけ除かれる。』と定義している。

　JIS X 0134　3.19 では、『ある特定の原因に決定論的に関係する故障。系統的故障はその原因を設計記述の修正、又は製造プロセス、運用手順、文書、その他の関連する因子の修正によってだけ排除することができる。』と定義している。

　なお、JIS Z 8115 2000 の F29 では、"systematic failure" を「決定論的原因故障」と訳し、"reproducible failure" を「再現可能故障」と訳した上で同じ定義としている。

　Z 8115 は、ディペンダビリティ用語集なので、決定論的原因故障と訳す方に分がありそうだ。ところが、その後制定された機械類の安全性に関する規格 JIS B 9961 2008 (IEC 62061 2005) では、JIS C 0508 を積極的に引用、注記しながらもあえて「系統的故障」と訳している。

　結局のところ、"systematic failure" は、ランダムハードウェア故障（random hardware failure）の反意語として使われてきたようだ。機能安全規格 JIS C 0508 では、JIS Z 8115 に合わせて決定論的という訳を付与したようだが、偶発的（random）故障に対する意味を明確にするためには有効であったと言える。どちらの訳語を使うにしても意味は同じであり、非偶発的故障（JIS B 9961）のことである。

　なお、本書では、原則、「システマティック故障」と表記している。

M.K

〈全安全ライフサイクルの概観〉

　フェーズ1～4では、制御系に異常があった場合のリスクを解析し、リスクを軽減するために必要な安全要求仕様を決定する。フェーズ5では、安全関連系の機器や施設に安全要求機能を割り当て、各安全機能に対して安全度水準（SIL）を割り当てる。フェーズ6～8では、設置から保守に至る工程で、安全を維持するための計画を策定し、フェーズ9～11では要求されたSILを実現する。フェーズ12～16では、設置から廃棄に至る工程における安全を維持する。

　各フェーズの詳細な内容は以下の通りである。

フェーズ1：概念

　他の安全ライフサイクル業務が十分に実行できるように被制御機器（EUC）及びその環境（物理的、法的など）を理解する。

フェーズ2：全対象範囲の定義

　EUCとEUC制御系との境界を明確化する。潜在危険及びリスク解析（プロセス潜在危険、環境潜在危険など）の範囲を指定する。

フェーズ3：潜在危険及びリスク解析

　EUC及びEUC制御系の潜在危険、危険状態及び危険事象を全ての運転モードで明確化する。危険事象に導く事象連鎖を明らかにする。危険事象に関連するEUCリスクを明らかにする。

フェーズ4：全安全要求事項

　必要な機能安全を達成するために、E/E/PE安全関連系、他リスク軽減措置に対して、全ての安全機能及び安全度要求事項に関わる仕様を展開する。

フェーズ5：全安全要求事項の割当て

　E/E/PE安全関連系、他リスク軽減措置に対して全安全要求仕様（安全機能及び安全度要求事項）に含まれる安全機能を割り当てる。E/E/PE安全関連系によって実施される各安全機能に安全度水準SILを割り当てる。

フェーズ6：全運用及び保全計画

　E/E/PE安全関連系の運用及び保全の計画を作成する。

フェーズ7：全安全妥当性確認計画

　E/E/PE安全関連系のすべての安全妥当性確認を実施するための計画を作成する。

フェーズ8：全設置及び引き渡し計画

　E/E/PE安全関連系の設置計画及び引き渡し計画を作成する。

フェーズ9：E/P/PE系安全要求仕様

　E/E/PE安全機能要求仕様及び安全度要求事項の観点から、要求される機能安全を達成できるようにE/E/PE安全関連系の安全要求事項を定義する。

フェーズ10：E/E/PE安全関連系：実現

　安全要求事項に適合するE/E/PE安全関連系を設計・製造する。この実現フェーズは、

設計作業として最も負荷のかかる部分であるが、規格の第2部（ハードウェアを中心にしたシステム設計・製造）、第3部（ソフトウェア設計・製造）のなかで、さらに、それぞれの設計・製造ライフサイクルの手順が詳細に規定されている。

フェーズ11：他リスク軽減措置：仕様及び実現

安全機能要求及び安全度要求事項に適合する、他リスク軽減措置を設計・製造する。IEC 61508 の適用範囲外である。

フェーズ12：全設置及び引き渡し

E/E/PE 安全関連系の設置及び引き渡しを行う。

フェーズ13：全安全妥当性確認

E/E/PE 安全関連系が、全安全要求仕様に適合して妥当であるかを確認する。

フェーズ14：全運用、保全及び修理

E/E/PE 安全関連系の機能安全を規定の水準に確実に保つ。そして、E/E/PE 安全関連系の運用、保全及び修理に必要とされる技術要求を、将来的な保守運用責任者に確実に提供する。

フェーズ15：全部分改修及び改造

E/E/PE 安全関連系の機能安全が、部分改修時や改造時、またその後も適切に維持されることを確実にするために必要な手順を定義する。

フェーズ16：使用終了又は廃却

E/E/PE 安全関連系の安全機能が、対象システムの使用終了時や廃却中、またその後の環境で適切であることを確実にするために必要な手順を定義する。

　なお、E/E/PE 系安全ライフサイクルを含む全安全ライフサイクルに伴う活動として、すべてのフェーズにおける、機能安全管理（Functional safety management）、及び、文書化（Documentation）の実施が要求されている。機能安全管理は、安全ライフサイクルを実施する上での、管理業務の規定、及び、規定に従った管理の実施を求めるものである。考慮すべき項目として、機能安全達成の戦略、実施するフェーズ、各フェーズの担当組織と担当者、構成管理（Configuration management）の手順、是正勧告等への対処手順、作業担当者のコンピテンスなどが挙げられている。これらは安全ライフサイクルの実施に先立って、機能安全管理計画（Functional safety management plan）において定めておく必要がある。文書化は、業務の効果的な実施のために、必要となる情報の文書化を求めるものである。文書の修正や承認等の手順は、あらかじめ機能安全管理計画において定めておく必要があり、それに基づいた文書管理を実施する必要がある。

　さらに安全ライフサイクル全体を対象とする、機能安全アセスメント（Functional safety assessment）の実施も求められている。機能安全アセスメントは、安全関連系によって、目標とする機能安全が達成されたかどうかを、アセスメント計画に基づいて判定する作業であり、結論として、合格、条件付合格、不合格のいずれかを勧告するものである。機能安全アセスメントへの要求事項は、数は多くないものの重要で難しいものがほと

第5章 機能安全設計の基本 / IEC 61508

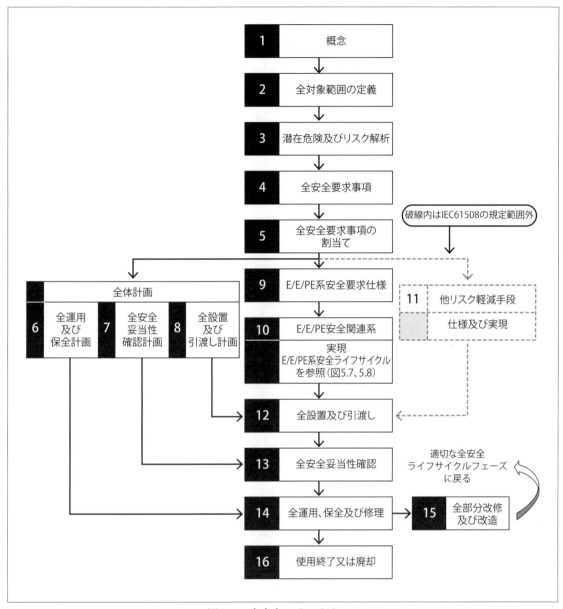

図5.1　全安全ライフサイクル

んどである。例えばアセスメントの範囲については、全安全ライフサイクルのすべてのフェーズと規定しており、適合確認（verification）、妥当性確認（validation）、監査（audit）等の結果を踏まえた総合的な判断を求めている。またアセスメント実施者には、関係するすべての人、情報及び機器へのアクセス権限が与えられる一方で、十分なコンピテンス及び安全度水準に応じた独立性が求められる。さらにアセスメントにあたっては、故障解析等の技法を、安全度水準に応じて選択しなければならないし、開発に用いられたツールも対象としなければならない。開発側はこのアセスメント作業を、外部の認証機関に依頼することもでき、その判定結果が合格であれば認証書が発行される。

5.4 安全関連系

5.4.1 安全関連系とその作動頻度

規格を理解するうえで、まず、そこで定義している「安全関連系」を理解しておくことが必要である。これは、図 5.2 に示すように、特定の制御対象に作用して制御対象のリスクを許容可能な範囲まで低減するために用いられるシステムである。図 5.2 に示した安全関連系は、その役割によって大きく 2 種類に分類される。ひとつは安全関連保護システムで、危険源となりうる制御対象とは独立しており、制御対象の挙動が危険状態を引き起こすことを防ぐために設けられるシステムである。例としては、FA ロボット等の緊急停止システムや、ガス漏れ検知・緊急停止システムが挙げられる。もうひとつは、安全関連制御システムであり、制御対象の挙動を制限する。制御対象の本来の機能が故障等により喪失した場合、制御対象が危険源とならないようにその機能を制限し安全な状態を維持する。例としては、鉄道信号システム、蒸気ボイラー制御システム、自動車ブレーキ制御システムなどが挙げられる。図 5.2 では、安全関連保護システムによって十分なリスク低減が得られない場合には、追加の安全関連保護システムやその他のリスク低減施設を設ける場合もあることを示している。

上記で、制御システムは、その故障によって制御対象が危険源となりうる場合においてのみ、安全関連制御システムとみなされる。規格を効果的に活用するには、安全に関連する制御システムと通常の制御システムをできるだけ分離して設計することが大切で、これにより不必要な認証作業を避けることができる。

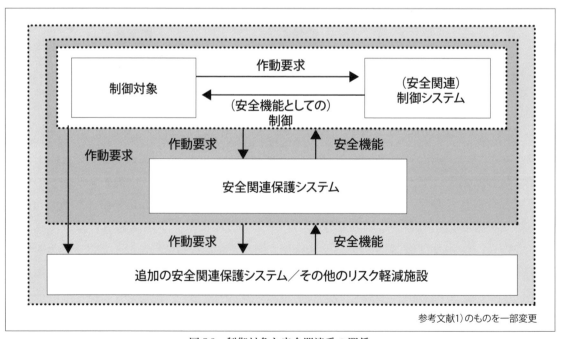

参考文献1)のものを一部変更

図 5.2 制御対象と安全関連系の関係

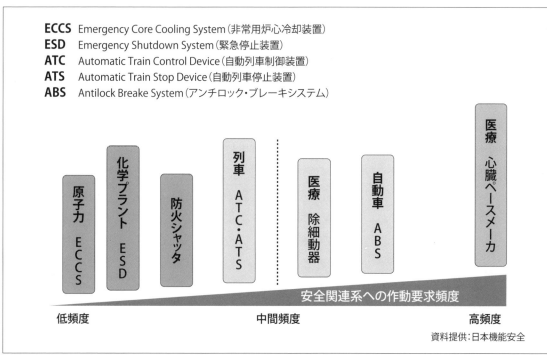

図 5.3　安全関連系への動作要求頻度

　また、これらの安全関連系の認証にあたっては、その作動要求に頻度を評価しておくことが大事になる。図 5.3 に示す事例のように、心臓ペースメーカーのような連続作動が必要なものと、原子炉の非常用炉心冷却装置や化学プラントの緊急停止装置のように、数年ないし数十年に一度しか作動しないものがある。これらの作動頻度は対象システムの置かれた環境にも依存するので一意的に決められるものではないが、規格では、これを高頻度作動要求モード又は連続モードと低頻度作動要求モードと割り切って安全要求を導出している。

5.4.2　安全関連系と IEC 61508 関連系とその作動頻度

　安全関連系においては、それが担うべき安全機能が、確実に実行されることが望まれる。さもなければ、制御対象が危険状態に陥るかもしれず、人体等への危害のリスクが高まるからである。例えば、緊急停止システムが適切に動作しなければ、機械と人体との接触が発生し、人体に危害が及ぶかもしれないし、鉄道信号制御システムの故障は、列車の衝突を引き起こすかもしれない。

　しかしながら現実には、安全機能が 100% 確実に実行されることは望めない。なぜなら、安全関連系のハードウェア故障を完全に排除することは不可能であるし、また、安全関連系の開発・運用の各段階において人為的な誤りが混入する可能性もゼロではないからである。

　では安全関連系は、どのように開発・運用するべきなのであろうか。そのためのガイド

ラインとして作成されたのが、IEC 61508 である。その主な目的は、以下の２つである。

・安全関連系の要求仕様において、安全機能に対し適切な安全性能目標を設定すること。

・安全関連系の設計・開発及び運用において、設定された安全機能の安全性能目標を、確実に達成すること。

これらの目的のために、IEC 61508 は、安全度（Safety Integrity）及び安全ライフサイクル（Safety lifecycle）という概念を導入している。安全度とは、安全関連系が所定の条件下で安全機能を果たす確からしさを表すための指標である。IEC 61508 では、安全関連系の安全性能目標を、リスクアセスメントを通じて、安全度水準（SIL）として表すことを求めている。そして、安全機能の SIL を確実に達成するために、安全ライフサイクルで、開発・運用の各業務工程において何をなすべきかを規定している。先に述べたように、安全機能が損なわれる原因は、運用時のハードウェア故障のみならず、開発・運用の全ての段階において生じる可能性がある。そこで SIL の達成のために、これらすべての段階を包含するフレームワークを構築し、それぞれの段階において SIL 達成に必要な活動を適切に実施しなければいけないというのが、IEC 61508 の立場である。

次節以降で、安全度の概念をより詳しく述べた後、さらに、この安全度を実現する方法論を述べる。特にソフトウェアの安全度に対する要求事項は、別節で説明をする。

5.5　安全関連系の安全度

5.5.1　安全関連系の故障の分類

安全関連系の安全性能を評価する上で、基本となるのは安全関連系において生じるハードウェア故障の故障率であるが、それに加えて故障の影響についても考慮すべきである。安全関連系に故障が生じて安全機能が喪失したとしても、それが制御対象を危険状態に導かないとすれば、安全上は問題ない。このような故障には、例えば、緊急停止システムの誤作動（制御対象の不要な停止）を導くような故障や、鉄道信号システムにおいて、信号を誤って赤（列車への進行禁止指示）とするような故障がある。一方で、安全関連系に故障が生じて安全機能が喪失した結果、制御対象が危険状態に陥る可能性があるならば、そのような故障は抑止もしくは対処されるべきである。このような故障には、例えば、緊急停止システムの不作動（制御対象を停止すべきときに停止しない）を導くような故障や、鉄道信号システムにおいて、信号を誤って青（列車への進行指示）とするような故障がある。

IEC 61508 では、前者の故障を安全側故障と呼び、後者の故障を危険側故障と呼んで、これらを区別している。そして安全関連系の安全性能を、危険側故障率に基づいて評価する手法をとっている。故障率が高い安全関連系であっても（つまり信頼性は低くても）、危険側故障率が十分低いのであれば、安全上は問題ないからである。安全関連系の安全側故障率を λ_S、危険側故障率を λ_D と表記し、安全関連系全体の故障率を λ とすると、

第 5 章　機能安全設計の基本 / IEC 61508

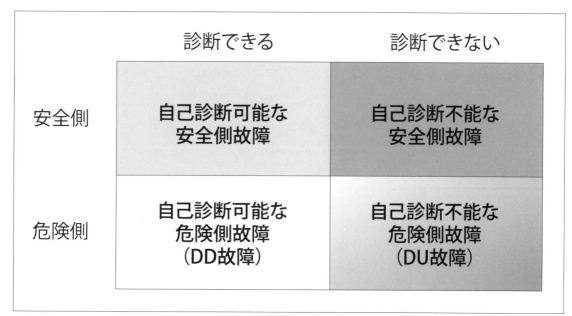

図 5.4　安全関連系の故障分類

$$\lambda = \lambda_S + \lambda_D$$

である。

　さらに別の観点からの故障分類も必要となる。安全関連系では、ハードウェア故障に対する対策のひとつとして、高機能なハードウェア及びソフトウェアを活かした自己診断テストを実施し、顕在化前の故障又は顕在化後の障害を自動検出することができる。例えば、二重化した安全関連保護システムの出力を常時相互比較し、差が検出された場合には、直ちに停止信号を出すような設計がその一つである。

　自己診断テストにより自動検出可能な故障とそうでない故障では、安全上の対策が異なってくる。危険側故障であっても自動検出可能なものについては、故障検出後すみやかに、制御対象が危険状態に陥らないような対策をとることができれば、安全上の問題は生じない。一方、自動検出可能でない故障については、それを検出するための診断テストを別途実施し、故障があればそれを取り除いて安全関連系を修復しなければならない。こうしたテストは、プルーフテスト（Proof Test）と呼ばれ、定期的に実施されるのが一般的である。

　こうしたことから IEC 61508 では、故障をさらに自己診断テストによって自動検出可能な故障と、そうでない故障の 2 種類に分類している。特に本章では、自動検出可能な危険側故障を DD 故障（Dangerous Detected failure）と呼び、自動検出不可能な危険側故障を DU 故障（Dangerous Undetected failure）と呼ぶことにする。あるシステムにおける DD 故障の故障率を λ_{DD}、DU 故障の故障率を λ_{DU} と表記すると、

$$\lambda_D = \lambda_{DD} + \lambda_{DU}$$

となる。自己診断テストによって検出可能な故障の割合を、自己診断率（Diagnostic Coverage）と呼び、DC と表記する。つまり、

$$DC = \lambda_{DD} / \lambda_D$$

である。

上記の故障の分類をまとめると、**図 5.4** のようになる。

5.5.2　安全関連系の運用モード

安全関連系の安全性能の評価にあたっては、前節で述べた危険側故障の発生可能性に加えて、安全関連系への作動要求頻度やプルーフテスト間隔を考慮する必要がある。

作動要求が低頻度の安全関連系では、その危険側故障が直ちに制御対象を危険状態に導くとは限らない。そして、制御対象から作動要求が来るまでに、自己診断テストや定期的なプルーフテストによって故障を見つけた上でそれを取り除き、安全関連系を正常な状態に戻すことが可能である。これは信頼性解析で、修理系と定義されるシステムになる。そのため、安全性能の評価においては、故障率だけではなく、修復の可能性についても考慮する必要がでてくる。

一方で、頻繁に作動要求がでる安全関連系では、その危険側故障が制御対象を直ちに危険な状態に陥れることになる。そのため安全関連系の性能評価においては、その危険側故障率のみが関係し、修復についてはあまり考慮の余地がない。ただし、自己診断テスト間隔が十分に短く、故障検出後に十分速やかに、制御対象を安全状態に移行できる場合や安全関連系の修復が可能である場合には、この限りでない。

このように、安全関連系への作動要求頻度によって、安全性能評価に用いるべき指標が異なってくる。そのため IEC 61508 では、安全関連系を作動要求頻度に応じて 3 種類に分類し、安全関連系の運用モードを定義している。すなわち、低頻度作動要求モード、高頻度作動要求モード、及び連続モードの 3 つであり、以下のように定義される[*1]。

- ・低頻度作動要求モード：作動要求時に当該安全機能が発動し、作動要求頻度が 1 年間に 1 回以下であること
- ・高頻度作動要求モード：作動要求時に当該安全機能が発動し、作動要求頻度が 1 年間に 1 回を超えること
- ・連続モード：EUC の通常運用時に常時安全機能を遂行し続けること

ただし、これらの定義は、信頼性解析の観点から、その運用に際しての留意が必要である。本来は、作動要求頻度と作動要求時の動作確率の積でシステムの信頼度（又は故障率）を決めるべきであるが、この作動要求頻度が、低頻度・高頻度・連続と 3 種類で割り切って定義されているためである。例えば、自動車の ABS（アンチロックブレーキシステム）

[*1] 運用モードに対する考え方は本文の通りであるが、IEC 61508:2010 では、各運用モードの定義は作動要求頻度に対するものだけになっており、プルーフテストの頻度は定義には入っていない。

の作動頻度のように、使われる地域や季節によって大きく異なるシステムでは、目標 SIL の定義を慎重に決める必要がある。

5.5.3 安全関連系の安全度水準

　安全関連系は、どの程度確実に安全機能を遂行すべきであろうか。IEC/ISO Guide51 では、リスクアセスメント及びリスク低減方策を通じて、許容可能な範囲までリスクを軽減することを求めている。IEC 61508 もこの考え方を踏襲しており、安全機能には、リスクアセスメントの結果に応じた安全度水準を割り当てることを求めている（第3章参照）。IEC 61508 において、そのための指標となるのが安全度であり、4 段階の水準が規定されている。これを、SIL 1 ～ SIL 4 と表記する。SIL は、Safety Integrity Level（安全度水準）の頭文字をとった語である。より正確には、安全度は、「ある E/E/PE 安全関連系が、指定した期間内に、すべての指定した条件下で、規定する安全機能を果たす確率」として定義されている。安全度水準は、SIL 1 が最も低く、SIL 4 が最も高いと定められている。つまり、SIL が高くなることは、安全関連系が安全機能の実行に失敗する可能性が低くなることを意味する。

　さらに IEC 61508 では、SIL の各水準において、どの程度の機能失敗を許容するかの具体的な数値が規定されている（**表5.2 及び表5.3**）。そのための尺度として何を用いるかは、安全機能の運用モードによって以下のように異なっている。すなわち、低頻度作動要求モード運用の安全関連系に対しては、作動要求時の機能失敗時間平均確率（PFDavg, Average Probability of dangerous Failure on Demand）を用いて目標値を定めているが、高頻度作動要求モード又は連続モード運用の安全関連系に対しては、単位時間あたりの時間平均危険側故障頻度（PFH, Probability of dangerous Failure per Hour）を用いている。これは前節においても述べたように、作動要求頻度によって安全性能評価のための適切な尺度が異なるためである。

　低頻度作動要求モードに対して用いられる PFDavg とは、安全関連系に対して作動要求があったにもかかわらず、それが故障中であったりメンテナンス中であったりするために、規定の安全機能が適切に遂行されない確率である。信頼性理論の立場からは、安全機能のアンアベイラビリティ（Unavailability）に相当し、無次元の量である。一般に、故障と修復を繰り返すシステムのアンアベイラビリティは、定常状態においては、平均故障間隔（MTTF）と平均修復時間（MTTR）を用いて、以下のように表される。

PFDavr = MTTR/（MTTF+MTTR）

すなわち、システムの全運用時間に対する停止時間の比が故障確率となる。安全関連系に故障が生じても、自己診断テスト又はプルーフテストによって故障を検出し取り除くことで、安全関連系を正常状態に戻すことが可能である場合には、この尺度で評価するのがふさわしい。PFDavg は、安全関連系によって危険事象の発生頻度がどの程度軽減された

表5.2　低頻度作動要求モードの安全機能に対する目標機能失敗尺度

SIL	作動要求時の平均危険側故障確率 PFDavg	リスク軽減比 RRR
4	10^{-5} 以上 10^{-4} 未満	10,000 ～ 100,000
3	10^{-4} 以上 10^{-3} 未満	1,000 ～ 10,000
2	10^{-3} 以上 10^{-2} 未満	100 ～ 1,000
1	10^{-2} 以上 10^{-1} 未満	10 ～ 100

表5.3　高頻度作動要求モード及び連続モードの安全機能に対する目標機能失敗尺度

SIL	単位時間あたりの危険側故障確率（頻度）PFH[1/h]
4	10^{-9} 以上 10^{-8} 未満
3	10^{-8} 以上 10^{-7} 未満
2	10^{-7} 以上 10^{-6} 未満
1	10^{-6} 以上 10^{-5} 未満

かを表していると見ることもできる。そのため PFDavg の逆数を、リスク軽減比（RRR, Risk Reduction Ratio）と呼ぶことがある。

　一方、高頻度作動要求モード及び連続モードに対して用いられる PFH は、1時間あたりにどれだけ危険側故障が発生するかを表すものであり、時間分の1の次元をもつ。高頻度作動要求モードや連続モードでは、安全関連系が故障した場合には、作動要求までに故障を検出して修理するだけの十分な余裕がなく、直ちに安全が損なわれることになるため、この尺度での評価が適切である。

　なお IEC 61508 が規定する安全度水準は、あくまでも危険側故障の発生確率について目標を定めており、信頼性理論における信頼度（Reliability）や故障率とは扱う対象が少し異なっていることに注意が必要である。

5.5.4　安全関連系の安全要求仕様

　以上に述べたことから、IEC 61508 に適合した安全関連系を開発する場合には、その安全要求仕様（SRS, Safety Requirement Specification）において、以下の3つを明記する必要がある。

・安全機能（制御対象の安全状態をどのように達成又は維持するかの方法）
・運用モード(低頻度作動要求モード、高頻度作動要求モード又は連続モードのいずれか)
・安全機能の SIL
さらに、例えば以下の点ついても考慮して安全要求仕様に明記しなければならない。
・応答時間性能
・操作者とのインターフェース
・他のシステムとのインターフェース

・制御対象の運用モード

・故障時の振舞いと必要となる反応

・ハードウェアとソフトウェアの間の関係や制約

・制約事項、制限事項（時間制約など）

・起動時及び再起動時の手順に関連する事項

・プルーフテストに関する要求事項や制約

・ライフサイクルにおいて想定される極端な使用環境

・電磁許容限界値

例えば、ある作業環境において火災の可能性があり、何らかの安全対策が必要となったとしよう。その対策が、安全関連系として防火シャッターを取り付けることとした場合、その安全機能は「災センサーによって火災が検知された場合に、シャッター閉鎖用の駆動モータを作動させて、シャッターを閉鎖する」ということになる。運用モードは、火災の頻度が通常はそれほど多くないことを仮定すると、低頻度作動要求モードと決定できる。さらに、安全機能の目標 SIL は、第 3 章で述べたようなリスクアセスメントを実施して決定することになる。リスクアセスメントの結果、SIL 3 のリスク低減が必要ということになれば、作動要求あたりの目標機能失敗確率が 10^{-4} 以上 10^{-3} 未満となるようにシステムを実現することが要求される。なお、リスクアセスメントが定量的な手法により行われた場合には、目標機能失敗尺度（PFDavg 又は PFH）の具体的な数値目標が得られることになるため、それを下回るような設計が要求されることになる。

5.5.5 プルーブン・イン・ユース

規格では、既存のハードウェアやソフトウェアに対しては、過去の運用実績から危険側システマティック故障の可能性が十分低いと判断される場合には、規格で要求される技法（Technique）や手段（Measure）のパッケージによるのではなく、それをもってシステマティック安全度を認めることもできるとされている。この考え方によりシステマティック安全度を示すことを、プルーブン・イン・ユース（Proven in use）と呼んでいる。そのための条件等の要求事項については、規格書を参照されたい。

5.6 安全関連系の実現

5.6.1 安全関連系のアーキテクチャ

安全要求仕様を満足するような安全関連系を得るには、安全機能及び安全度の両方の要求を満足するような設計を行わなければならない。そのためには、まずシステムアーキテクチャの決定が重要になる。

一般に安全関連系は、センサー、ロジック、及びアクチュエータの 3 つのサブシステムにより構成される。センサーサブシステムによって制御対象の状態を得、ロジックサブシ

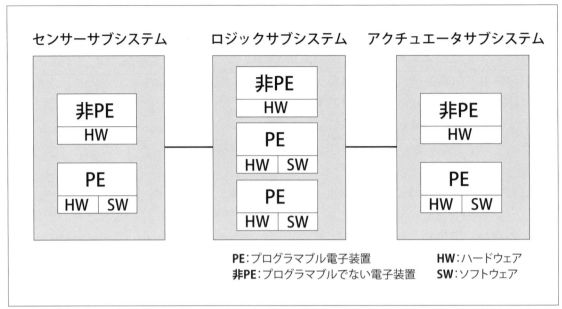

図 5.5　安全関連系の基本構成例

ステムの計算結果に従って、アクチュエータサブシステムを動作させる。センサーサブシステムやアクチュエータサブシステムも場合によっては、プログラマブルな電子装置が用いられる。IEC 61508 に掲げられている模式図に基づいて、安全関連系の基本構成例を図 5.5 に示す。

　安全関連系では、危険側故障を減らすために、サブシステムハードウェアの冗長化が必要となることがある。一般に、あるサブシステムにおいて、N 個の要素を並べて冗長化を行い、そのうち少なくとも M 個の要素が正常動作していれば、サブシステムとして正常動作するような構成にすることを、MooN（M out of N channel architecture）と表記する。このとき、冗長化されている N 個の要素を、サブシステムのチャネル（Channel）と呼ぶ。

　安全関連系のサブシステムにおける MooN の構成例としては、1oo1 や 1oo2、2oo2、2oo3 などがある。1oo1 は、冗長化がない構成であり、単一の危険側故障が、サブシステム全体の危険側故障となる構成である。1oo2 は、2 つのチャネルを並列に構成したもので、少なくともどちら一方のチャネルが正常動作していれば、安全機能の遂行が可能な構成である。すなわち、両方のチャネルで危険側故障が発生すると、サブシステム全体の危険側故障につながる構成である。2oo2 では、両方のチャネルが正常動作している場合に、安全機能の遂行が可能となる構成である。すなわち、どちらかのチャネルでの危険側故障が、サブシステムの危険側故障を引き起こす。2oo3 は、少なくとも 2 つのチャネルが正常動作していれば、サブシステムが正常動作する構成である。通常、3 つのチャネルの出力の多数決によって、サブシステム全体の出力を決定する構成をとる。

　また、MooND（M out of N channel architecture with Diagnostics）と表記する構成をとることもある。ここで D は、各チャネルに対して、故障の診断（Diagnostics）を行う

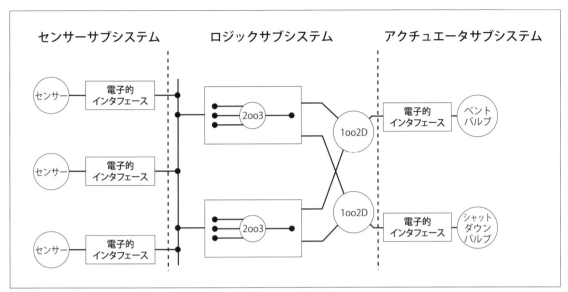

図5.6　安全関連系の構成例

ことを意味する。MooNDは、診断の結果あるチャネルに故障が検出された場合には、そのチャネルの出力を除外して、サブシステム全体の出力を決定するような構成である。

　MooNDの例としては、1oo1Dや1oo2Dがある。1oo1Dは、単一チャネルと診断機能からなる非冗長構成であり、診断機能によりチャネルの故障を検出した場合は、サブシステムとして安全側の出力（制御対象を安全状態に導くような出力）をするような構成である。また、1oo2Dは、2つのチャネルの相互の挙動整合性、及びそれぞれのチャネルの挙動に対する診断機能を持った構成になる。正常時は1oo2と同様の動作をするが、どちらかのチャネルにおいて故障が検出された場合には、1oo1Dへと縮退し、残りのチャネルにサブシステム全体の出力が委ねられる。

　1oo1の構成と比べると、1oo2の構成では危険側故障率は2乗程度に小さくなる。なぜなら1oo2では、両方のチャネルにおいて危険側故障が生じて初めて、全体の危険側故障につながるからである。しかしながら安全側故障率は、2倍大きくなる。1oo2では、片方のチャネルにおける安全側故障が全体の安全側故障を引き起こすためである。これとは逆に、2oo2の構成では、1oo1の構成と比べると、危険側故障率が2倍大きくなるが、安全側故障率は2乗程度に小さくなる。このように安全関連系の冗長化の方法によっては、制御対象の安全性と可用性（Availability）の間にトレードオフが生じる。2oo3は、1oo2の危険側故障率が小さいという性質と、2oo2の安全側故障率が小さいという性質の両方をある程度兼ね備えた構成となっている。2oo3では、1oo2の場合と同様に、3つあるチャネルのうちの2つに危険側故障が生じると全体の危険側故障につながるため、危険側故障率は1oo1と比べると2乗程度に小さくなる。ただし、チャネルの組合せが3通りあるため、1oo2の場合よりも危険側故障率は3倍になる。2oo3の安全側故障についても同様で、1oo1と比べると2乗程度に小さくなる。ただし、2oo2の場合よりも3倍大きくなる。

IEC 61508-6 に掲げられている安全関連系の構成例を、**図5.6** に引用する。この例では、センサーサブシステムは 2oo3、ロジックサブシステムは 1oo2D の構成となっている。

5.6.2 安全度の2つの側面

安全関連系において、目標とする安全度を達成するためには、どうすればよいのだろうか。IEC 61508 では、安全機能の安全度が損なわれる原因を、2種類に分類している。ひとつは、ランダムハードウェア故障であり、もうひとつはシステマティック故障である。

ランダムハードウェア故障は、物理的な劣化のメカニズムによって、ハードウェアにおいてランダムに生じる故障である。それに対して、システマティック故障とは、設計や製造、運用における特定の誤りが原因となって、決定論的に生じる故障のことである。システマティック故障の原因には、例えば以下のようなものが考えられる。

・安全関連系の安全要求仕様における誤り・抜け

・ハードウェア又はソフトウェアの要求仕様の誤り・抜け

・ハードウェアの設計誤り

・ソフトウェアバグ

・ヒューマンエラー（設計不備に起因したエラー）

・保守・修正手順書の不備

ランダムハードウェア故障は偶発事象であり、信頼性理論に基づいた定量的な評価が可能である。システマティック故障は、その原因が設計、開発及び運用の工程において組み込まれてしまったものであり、条件がそろえば必然的に露顕する故障である。そのため、決定論的原因故障や系統的故障と呼ばれることもある。ランダムハードウェア故障は、ハードウェアにおいてのみ生じるものであるが、システマティック故障は、ハードウェア及びソフトウェアの両方で起こり得る。

IEC 61508 では、ランダムハードウェア故障とシステマティック故障の両方への対策を施すことにより、安全関連系の安全度が確保されるという考え方をとっている。すなわち、安全度は2つに分けて考えることができるとし、ランダムハードウェア故障への対策により確保される部分を、ハードウェア安全度と呼び、システマティック故障への対策により確保される部分をシステマティック安全度と呼んでいる。目標となる SIL の達成には、それぞれの達成が必要となる。

以下の節で、ハードウェア安全度の達成方法、ならびに、システマティック安全度の達成方法について詳述する。

5.6.3 ハードウェア安全度の達成

ハードウェア安全度は、安全度のうちランダムハードウェア故障への対策を行うことによって達成される部分である。ハードウェア安全度は、安全関連系の設計における、機能失敗尺度（PFDavg 又は PFH）の推定値によって定量的に評価される。ハードウェア安

表 5.4　処理装置（processing unit）に対する診断技法及び手段

診断技法又は手段	達成可能と考えられる最大診断カバー率
コンパレータ	High
多数決	High
ソフトウェアによる自己テスト： 限定された数のパターン（1 チャネル）	Low
ソフトウェアによる自己テスト： ウォーキングビット（1 チャネル）	Medium
ハードウェアの支援による自己テスト （1 チャネル）	Medium
符号化処理（1 チャネル）	High
ソフトウェアによる相互比較	High

Low:60%、Medium:90%、High:99%

表 5.5　不変メモリ（invariable memory）に対する診断技法及び手段

診断技法又は手段	達成可能と考えられる最大診断カバー率
ワード保護された複数ビットによる冗長化	Medium
部分改修チェックサム	Low
1 ワード（8 ビット）のシグニチャ	Medium
2 ワード（16 ビット）のシグニチャ	High
ブロック複製	High

Low:60%、Medium:90%、High:99%

全度を達成するためには、ハードウェア設計における機能失敗尺度の推定値が、リスクアセスメントの結果として、SIL に応じて安全関連系に割り当てられた目標機能失敗尺度を下回る必要がある。

　機能失敗尺度の推定は、どのように行うのであろうか。このためには、何らかの信頼性モデルを用いて、計算やシミュレーションを行う必要がある。一般には、故障木解析（FTA）、信頼性ブロック図（Reliability Block Diagram）、マルコフモデル（Markov Model）などが用いられる。

　推定においては、例えば以下を考慮することが、IEC 61508-2 で要求されている。

・安全関連系のアーキテクチャ、各サブシステムのアーキテクチャ
・各サブシステムの DD 故障率（安全関連系の危険側故障に至りうる故障で、診断テストによって検出可能なものの故障率）

・各サブシステムの DU 故障率（安全関連系の危険側故障に至りうる故障で、診断テストによって検出不可能なものの故障率）

・共通原因故障（Common Cause Failure）に対する脆弱性

・診断テストの診断カバー率、及び、診断テスト間隔

・プルーフテスト（診断テストによって自動検出できない危険側故障を発見するためのテスト）の間隔

・検出された故障の修理時間

・偶発的なヒューマンエラーの影響

・データ通信のエラー率

IEC 61508-6 附属書 B には、ハードウェア故障確率の推定手法の使用例が示されている。典型的な 5 つのアーキテクチャ（1oo1、1oo2、2oo2、1oo2D、及び、2oo3）に対しては、信頼性ブロック図を用いた解析解が示されている。また、IEC 61508-2 付属書 A には各要素において検出すべき故障モードと、故障モードの検出技法がまとめられている。さらに、各検出技法に対しては、それを用いた場合に主張できる診断率の最大値が示されている。例として、演算装置に対する診断技法（IEC 61508-2 附属書 A 表 A.4）、及び、ROM に対する診断技法（IEC 61508-2 附属書 A 表 A.5）を抜粋して、**表 5.4** 及び**表 5.5** にそれぞれ示す。

また、共通原因故障の割合いを表す β 及び β_{D} の推定方法については、IEC 61508-6 附属書 D に詳しく述べられている。チェックリスト法によるもので、項目毎に点数が割当てられており、該当する項目の合計点数に基づいて β 及び β_{D} の値を決定するというものである。

5.6.4 ハードウェア安全度のアーキテクチャ制約

ハードウェア安全度を達成するためには、前節に示したように目標機能失敗尺度を満足する必要があるが、IEC 61508 ではそれに加えて、安全関連系を構成するサブシステムに対して一定のフォールトトレランスを要求している。すなわち、サブシステムの「タイプ」、「安全側故障割合」、及び「ハードウェアフォールトトレランス」によって、システムが主張できる安全度の上限を定めるものである。これを、アーキテクチャ制約とよんでいる。

要素（サブシステム）のタイプとは、サブシステムを複雑さに応じてタイプ A とタイプ B の 2 つに分類するものである。以下の 3 つの条件を満足するものがタイプ A である。

a) 全ての構成部品の故障モードを、十分に定義している。

b) フォールト（障害）状態下のサブシステムの動作を、完全に決定することができる。

c) 検出できる危険側故障、及び検出できない危険側故障に対して、主張する故障率を満たすことを証明するのに十分な信頼できるデータがある。

タイプ A でないものはすべてタイプ B に区分される。タイプ A として定義される製品は、リレー、ソレノイド、抵抗、コンデンサ等の単純な電気回路部品である。マイクロプ

ロセッサを用いたスマートセンサーや ASIC はタイプ B に該当する。

安全側故障割合（SFF）とは、サブシステム（を構成する各チャネル）において、

$$(\lambda_S + \lambda_{DD}) / (\lambda_S + \lambda_D)$$

により定義される値である。ここで、λ_S は安全側故障率、λ_D は危険側故障率、λ_{DD} は自己診断可能な危険側故障率である。すなわち、全体の故障率に占める、自己診断不能な危険側故障以外の故障率の占める割合である。

ハードウェアフォールトトレランスとは、サブシステムが許容できるハードウェアランダム故障の数である。すなわち、安全関連系において、あるサブシステムのハードウェアフォールトトレランスが n の場合、n 個までのランダム故障では安全機能を喪失しないが、n+1 個のランダム故障が起こった場合には安全機能の喪失に至る可能性がある。例えば、サブシステムの冗長化構成が 1oo2 及び 2oo3 の場合、ハードウェアフォールトトレランスは、それぞれ 1 及び 2 である。

以上の 3 つ（サブシステムのタイプ、SFF 及びハードウェアフォールトトレランス）をパラメータとして、安全関連系が主張できる安全度は、**表 5.6** 及び**表 5.7** のように制約される。例えば、タイプ B のサブシステムを用いて SIL 3 を達成するためには、サブシステムの SFF が 99% より小さい場合には、1 重系では実現することができない。この 1

表5.7　タイプ A のサブシステムにより遂行される安全機能に対して割り当てることのできる最大 SIL

チャネルの SFF	ハードウェアフォールトトレランス		
	0	1	2
60%未満	SIL1	SIL2	SIL3
60% 以上 90%未満	SIL2	SIL3	SIL4
90% 以上 99%未満	SIL3	SIL4	SIL4
99%以上	SIL3	SIL4	SIL4

表5.8　タイプ B のサブシステムにより遂行される安全機能に対して割り当てることのできる最大 SIL

チャネルの SFF	ハードウェアフォールトトレランス		
	0	1	2
60%未満	許可されない	SIL1	SIL2
60% 以上 90%未満	SIL1	SIL2	SIL3
90% 以上 99%未満	SIL2	SIL3	SIL4
99%以上	SIL3	SIL4	SIL4

重系の危険側故障率が SIL 3 の要求値を計算上満足していたとしても、SIL 3 とは認められないという意味で、アーキテクチャ制約と呼ばれる。この場合、多重化してハードウェアフォールトトレランスを大きくするか、診断機能を追加するなどして DU 故障を減らし、SFF を大きくする必要がある。

以上のように、ハードウェア安全度の達成には、目標機能失敗尺度とアーキテクチャ制約の両方を満足するような設計を行わなければならない。これは、高い SIL が要求される安全関連系においては、故障率の評価だけでは不十分と考え、アーキテクチャ制約をかけているということである。なお補足として、SFF に依存したこの制約については、問題点が指摘されていることに触れておく[5]。例えば、安全側故障が多くなるような設計を行うと SFF を大きくできるため、アーキテクチャ制約上はハードウェアフォールトトレランスが小さくてもよいことになる。つまり、故意に故障を多くすると、安全上の設計制約が弱まるということになり、適切でないという意見がある。国際規格ではメンバー国間の合意が尊重されるため、このような理論的な不整合の可能性があるということは理解しておくべきだろう。

5.6.5 システマティック安全度の達成

システマティック安全度は、安全度のうち、システマティック故障への対策で必要とされる指標である。システマティック故障は、設計・開発工程や製造工程、運用手順や修正手順における誤りを原因として、決定論的に発生する故障のことを指す。システマティック故障は、ランダムハードウェア故障のように、信頼性工学に基づく手法によって発生予測をすることが困難である。つまり、システマティック安全度は、ハードウェア安全度のように目標機能失敗尺度やアーキテクチャの制約を用いて評価することができない。そのため、IEC 61508 では、システマティック故障に対する対策を、以下の 2 つに分けている。

- ・安全関連系の開発及び運用における誤りの混入を防ぐことにより、システマティック故障の発生を回避（Avoid）する。
- ・安全関連系の運用中にシステマティック故障が発生してしまった場合に、その影響を管理・抑制（Control）する。

規格では、前者の「回避」のために、開発及び運用の各フェーズにおいて、適切な技法等を用いることが要求されている。具体的には、次の各フェーズで用いるべき技法及び手段を、IEC 61508-2 附属書 B において示している。

- ・E/E/PE 系設計要求の仕様策定（表 B.1）
- ・E/E/PE 系設計及び開発（表 B.2）
- ・E/E/PE 系統合（表 B.3）
- ・E/E/PE 系の運用及び保全手順の実施（表 B.4）
- ・E/E/PE 系の安全妥当性確認（表 B.5）

各フェーズにおいて使用すべき技法等は、SIL によって異なっており、より上位の SIL

に対しては、より確実に目的が達成されると考えられる（が一般にはより面倒で困難な）手法の使用を求めている。例として、E/E/PE系要求仕様の策定における誤りを回避するために使用が推奨されている技法等を、**表5.8**に引用する。推奨の程度は、以下の記号によって表されている。

- ・M（Mandatory）：技法又は手段を要求する（必須）。
- ・HR（Highly Recommended）：当該SILに対して技法又は手段を用いるように強く推奨する。もし使用しない場合には、使用しない論理的根拠が必要。
- ・R（Recommended）：当該SILに対して技法又は手段を使用することを推奨する。[2]
- ・-：当該SILに対して、推奨も反対もしない技法又は手段。

また、low、medium、highは、当該技法等を使用する場合に、それをどの程度効果的に実施しなければならないかの有効性を示している（IEC 61508-2 附属書B 表B.6に、技法の有効性の程度についての説明がある）。

後者の「抑制」については、以下に対して耐性を持つような設計をすることを要求している。

- ・ハードウェアの設計における（残存している）誤り
- ・電磁妨害を含む環境上のストレス
- ・制御対象のオペレータによる誤り
- ・ソフトウェアの設計における（残存している）誤り
- ・データ通信プロセスから生じるエラー及びその他の影響

これらのうち最初の3つについては、IEC 61508-2 附属書A 表A.15 から A.17 において、それらを原因とするシステマティック故障を管理・抑制するために使用すべきが技法及び手段が示されている。例として、ハードウェア設計の誤りを原因とするシステマティック故障を抑制するために使用が推奨されている技法及び手段を、**表5.9**に引用する。表中の記法は、**表5.8**の場合と同様である。なお、ソフトウェアの設計誤りに起因するシステマティック故障については、IEC 61508-3 附属書A において同様の技法及び手段についての記述がある。

＊2）R（Recommended）でも、選択的必須が要求されることがある。表5.8を例に取ると、仕様のインスペクション、準形式手法、チェックリスト、コンピュータ支援の仕様作成ツール、形式手法の5つの技法は、SILに応じてRであっても、一つ以上使用しなければならない。

表5.8　E/E/PE 系要求仕様における誤りを回避するための技法及び手段

技法又は手段	SIL 1	SIL 2	SIL 3	SIL 4
プロジェクト管理	M low	M low	M medium	M high
文書化	M low	M low	M medium	M high
E/E/PE 系安全機能の 安全以外の機能からの分離	HR low	HR low	HR medium	HR high
構造化された仕様記述	HR low	HR low	HR medium	HR high
仕様のインスペクション	— low	HR low	HR medium	HR high
準形式手法	R low	R low	HR medium	HR high
チェックリスト	R low	R low	R medium	R high
コンピュータ支援の仕様作 成ツール	— low	R low	R medium	R high
形式手法	— low	— low	R medium	R high

表5.9　ハードウェア設計誤りに起因するシステマティック故障の管理・抑制するための技法及び手段

技法又は手段	SIL 1	SIL 2	SIL 3	SIL 4
プログラムシーケンス監視	HR low	HR low	HR medium	HR high
オンライン監視による 故障検出	R low	R low	R medium	R high
冗長なハードウェア によるテスト	R low	R low	R medium	R high
標準的なテストアクセス ポート及びバウンダリス キャンアーキテクチャ	R low	R low	R medium	R high
コードの保護	R low	R low	R medium	R high
ハードウェアの多様化	— low	— low	R medium	R high

　このように、IEC 61508 は、システマティック安全度の達成を目的として、システマティック故障の回避及び抑制のために、いわば使用すべき技法及び手段のパッケージを規定している。もっとも、当然のことながら、これらのパッケージを使用することが、目標機能失敗尺度の達成を保証するわけではない。IEC 61508-2 附属書 B においても、以下を考慮することが重要であると述べられている。

・選択した技法及び手段の一貫性、及び、それらがいかにうまく補完し合っているか

・開発ライフサイクルのそれぞれの全フェーズに対して、どの手法及び手段が適切であ

るか

・それぞれの異なる E/E/PE 安全関連系の開発期間中に起きる特定の問題に対して、どの技法及び手段が最も適切であるか

とはいえ、システマティック故障の回避及び抑制に関する要求事項は、経験に基づくエキスパートジャジメントにかかわり、それらの要求事項を全て満たすことによって、ハードウェア安全度と同等のシステマティック安全度が達成されたと主張することを認めるものである。このことは、IEC 61508 が要求事項を展開する上での大前提となっている。このように SIL は、ハードウェア安全度とシステマティック安全度の間に共通の指標を与える役割を担っていると見ることができる。

5.6.6　安全関連系のライフサイクル

ここまでで、安全関連系が担う安全機能の安全度を達成するため、IEC 61508 が規定している方法論について述べてきた。特に、システマティック安全度を達成する手段として、安全関連系の個々の開発フェーズに対して、システマティック故障を回避するために使用すべき技法及び手段のパッケージが規定されていることを述べた。

IEC 61508 では、安全関連系の開発においてこれらのフェーズを確実に実施すべきと規定しており、全体をまとめた工程を、E/E/PE 系安全ライフサイクル（E/E/PE System Safety Lifecycle）と呼んでいる。これを**図 5.7** に示す（全安全ライフサイクル**図 5.1** の中のステップ 10 の詳細化）。各フェーズに対しては、目的、範囲、入力、出力が規定されており、各フェーズはさらに細かなアクティビティに分割することが求められている。

E/E/PE 系安全ライフサイクルでは、まず安全関連系の安全機能と SIL を安全要求仕様としてまとめる（**図 5.7** の 10.1）。次に、設計・開発フェーズにおいて、システム、ハードウェア及びソフトウェアの設計を行う（**図 5.7** の 10.3）。これと並行して、妥当性確認の計画を策定する（**図 5.7** の 10.2）。ハードウェア及びソフトウェアを統合したのち（**図 5.7** の 10.4）、妥当性確認を実施する（**図 5.7** の 10.6）。運用・保守の手順についても定めておく（**図 5.7** の 10.5）。なおソフトウェアについては、別途 IEC 61508-3 において、ソフトウェア安全ライフサイクルが定められており、それに従う必要がある。これについては、次節を参照されたい。**図 5.8** において、フェーズの番号が 10.x となっているのは全安全ライフサイクルの項目 10 の詳細化を意味しており、IEC 61508-2 や IEC 61508-3 では基本的に、これらのフェーズに沿って、要求事項が列挙されている。このように安全ライフサイクルは、IEC 61508 の骨組みを与えていると同時に、安全機能のシステマティック安全度を確保するための土台をなすものである。

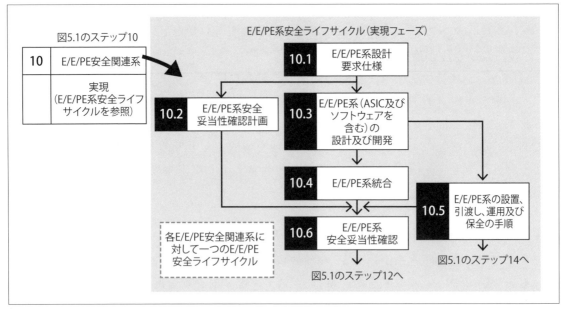

図5.7　E/E/PE系安全ライフサイクル（実現フェーズ）

5.7　安全関連ソフトウェアの開発

5.7.1　安全関連ソフトウェアとソフトウェア安全度

　安全関連系において安全機能を実現するために使用されるソフトウェアは、安全関連ソフトウェア（Safety-related software）と呼ばれる。安全関連ソフトウェアには、アプリケーションプログラムのみならず、オペレーティングシステムやデバイスドライバ等のシステムソフトウェア、及び、ネットワーク通信やユーザーインターフェースのためのソフトウェアも含まれうる。

　安全関連ソフトウェアの主な役割は、安全機能、すなわち、制御対象の安全状態を達成したり維持したりするための機能を実装することである。それ以外にも、診断テストのための機能、すなわち、安全関連系のハードウェアを診断して故障を検出するための機能もソフトウェアで実装される場合があり、これもまた安全関連ソフトウェアである。IEC 61508-3では、安全関連ソフトウェアによる実現を考慮すべき機能として、例えば以下のものを挙げている。

- EUCで安全状態の達成又は維持を可能とする機能
- プログラマブル電子装置ハードウェアや、センサー、アクチュエータの異常を検出して対処する機能
- ソフトウェア自身の障害（フォールト）を、検出して対処するための機能
- 安全機能の周期テストに関連する機能
- 安全関連系を安全に修正することを可能とする機能

こうした機能を実現する安全関連ソフトウェアにおいては、相応の「安全性」が求めら

れることになる。つまり、ソフトウェアに起因して生じる安全機能の機能失敗の可能性が十分低いものでなければならず、ソフトウェアによる安全機能の安全度が、ソフトウェア自身の不具合によって損なわれてはいけない。IEC 61508 では、ここでもやはり安全度の考え方を用いており、ソフトウェアにおいても一定の安全度が達成されなければならない。安全度のうち、ソフトウェアに依存する部分を、ソフトウェア安全度（Software Safety Integrity）と呼んでいる。

ソフトウェアの不具合はすべてシステマティック故障であり、ソフトウェア安全度は、システマティック安全度の一部である。よって、その達成は、ハードウェアにおけるシステマティック安全度の達成方法と同じで、システマティック故障を回避又は抑制することであり、そのために、実施すべき開発フェーズと、各開発フェーズにおいて使用すべき技法及び手段のパッケージを定めている。

5.7.2　ソフトウェア安全ライフサイクル

IEC 61508-3 では、安全関連ソフトウェアの開発において実施すべきフェーズをまとめて、ソフトウェア安全ライフサイクルを規定している（図 5.8）。さらにこの中で、10.1、10.3、10.4、10.6 のフェーズについては、いわゆる V 字モデルに従うことが示されている（図 5.9）。V 字モデルは、コーディングよりも上流の要求仕様策定フェーズ及び数段階の設計フェーズのそれぞれに対して、個別のテストフェーズの実施を求める開発モデルである。その 1 対 1 の対応を視覚化するために、コーディングを境にして上流フェーズを左側、下流フェーズを右側に配置して V 字型に表すため、V 字モデルと呼ばれている。

IEC 61508 では、設計及びコーディングフェーズにおいて、当該フェーズの入力と出力の間に離齬がないこと、すなわち、直前フェーズの成果物が当該フェーズの成果物に過不足なく適切に反映されていることの確認を要求している。この作業は、適合確認又は検証（Verification）と呼ばれる。適合確認は、2 つの段階に分かれて実施される。まず当該フェーズの作業が終了した段階で、そのフェーズの成果物である設計書及びプログラムなどが、直前フェーズの内容を適切に受け継いでいることを、レビュー等の静的な方法により確認する。その後、コーディングフェーズが終了してプログラムができた後に、プログラムを動作させてテストを行い、各フェーズの内容がプログラムに正しく反映されたことを確認する。図 5.9 においては、前者の適合確認が垂直方向の点線矢印により表されており、後者の適合確認が水平方向の点線矢印により表されている。加えて、最終的にプログラムが（安全目標を含めた）要求仕様を満足していることの確認が要求される。この作業は、主としてテストによって行われ、妥当性確認（Validation）と呼ばれる。

ソフトウェア安全ライフサイクルは、E/E/PE 系安全ライフサイクルとともに、全安全ライフサイクルのフェーズ 10 を詳細化するものである。ソフトウェア安全ライフサイクルにおいても、機能安全管理及び文書化の実施が要求されるし、機能安全アセスメントの対象でもある。

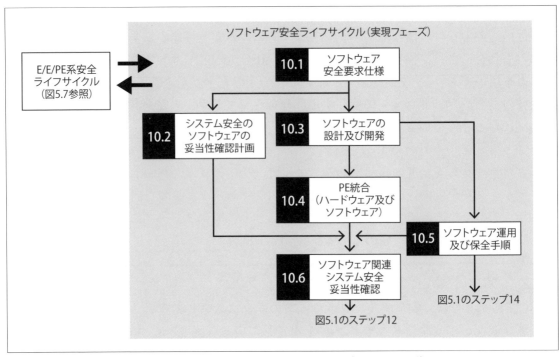

図 5.8 ソフトウェア安全ライフサイクル（実現フェーズ）

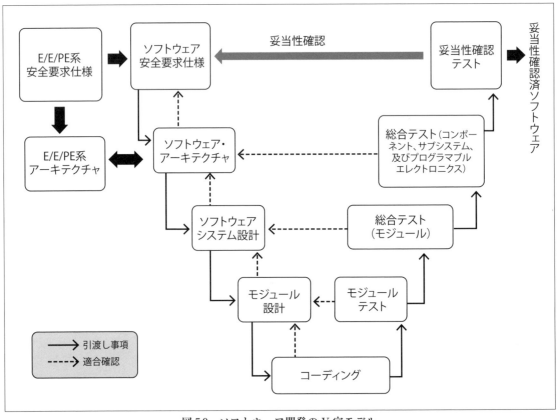

図 5.9 ソフトウェア開発の V 字モデル

5.7.3 ソフトウェア安全度の達成

　ソフトウェアには、ハードウェアのようなランダム故障は存在せず、すべてはシステマティック故障である。ソフトウェア安全度は、システマティック安全度の一部である。

　ソフトウェア安全度を確保するために、使用すべき技法及び手段が各フェーズに対して規定されている。より上位の SIL では、より厳格な技法等が規定されている。例として、ソフトウェアアーキテクチャ設計における推奨技法及び手段を、**表 5.10** に引用する（IEC 61508-3 附属 A 表 A.2 より抜粋）。さらには、開発で使用される支援ツールやプログラミング言語についても、推奨技法等が定められている。これを、**表 5.11** に引用する（IEC 61508-3 附属 A 表 A.3 より抜粋）。なお表中の記号は推奨の程度を表しており、HR、R、- については、**表 5.8** の場合と同じである。また、NR（Not Recommended）は、当該 SIL に対して使用することを積極的に推奨しないものを表しており、もし使用する場合には使用する理論的根拠について、IEC 61508-3 附属書 C を参照して安全計画時に詳述しなければならず、またアセッサと合意することが望ましい。また、数字とアルファベットの組みで表される技法等は、代替又は同等の手法を表しており、そのうち一つを使用すれば十分であるとされている。

　これらの表で挙げられているもののうち一部のものは、IEC 61508-3 附属書 B により細かく述べられている。また個々の技法もしくは手段の解説が IEC 61508-7 にあるので、参照されたい。

表5.10　ソフトウェアアーキテクチャ設計における推奨技法及び手段

	技法又は手段（アーキテクチャと設計の特徴）	SIL 1	SIL 2	SIL 3	SIL 4
1	フォールト検出	—	R	HR	HR
2	エラー検出コード	R	R	R	HR
3a	故障（failure）アサーションプログラミング	R	R	R	HR
3b	ダイバースモニタ法（同一コンピュータ内で、監視する機能と監視される機能とが独立（independence））	—	R	R	—
3c	ダイバースモニタ法（監視するコンピュータと監視されるコンピュータとの間を切り離している（separation））	—	R	R	HR
3d	同一のソフトウェア安全要求仕様を実装する多様冗長性（diverse redundancy）	—	—	—	R
3e	異なるソフトウェア安全要求仕様を実装する機能的多様冗長性	—	—	R	HR
3f	バックワードリカバリ	R	R	—	NR
3g	ステートレス（stateless）ソフトウェア設計（又は限定ステート設計）	—	—	R	HR
4a	再試行フォールトリカバリメカニズム（Re-try fault recovery mechanisms）	R	R	—	—
4b	緩やかな縮退（graceful degradation）	R	R	HR	HR
5	人工知能－フォールトの修正	—	NR	NR	NR
6	動的な再構成（dynamic reconfiguration）	—	NR	NR	NR
7	モジュラーアプローチ	HR	HR	HR	HR
8	信頼性確認及び検証済みソフトウェア要素（element）の使用（利用できる場合）	R	HR	HR	HR
9	ソフトウェア安全要求仕様及びソフトウェアアーキテクチャとの間の前方トレーサビリティ	R	R	HR	HR
10	ソフトウェア安全要求仕様及びソフトウェアアーキテクチャ間の後方トレーサビリティ	R	R	HR	HR
11a	構造化図表法（Structured diagrammatic methods）	HR	HR	HR	HR
11b	準形式手法	R	R	HR	HR
11c	形式的設計手法及び精緻化手法（refinement methods）	—	R	R	HR
11d	自動ソフトウェア生成	R	R	R	R
12	コンピュータ支援仕様書作成ツール及びコンピュータ支援設計ツール	R	R	HR	HR
13a	最大周期を保証した周期的挙動	R	HR	HR	HR
13b	タイムトリガアーキテクチャ	R	HR	HR	HR
13c	最大応答時間を保証したイベント駆動	R	HR	HR	—
14	静的資源配分（allocation）	—	R	HR	HR
15	共有資源へのアクセスの静的同期化（static synchronization）	—	—	R	HR

第5章　機能安全設計の基本 / IEC 61508

表5.11　支援ツール及びプログラミング言語における推奨技法及び手段

	技法又は手段	SIL 1	SIL 2	SIL 3	SIL 4
1	適切なプログラミング言語	HR	HR	HR	HR
2	強く型付けされたプログラミング言語	HR	HR	HR	HR
3	プログラミング言語のサブセット化	—	—	HR	HR
4a	認証されたツール及びトランスレータ	R	HR	HR	HR
4b	ツール及びトランスレータ：使用によって信頼性が増すもの	HR	HR	HR	HR

5.8　本章のまとめ

　本章では、IEC 61508 の要求事項に基づいて、安全関連系の設計・開発方法について解説した。主に、IEC 61508-2 で述べられている E/E/PE 系に共通して適用される要求事項、及びハードウェアへの要求事項と、IEC 61508-3 で述べられているソフトウェアへの要求事項をまとめたものである。これは、全安全ライフサイクルにおいては、フェーズ 10「E/E/PE 安全関連系の実現」で実施すべき内容に相当する。

　本章ではまず、安全関連系の開発においては、安全機能、運用モード、及び、安全度水準を安全要求仕様としてまとめなければならないことを述べた。そして、安全度水準を達成するための方法論を、ハードウェア安全度及びシステマティック安全度の2つの側面から説明した。システマティック安全度に対する、ソフトウェアへの要求事項についても述べた。

参考文献（第5章）

1) 下平庸晴、佐藤吉信、陶山貢市、自己診断のある 1-out-of-2 構成の安全関連系における状態遷移モデルと危険事象率の推定、電子情報通信学会論文誌 Vol. J88-A、No. 8、pp.962-973、（2005）

2) 武田勇、下平庸晴、佐藤吉信、陶山貢市、冗長のある安全関連系の作動要求時機能失敗確率、信学技法、SSS2003-32、（2004）

3) 川島高広、佐藤吉信、陶山貢市、SIL 決定のための作動要求時機能失敗確率の導出、信学技法、R2001-47、CPM2001-153、（2002）

4) William M. Goble, Control Systems Safety Evaluation & Reliability 2nd Edition, ISA, (1998)

5) 岩間一雄、下平庸晴、佐藤吉信、陶山貢市、安全側故障の一考察 － IEC 61508 における安全側故障割合の課題－、信学技法、R2005-47、SSS2005-26、（2005）

6) IEC 61508: 2010「Functional safety of electrical/electronic/programmable electronic safety-related systems － ALL PARTS」

第6章

自動車の機能安全 /
ISO 26262

　本章では、自動車のE/Eシステムにとって必須の安全規格であるISO 26262に関して、これから同規格に取り組む方々に向けて概要を述べる。ISO 26262の要求している事項についての詳述は避け、規格の概略や全体構成、安全ライフサイクル、規格における主要なパートについて、その考え方を中心に解説する。

　ISO 26262の具体的な要求事項やより詳しい内容は、実際に規格書等を参照する必要があるが、入門編として規格の全体像が把握できるようにし、安全論証に対する考え方のほか、機能安全コンセプト導出までの流れ、ハードウェア、ソフトウェアの各設計における目的等の重要なトピックスについても一部含めた内容となっている。

6.1 ISO 26262 の発行と概略

ISO 26262 は 2011 年 11 月に初版が、2018 年 12 年に第 2 版が発行された。IEC 61508 と同様に、電気・電子（電気・電子を E/E と略す。IEC 61508 と関連する規格でありプログラマブル電子を含む）の機能安全にかかわる国際規格であるが、自動車向けとして発行された経緯があり、ISO/IEC Guide51 におけるタイプ C の製品安全規格に該当する。

タイプ B 規格の IEC 61508 とは、いくつか前提条件が異なっている。例えば、化学プラントなどを考慮した IEC 61508 は、数万人が危害を受ける事態まで想定するが、自動車ではそうした危害までは想定しない。また、IEC 61508 では大量生産する工場ラインに関する規定などはなく、派生開発に関する規定も明記されていないが、ISO 26262 は大量生産、派生開発を考慮している。IEC 61508 では、製品の運用・保守に担当者が常駐していることが暗黙のうちに前提となっている点なども、ISO 26262 と異なっていると言える（自動車ではそうした頻繁な点検・改修を前提にはできない）。

安全設計全般に言えることだが、ISO 26262 もまた、通常の品質管理システム（QMS, Quality Management System）の上に成り立っている。ISO 26262 における QMS としては、ISO 9001:2015 や IATF 16949:2016 などが一例となる。開発プロセス改善やプロセスアセスメントを目的としたプロセスモデルとしては Automotive SPICE® [1] も参考にされることがある。QM の一部は後述する Part8「支援プロセス」で取り扱っている内容となっている。QM の考え方は、安全を含めた品質を確保する上できわめて重要なものだが、本章では QMS そのものの解説は行わない。

6.2 ISO 26262 策定の背景

自動車では、1980 年代後半から電子的に制御する技術が発展してきた。2000 年代中盤には、乗用車一台に搭載される電子制御ユニット（ECU, Electric Control Unit）の数は大衆車で 30 〜 40 個、高級車で 100 個以上となり、大規模化と複雑化が進んできた。この間、完成車メーカ（OEM: Original Equipment Manufacturer）[2] は各社が独自に安全基準を策定しており、IEC 61508 など該当する安全規格はあるものの、自動車向けとしての業界標準はなかった。

この状態で電気・電子系の不具合によって事故が起きた際には、OEM らが際限なく責任を追求されることが懸念される。そこで、主に欧州の OEM らが発案する形で ISO 26262 の策定が開始された。日本の OEM や部品サプライヤも、最終的には規格の策定に関与し、現在では当該規格に従った製品開発を進めている [1]。

---

[1] 2019年時点の最新版は、Automotive SPICE® Process Reference Model/Process Assessment Model Version 3.1 となっている。

[2] OEM に対し、OEM に直接部品を供給するメーカを Tier1 と呼ぶ。Tier1 に部品を供給するメーカは Tier2 となる。供給者のことをサプライヤと呼ぶ。

6.3 ISO 26262 と安全論証

第1章で述べたように、安全論証とは、安全性を設計文書等のエビデンスを用いて論理的かつ合理的に説明できること（説明責任が果たせること）、として用いられている用語である。

一般に製品（サービスを含む）で安全論証を成立させるには、同定した危険源（ハザード）や危険事象（想定した危害にいたるシナリオ）に対して安全度水準、そして安全目標、安全要求を設定するなどし、不合理なリスクが存在しないように設計する必要がある。しかしそれだけではなく、ハザードや危険事象に想定外がないこと、もしくは減らすことに対して最善の努力をしたという論証の提示が含まれる。

ISO 26262 においては、機能安全の規格であるため安全を担保するためのすべての方策を要求事項としてカバーしていないこと、後述するようにスコープが限定されていること、そして想定できない危険事象に対する要求事項が具体的に規定されていないことなどから、ISO 26262 だけで安全論証を成立させることはできない。しかし、開発対象がスコープに入っている以上は、安全論証に ISO 26262 は不可欠と言える。

ISO 26262 は、顧客や市場からの具体的な品質要求として取り組むことがある一方、そうでなかったとしても ISO 26262 に従った開発によって安全論証を行うことは開発側（企業）としての責務となってきている。安全論証の目標は、製品に対する安全目標（安全要求を含む。一般要求を含めても良い）の達成を、規格の要求事項や要求事項に紐づく目的（objectives）などに基づいて説明することであり、そのためには設計のアウトプットである作業成果物（work products）が必要となる。安全論証のため構造化されたドキュメントの集まり（evidence＝エビデンス）をセーフティケースと呼んでいる。

セーフティケースにおいて、その中にあるドキュメントを用いて開発対象アイテムに対する安全目標・安全要求が完結しており、かつ満たされていること、不合理なリスクがないことを論証する。セーフティケースには、安全目標・安全要求や作業成果物を含むほか、設計中の議事録、電子メール、ISO 26262 などの規格、製品の動作環境、組織の安全文化、エンジニアや管理者の適格性（competence＝コンピテンス）、確証方策などのドキュメントを含むことがある。

安全論証のためには、安全設計における最先端技術（state of the art）[3] を踏まえることや、業界としての慣例、開発の時代背景として通常行われている相場観を踏まえることも重要となる。例えば、ISO 26262 に準拠するためには、リスクアセスメントや安全分析において FTA や FMEA、HAZOP などの分析手法を用いることが多く、これらを用いていない場合、安全性を説明しにくい。これらの分析では、HAZOP のガイドワードだけでなく、設計知見のデータベース、過去の失敗事例、フィールドデータを含む既存の知識も

---

[3] 現時点で望みうる安全を確保する上で最善の技術のことである。単に新しい技術のことではない。十分信頼されているアーキテクチャや、十分信頼されている設計原則なども該当する。

活用される。

　一方で、安全にかかわる考え方は、国や地域、時代とともに変化する。従って、現行の ISO 26262 がスコープとしていない自動運転などの新しい分野では、安全論証が従来の手法だけでは不十分となる可能性がある。それは、業界としての慣例や相場観が形成されておらず、起きうる失敗事例やフィールドデータもそろっていないからである。こうした場合、第 8 章で述べる STAMP/STPA などの新しい技術を用いることは、現行の安全規格に準拠することには直結しないが、自動車やそれに関連したシステムそのものの安全論証を強化するものとして扱うことが可能となるかもしれない。

　こうした安全論証は、最善を尽くしていることが考え方の根底にある。上記のように、安全分析をするという設計活動だけでなく、なぜ安全分析を終了したのかの説明が重要である。HAZOP のガイドワードをすべて当てはめたというだけではなく、過去のトラブル事例の再発防止を確認したことや、コンピテンスのある技術者による厳格なレビューによって、指摘を受けないまで分析とレビューを繰り返し実施したこともこれを補強する材料となる。

　ここでは、安全分析を例に安全論証の考え方を述べたが、それ以外にもソフトウェアのユニットテストでは、例えばテスト仕様の作成方法や、テストケースの十分性を論理的かつ合理的に説明できることが安全論証を補強することになる。

　安全であることが確認できない状況では安全論証は成立しないので、その場合には設計の見直しなどの設計活動を再び行う必要がある。

コラム12 ISO 26262 のスコープ

　2018 年に発行された ISO 26262 第 2 版では、従来のスコープが拡張されている。具体的には、従来のスコープに加えて、モーターサイクル、トラック、バス、トレイラー、それらに搭載される半導体などが規格の要求事項もしくは拡張の対象となった。モペッドは対象外である。そのため、本章にある車両総重量の記載なども削除されている。半導体などの電子部品は、用途があらかじめ定まらずハザードの同定や危険事象の想定が難しい。そのため、具体的な安全目標・安全要求を定義しないまま開発を進める SEooC（Safety Element out of Context）という考え方のもとで、ISO 26262:2011 でも Part10（ガイドライン）の中で扱われていたが、ISO 26262:2018 では Part10 に加え Part11 として大幅な拡張が行われた。

H.Y

6.4　ISO 26262 のスコープ

ISO 26262 は、車両総重量が最大 3,500 kg までの量産される乗用車に組み込まれる、安全関連システム（一つ又は複数の E/E システムを含む）に適用する。乗用車とは、運転者に加えて最大収容人数が 8 以下であり、障害をもつドライバー向けに設計された車両など、特別目的の車両向けの E/E システムを取り扱うことは意図していない。

ISO 26262 は、E/E 安全関連システムの機能不全のふるまいによって引き起こされる可能性のある潜在的なハザードを取り扱う。これには、システム間の相互作用も含まれる。感電、火災、発煙、熱、放射線、毒性、可燃性、反応性、腐食、エネルギーの放出、及び同様のハザードに関連するハザードは、E/E 安全関連システムの機能不全のふるまいが直接の原因でない限り取り扱わない。そのほかにも、規格が前提とするいくつかの制限がある。

繰り返しとなるが、これらはあくまで ISO 26262 の規格としてのスコープであることに注意する。ISO 26262 がこれらについての要求事項を具体的に定めていないことだけを意味している。本質安全設計を含め、機械部品や防火材、クッション材を用いるなどの製品としての安全性は、ISO 26262 のスコープを越えて包括的に考えていく必要があるだろう。

6.5　安全ライフサイクル

ISO 26262 の安全ライフサイクルを図 6.1 に示す。安全ライフサイクルについては IEC 61508 などほかの機能安全規格と大きな差異はない（第 5 章の安全ライフサイクルを参照）。

この安全ライフサイクルは、アイテム（ISO 26262 が適用されるシステム又はシステムの組み合わせで、車両レベルで機能又は機能の一部を実装するもの。例えば乗用車そのもの）の定義から、設計・開発・生産、そして運用、サービス、廃棄までが含まれる。この図では、ISO 26262:2018 に従って安全管理も表現しているが、支援プロセスは表現していない。安全管理は、安全ライフサイクル中のエンジニアリングなどすべてが対象となる。

図 6.1 の項目番号 A-B "名称" とは、規格の Part A の Clause B "Clause B 、もしくはその sub-Clause の名称" を指している。この記号の振られていない 3 つの斜体となっている部分は、6.4 節の「ISO 26262 のスコープ」で述べたとおり、ISO 26262 が要求事項を定めていないものの、安全上重要な技術、方策、環境などを表している。

次節以降では、ISO 26262 の概観を知るために、Part ごとの内容について、概略を説明する。

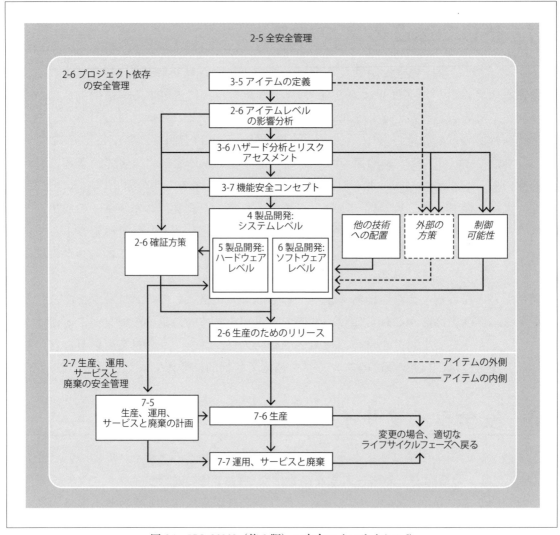

図 6.1　ISO 26262（第 2 版）の安全ライフサイクル[2]

6.6　ISO 26262 の各パートの構成

　本節では、ISO 26262 の概観を理解するために、主要なパートが何を扱っているのかを述べる。本書では、ISO 26262:2018 を意識しつつ、ISO 26262:2011 を主として述べるため、下記の説明では ISO 26262:2018 にあるいくつかの Part の内容は大幅に省いてある。

　図 6.2 は、ISO 26262 の Clause レベルまで記載された概観である。まずコンセプトフェーズで、ハザードと危険事象に対して自動車安全度水準（ASIL, Automotive Safety Integrity Level）が定まり、安全目標と機能安全要求が定義される。これは第 3 章で解説したように、IEC 61508 とは異なる評価基準に基づいている。それから、システムレベル以降の製品開発が実施される。ハードウェアとソフトウェアが V 字モデルとして表現され、それらを横断してシステムでの V 字モデルが表現されている。

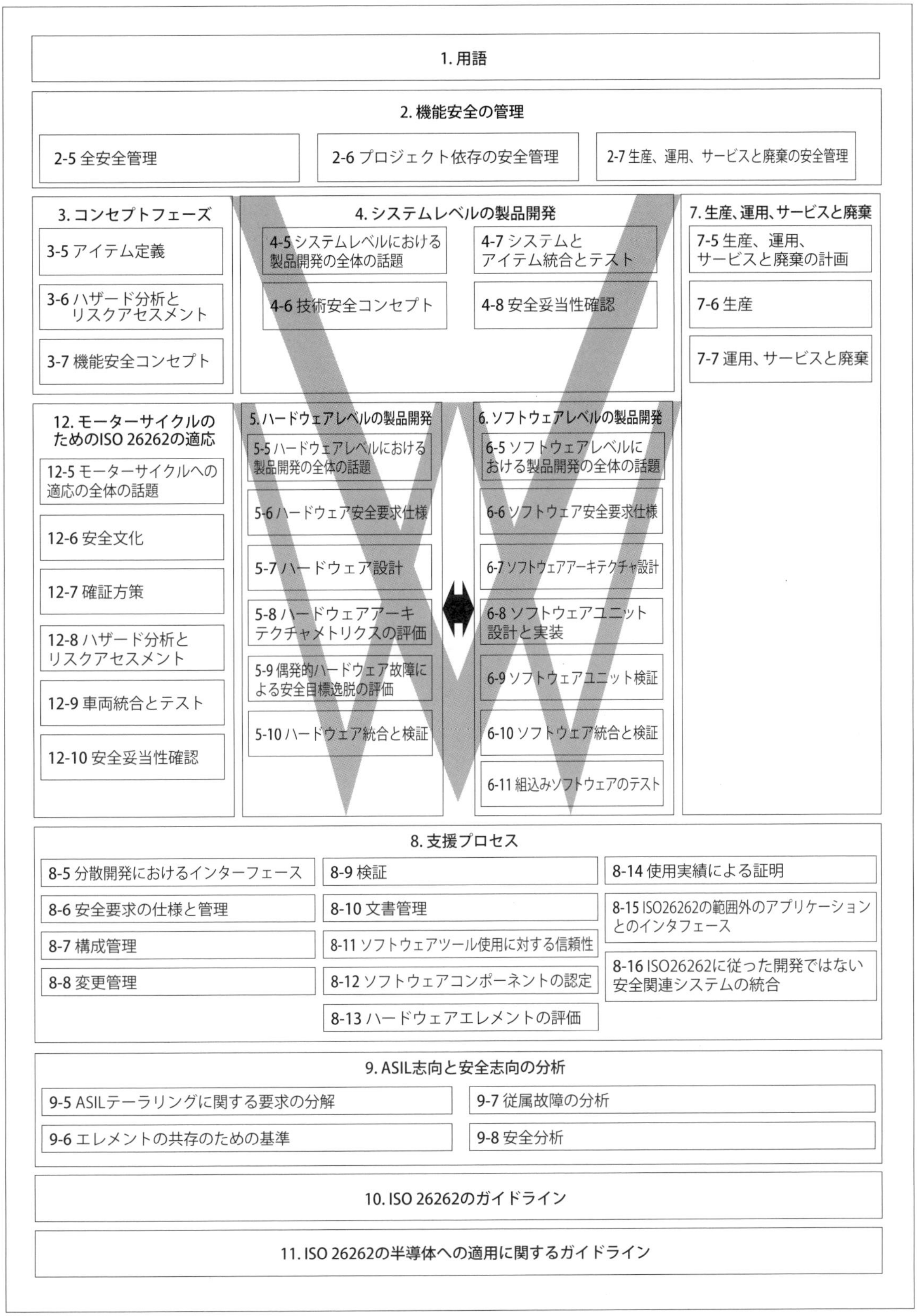

1. 用語

2. 機能安全の管理

2-5 全安全管理　　2-6 プロジェクト依存の安全管理　　2-7 生産、運用、サービスと廃棄の安全管理

3. コンセプトフェーズ
3-5 アイテム定義
3-6 ハザード分析と リスクアセスメント
3-7 機能安全コンセプト

4. システムレベルの製品開発
4-5 システムレベルにおける 製品開発の全体の話題
4-6 技術安全コンセプト
4-7 システムと アイテム統合とテスト
4-8 安全妥当性確認

7. 生産、運用、サービスと廃棄
7-5 生産、運用、 サービスと廃棄の計画
7-6 生産
7-7 運用、サービスと廃棄

12. モーターサイクルの ためのISO 26262の適応
12-5 モーターサイクルへの 適応の全体の話題
12-6 安全文化
12-7 確証方策
12-8 ハザード分析と リスクアセスメント
12-9 車両統合とテスト
12-10 安全妥当性確認

5. ハードウェアレベルの製品開発
5-5 ハードウェアレベルにおける 製品開発の全体の話題
5-6 ハードウェア安全要求仕様
5-7 ハードウェア設計
5-8 ハードウェアアーキ テクチャメトリクスの評価
5-9 偶発的ハードウェア故障に よる安全目標逸脱の評価
5-10 ハードウェア統合と検証

6. ソフトウェアレベルの製品開発
6-5 ソフトウェアレベルに おける製品開発の全体の話題
6-6 ソフトウェア安全要求仕様
6-7 ソフトウェアアーキテクチャ設計
6-8 ソフトウェアユニット 設計と実装
6-9 ソフトウェアユニット検証
6-10 ソフトウェア統合と検証
6-11 組込みソフトウェアのテスト

8. 支援プロセス
8-5 分散開発におけるインターフェース
8-6 安全要求の仕様と管理
8-7 構成管理
8-8 変更管理
8-9 検証
8-10 文書管理
8-11 ソフトウェアツール使用に対する信頼性
8-12 ソフトウェアコンポーネントの認定
8-13 ハードウェアエレメントの評価
8-14 使用実績による証明
8-15 ISO26262の範囲外のアプリケーション とのインタフェース
8-16 ISO26262に従った開発ではない 安全関連システムの統合

9. ASIL志向と安全志向の分析
9-5 ASILテーラリングに関する要求の分解
9-6 エレメントの共存のための基準
9-7 従属故障の分析
9-8 安全分析

10. ISO 26262のガイドライン

11. ISO 26262の半導体への適用に関するガイドライン

図 6.2　ISO 26262 の概観 [2]

6.6.1　ISO 26262　Part1

　国際安全規格では、重要な用語が規格の中で定義されるが、ISO 26262 においては Part1 がそれに該当する。ISO/IEC Guide51 などの用語定義を参照することも必要だが、同じ用語を ISO 26262 として再定義しているものもある。例えば、安全は ISO/IEC Guide 51 では許容不可能なリスクがないこと（freedom from risk which is not tolerable）とされるが、ISO 26262 では不合理なリスクがないこと（absence of unreasonable risk）となっている。IEC 61508 の関連規格ではあるが定義の異なるものや、一部使用していない用語もある。例えば、IEC 61508 で用いている EUC（Equipment Under Control）は ISO 26262 では使用していない。また、ISO 26262:2018 の改定によっても初版から定義が見直されているものがあるので注意深く確認する必要がある。

　また、通常の設計で慣例的に用いられている用語とは異なっている可能性もあるので、安全規格を参照する場合には、用語集の確認は必須と言えるだろう。組織の開発プロセスや、製品開発におけるセーフティケースは Part1 にある用語を用いて記載していることが第三者に対する説明のためには望ましいが、開発組織によっては独自の設計用語を用いている場合もあるだろう。その場合には、用語の対比表があるとよい。

6.6.2　ISO 26262　Part2

　Part2 は機能安全管理にかかわる内容である。本書では、安全規格の体系やリスクアセスメントなどのエンジニアリングを中心に解説しているが、機能安全管理もまた、国際安全規格を遵守する上で非常に重要である。そこで本項では、機能安全管理について簡単にまとめておく。

　Part2 では機能安全管理に関して、組織に対する要求（全安全管理）と、プロジェクトに依存した固有の要求、そして生産や運用、サービスと廃棄の要求とに分けている。ここでは、前者2つについて解説する。

　組織に対する要求である全安全管理には、安全文化の創造と維持、安全アノマリー（safety anomaly）の管理、コンピテンス管理、品質管理システム（QMS）などが含まれる。安全文化では、機能安全の達成と維持、ISO 26262 の要求事項を満たすための組織固有のルールとプロセスの制定、実施、維持を求めている。ISO 26262:2018 では（機能安全を達成することにかかわる）サイバーセキュリティやそのほかの分野との効果的なコミュニケーションチャネルの維持も求めている。安全文化には、組織トップレベルの安全活動に対するコミットメントが重要となる。

　安全アノマリーとは、安全を達成・維持する上で問題と成りうる異常な状態（condition）である。その管理では、組織に対して、識別された安全アノマリーが安全ライフサイクルの間に、機能安全の達成や維持に責任を負う人（安全管理者など）に伝達されることを確実にすること（そのためのプロセスを開始、実装、維持すること）を規格は求めている。安全アノマリーについては、組織レベルだけでなくプロジェクトレベルでも確実に管理す

第 6 章　自動車の機能安全/ISO 26262

るための仕組みが望まれる。

　コンピテンス管理は、安全ライフサイクルにかかわるすべての人々に対して、組織がスキルの管理を求めるものである。規格は、スキルの属性に対する決まった要求を定めていないが、一般にはアイテムのドメイン知識や環境に対する専門性、開発フェーズに応じた開発経験、安全規格の知識などさまざまなものが考えられる。すなわち、スキルとは知識だけでなく、経験や資質も含めるべきである。組織は、これらを管理する必要があって、プロジェクトの開始時には適材適所でコンピテンスを持った人を配置する必要がある。このような考えは、ISO 26262 に限らず、さまざまな安全規格に見られるものである。「ものは故障し、人はミスをする」という考え方のもと、人のミスを防ぐ方策は多様であるが、スキルのあるエンジニアや管理者を配置することも重要な方策となる。各安全活動を論理的、合理的に確からしいものとして説明するために、コンピテンス管理はきわめて重要と言える。

　QMS には、組織レベルのテーラリング（tailoring＝仕立て。主に開発プロセスについて ISO 26262 などの規格や全社標準を元に、会社やプロジェクトに合った具体的な開発プロセスに仕立て直すこと）がある。ISO 26262 の安全ライフサイクルにおいて、安全活動を組織レベルで省略したり、統合する場合に適用するものである。より詳細なエンジニアリングレベルの内容を、組織レベルのテーラリングとして行ってもよい。詳細については、本書では割愛する。

　次にプロジェクト依存の安全管理であるが、これは組織レベルの安全管理下で実施される。重要なトピックスの一つは、安全管理者[*4]の任命や安全計画の作成に必要なインプットとなる管理活動が要求されていることである。安全計画では、ほかの活動や情報との依存関係、安全ライフサイクルにかかわる人々のリソース及び役割と責任、各活動の開始時期と期間、対応する作業成果物などの情報が必要である。そして、アイテムレベルの影響分析の実施や、必要に応じてプロジェクト固有の安全活動のテーラリングについても計画するなどして、プロジェクト依存で実施・定義する安全活動の計画や調整、そして実施にかかわる管理が求められる。

[*4] 安全設計では、安全管理者が必要となる。安全管理者は、機能安全を達成するために必要な活動の監督と実施を担う人（又は組織）のことで、安全管理者の役割や責任としては、一例として次のようなものがあげられる。
・安全ライフサイクルの開発フェーズにおける機能安全活動の計画、及び調整をすること
・安全計画のメンテナンス、及び安全計画に対する安全活動の進捗を監視すること
このほかに、プロジェクト管理者と安全管理者が異なる場合には、プロジェクト管理者への報告やプロジェクト管理者との調整も安全管理者の役割と言える。

143

コラム 13 安全論証のための確証方策とは

　ISO 26262 では、安全論証（safety argument, safety demonstration）を確実にするために、確証方策（confirmation measure）という考え方がある。Part2 では、確証方策の種類と対象、それに実施主体の独立性などを定義している。確証方策は、確証レビュー、機能安全監査、機能安全アセスメントの 3 つからなる。それぞれの意味と概略は、下表のとおりである。

　機能安全アセスメントでは、規格の要求事項一つ一つではなく、規格の求めている意図や目的の達成、すなわち（規格のスコープ内での、場合によっては製品全体としての）安全性を審査することが求められる。結果はアセスメントレポートとしてまとめられ、これも安全論証を説明するためのドキュメントとなる。

　なお、ISO 26262 には検証レビューがあるが、検証レビューは確証方策には直接含まれない。検証レビューと確証レビューとでは、レビューの視点や実施者の独立性が異なる場合があるので、注意が必要である。

H.Y

確証方策の種類	意味と概略
確証レビュー	・作業成果物が ISO 26262 の対応する目的と要求事項を考慮して、機能安全達成への十分かつ説得力のある証拠（evidence）を提供しているかについて確認 ・主に技術的な観点 ・確証レビューの対象は、アイテムレベルの影響分析、ハザード分析とリスクアセスメント、安全計画書、システム、ハードウェア、ソフトウェアのセーフティケースなどを含む ・ASIL に応じた実施者の独立性が求められている
機能安全監査	・安全計画で参照もしくは定義された活動内容を考慮して、ISO 26262 におけるプロセス関連の目的の達成について確認 ・主にプロセス的な視点 ・監査対象プロセスは、実施されたプロセスであり、システム、ハードウェア、ソフトウェアの各開発プロセスを含む ・ASIL に応じた実施者の独立性が求められている
機能安全アセスメント	・アイテム又はエレメントの特性が、ISO 26262 の目的を達成しているかについて確認 ・確証レビュー、機能安全監査の結果を考慮して、総合的な見地で確認する ・確証レビュー、機能安全監査で確認した内容以外の、あらゆる安全論証のドキュメントを含む ・ASIL に応じた実施者の独立性が求められている

6.6.3　ISO 26262　Part3

　Part3 はコンセプトフェーズと呼ばれる。まずはアイテムの定義（item definition）を行って、安全ライフサイクルが開始される。そして、ハザード分析とリスクアセスメント（HARA, Hazard Analysis and Risk Assessment）を行う。

　アイテムの定義では、開発対象となるアイテムに対して、環境やほかのアイテムとの依存関係や相互作用について定義して記述することになる。アイテムの定義では、合理的な境界及びインタフェースを勘案する必要がある。

　ハザード分析とリスクアセスメントの基本的なステップは次の（1）、（2）、（3）である。

（1）状況分析とハザードの同定（Situation analysis and hazard identification）
（2）危険事象の分類（Classification of hazardous events）
（3）安全目標の決定（Determination of safety goals）

　(1)については具体的な手段や方法が規定されているわけではない。アイテムの使用と、合理的に予見可能な範囲で誤った使用がなされた場合について、アイテムの誤動作による危険事象から生じる運転状況及び運転モードを記述する。ハザードは、車両レベルで観察できる条件又は挙動の観点から定義（記述）する。これらについては第3章も参考にして頂きたい。

　(2) の危険事象の分類では、危険事象ごとに、遭遇頻度（運転状況における曝露可能性）、回避可能性、過酷度を決定する。これも詳しくは第3章で述べたので、ここでは省略する。

　重要なことは、危険事象に対して自動車安全度水準(ASIL)が決定されることである[*5]。ISO 26262 では、ASIL ごとに要求事項を定めている箇所も多いので、ASIL A, ASIL B, ASIL C, ASIL D の各レベル別けは重要である。なお、ASIL によらない要求事項もある。一例として、各 Part や Clause の目的（Objectives）の多くは、ASIL にはよらない内容になっている。また、ISO 26262:2018 では、トラックやバス（T&B）との違いにかかわる管理、及びモーターサイクル向けの安全度水準として、MSIL（Motorcycle Safety Integrity Level）が規定されている。本書ではこれらについては割愛する。

　この段階で、許容できないリスク（不合理なリスク）が認識されることになるが、(3)では、それを起こさないように安全要求を定義する。このときの安全要求を、安全目標(SG, Safety Goal) と呼んでいる。これはトップレベル、すなわち車両レベルの安全要求である。そして安全目標ごとに ASIL が割り当てられる。アイテムの開発が進んだとき、安全目標の達成はシステム（Part4）における妥当性確認で検証されることになる。

---

*5）ASIL は危険事象ごと（安全目標ごと）に決定される。同じアイテムに、複数の事象（目標）で異なる ASIL が混在して割り当てられる場合、アイテムとしての ASIL は高いほう（ASIL A → ASIL D に向かって高い）を選択する。このルールをセレクトハイと呼ぶことがある。このルールは、エレメントなどアイテム以外に対する ASIL の割り当てにも適用される。

事例

自動車に搭載される、以下のような架空のアイテムを例にとって説明する。

"ステアリング制御機能を含む車体制御モジュール"

ハザードの例：「走行中のステアリングロック」

危険事象の例：「中・高速走行中にステアリングがロックして障害物に衝突する」

危害の例：「障害物衝突による身体的傷害」

この場合のリスクパラメータとして、次のような割り当てが考えられる。

・過酷度は S3（重症にいたる）

・曝露可能性は E4（中高速走行は動作時間の 10％を超える）

・回避可能性は C3（この状況で危害を回避できるのは 90％を超えることはない）

第3章の表 3.16 から、この危険事象は ASIL D となる。

安全目標として「中・高速走行中にステアリングがロックすることを防止する[*6]」とした場合、この安全目標も ASIL D となる。ほかの危険事象やそれと関連する安全目標が ASIL D より低い ASIL であったとしても、アイテムとしては ASIL D である。

ここでの事例は、仕様が不明瞭であり、あくまで一例を示すものであることに注意頂きたい。

次に、安全目標を実現するための機能安全要求（FSR, Functional Safety Requirement）を定義する。機能安全要求はシステムアーキテクチャ設計を考慮して導出されるもので、エレメントに対しての割り当ても行われる。このことを、機能安全コンセプト（FSC, Functional Safety Concept）と規格では呼んでいる[*7]。機能安全コンセプト導出までの大まかな流れを図 6.3 に示す。

このほか Part3 では、安全妥当性確認の基準（safety validation criteria）、機能安全コンセプトの検証（verification of the functional safety concept）などについて規定している。

なお、ISO 26262 では、このほかに 3 つの安全要求（安全目標と機能安全要求を含めて合計 5 つの安全要求）を取り扱っている（図 6.4）。それぞれの安全要求は、粒度などによってさらに詳細なサブ要求を定義することが多い。すべての要求は、その粒度に応じたサブシステム、サブコンポーネント、サブエレメントなどに割り当てられる。

Part3 で扱われている安全目標と機能安全要求は、実装非依存（implementation independent）の要求である。技術安全要求（TSR, Technical Safety Requirement）は

＊6) 「中・高速走行中にステアリングがロックして障害物に衝突することを防止する」などとしてもよいが、アイテムの特性を考慮して、本文中にあるような安全目標を例として示した。

＊7) 機能安全コンセプトとは、正確には、機能安全要求仕様、関連する情報、アーキテクチャ内のエレメントへのそれらの割り当て、及び安全目標を達成するために必要なそれらの相互作用のことである。関連する情報の一例としては、ASIL などがある。

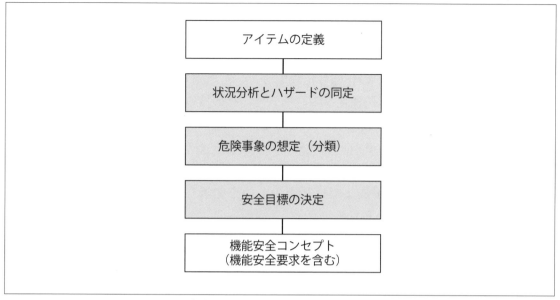

図6.3　アイテム定義から機能安全コンセプト導出までの大まかな流れ

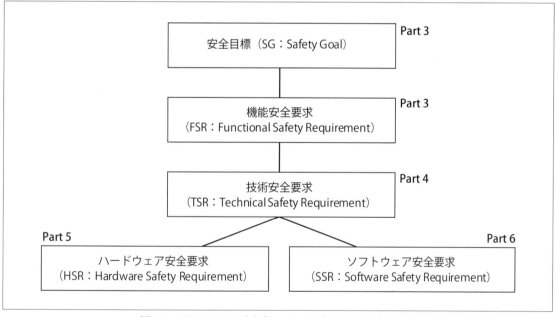

図6.4　ISO 26262で取り扱っている主な5つの安全要求

Part4、ハードウェア安全要求（HSR, Hardware Safety Requirement）はPart5、ソフトウェア安全要求（SSR, Software Safety Requirement）はPart6で主に扱われる安全要求である。

　以後のPart4, Part5, Part6では、システムレベル以降の製品開発となるが、これらも以下で簡単に説明する。

6.6.4 ISO 26262 Part4

図6.4における3つ目の安全要求である技術安全要求を導出して、システム設計を行う。ハードウェアとソフトウェアとの分割を行うので、そのインタフェース（HSI, Hardware Software Interface）についての仕様も定義する。

はじめに、技術安全要求を仕様化する。そして、その技術安全要求仕様を実現するためのシステムアーキテクチャ設計を行う。このとき、システムを安全にし、維持するための安全機構（SM, Safety Mechanisms）をシステムアーキテクチャ上で表現する。システムアーキテクチャの検討、設計、評価では、システムレベルでの安全分析が実施される。規格の中では、安全分析の手法までは必須のものを要求していないが、主にFMEAとFTA、そしてHAZOPが用いられる。

技術安全要求仕様は、システムアーキテクチャ設計の各エレメントに（システムレベルの機能安全のための論理的根拠を提供する関連情報とともに）割り当てられる。これを技術安全コンセプトと呼ぶ。こうして、各技術安全要求はハードウェア、ソフトウェアへの割当先が表現されることになる（ハードウェア・ソフトウェア・インタフェース仕様も定義される。）

システムアーキテクチャは、システムレベルでの安全分析の結果を考慮するが、それ以外にもさまざまな要因との因果関係を持つ。例えば、安全にはかかわらない（一般の）システム要求である。また、システム設計は、後工程のハードウェアやソフトウェアの実現能力の考慮も重要な視点となる。システムレベルでの安全分析では、ハードウェアやソフトウェアのエンジニアの視点が必要になることがある。例えば、ソフトウェアのエンジニアでなければ具体的に発生しうる部品の故障モードや、その結果生じるシステムとしての振る舞いを想定できない場合があるためである。静的なアーキテクチャの評価だけではなく、動的な側面での評価や、ハードウェアリソースなどの考慮も必要である。システムレベルにおけるこうした一連の活動によって、ハードウェアとして購入すべき部品の選定にも影響を与えることが多い。

図6.5は、規格中にもある技術安全コンセプトの階層化を表現した図である[2]。技術安全コンセプトも階層構造を持つことがあり、それにしたがって、ハードウェアレベル、ソフトウェアレベルも開発されるが、この図ではその後の統合と車両レベルでのテストまでが表現されている。

なお、図6.2及び図6.5にあるとおり、Part4では、ハードウェアとソフトウェアの統合テスト、システム統合テスト、アイテム統合テスト（車両統合テスト）が規定されている。そして、最後に安全妥当性確認である。それらは段階的に、技術安全要求、機能安全要求、安全目標などの達成を確認することに主眼がおかれる安全活動である。それらテストに対しても、ISO 26262は多くの要求事項を定めているが、本書ではテスト工程の詳述は行わない。

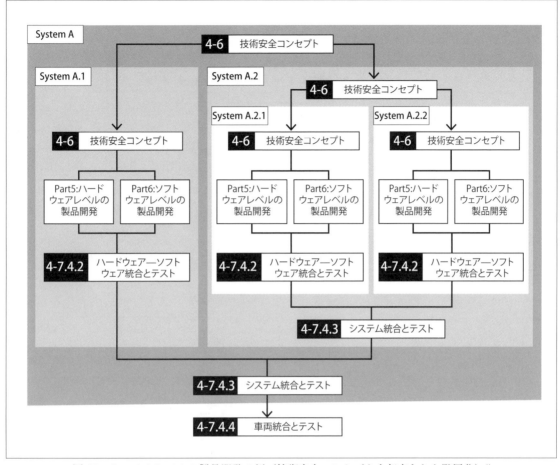

図 6.5　システムレベルの製品開発の例（技術安全コンセプトを起点とした階層化）[2]

6.6.5　ISO 26262　Part5

　技術安全要求に続く安全要求であるハードウェア安全要求を、技術安全コンセプトとシステムアーキテクチャ設計仕様から導出して、ハードウェアエレメントへの割り当てを行う。そしてハードウェア安全要求とハードウェア・ソフトウェア・インタフェース仕様が実現できるよう、それら以外のハードウェア要求も考慮しながらハードウェア設計が行われる。

　ハードウェア開発で重要となるのが、ハードウェアアーキテクチャメトリクスの評価である。シングルポイントフォールト（single-point fault）、レイテントフォールト（latent-fault）、ランダムハードウェア故障（random hardware failure）などの評価が必要で、それぞれ ASIL に応じて**表 6.1 ～ 表 6.3** のような定量的なターゲット値が与えられる。

　シングルポイントフォールトとは、安全機構によって保護されないエレメントに発生し、それ 1 つで直ちに安全目標の侵害につながるフォールトのことである。ASIL C もしくは ASIL D に対しては、ハードウェア部品で発生するシングルポイントフォールトは専用方

策（例えばバーンイン・テスト[8]）などが取られる場合に許容される。レイテントフォールトとは、エレメントに存在しているが安全機構によって検出できないマルチプルポイントフォールトのことである。レイテントフォールトは安全目標を侵害する可能性がある。2つ以上の組み合わせで機能喪失、機能不全にいたるため、通常はフォールトが発生しても直ちに安全目標を侵害することはない。ただし、ASIL C もしくは ASIL D では分析が求められるものである。

ランダムハードウェア故障（random hardware failure）の評価で用いられる、ランダムなハードウェアの確率的メトリック（PMHF, Probabilistic Metric for random Hardware Failures）とは、FMEDA（Failure Modes, Effects, and Diagnostic Analysis）などの定量的な分析によって導かれる数値である。概念的には経年劣化等に基づく故障率のことであるが、安全側故障の故障率は除かれる。

なお、これらメトリックの具体的かつ詳細な定義や導出手順は本書の範囲を超えるため割愛する。

ハードウェア設計では、上記のハードウェアアーキテクチャメトリクスの評価を行いながら、ターゲット値を満たすように設計していくことになる。FMEDA を用いて、部品・コンポーネントごとの FIT（Failures In Time）値や故障モード、安全機構、それによる

表 6.1 シングルポイントフォールトメトリックの目標値[9]

	ASIL B	ASIL C	ASIL D
シングルポイントフォールトメトリック	≧ 90%	≧ 97%	≧ 99%

表 6.2 レイテントフォールトメトリックの目標値[10]

	ASIL B	ASIL C	ASIL D
レイテントフォールトメトリック	≧ 60%	≧ 80%	≧ 90%

表 6.3 安全目標侵害に関するランダムハードウェア故障の目標値

ASIL	ランダムハードウェア故障の故障率
D	$< 10^{-8} h^{-1}$
C	$< 10^{-7} h^{-1}$
B	$< 10^{-7} h^{-1}$

[8] 製品出荷前に行われるテスト。実際の使用環境や使用法と同じように稼動させてみて、性能や機能などが仕様通りに発揮されるか、不良箇所がないかなどを調べるもの。また、高温や低温、多湿、高負荷など過酷な条件下で長時間あるいは長期間連続で運転することで故意に製品を劣化させ、耐久性や耐用期間を検査、検証するテストを指すこともある。
[9] シングルポイントフォールトメトリック（SPFM, Single-Point Fault Metric）
[10] レイテントフォールトメトリック（LFM, Latent-Fault Metric）

カバレッジなどを計算していくことなどが安全活動の主となる。安全機構についてはハードウェアだけでなく、ソフトウェアで実現されるものもあり、そうした安全機構の設計はPart6の対象となる。

これ以外に、Part5ではハードウェア統合と検証について規定されている。

6.6.6　ISO 26262　Part6

技術安全要求に続くもう一つの安全要求であるソフトウェア安全要求を、技術安全コンセプトとシステムアーキテクチャ設計仕様から導出して、実装に必要なソフトウェアの安全関連の機能と特性を定義する。そしてソフトウェア安全要求とハードウェア・ソフトウェア・インタフェース仕様が実現できるよう、それら以外のソフトウェア要求も満たすようにソフトウェア設計が行われる。そして、ソフトウェアのユニット設計（unit design）と実装（implementation）ののちに、ソフトウェアユニット検証、ソフトウェア統合と検証となる。ターゲット環境においてソフトウェアの安全要求が満たされていることは、組込みソフトウェア（embedded software）のテストによって行われる。本節では、それらの一部を解説する。

ソフトウェア開発では、システマティックフォールトを扱っている。安全を達成、維持するための安全分析なども含まれているが、通常のソフトウェアのV字モデルによる開発を行うことになる。基本的に、ソフトウェア安全要求に対してバグがないようソフトウェアを設計、実装、検証、テストすることが思想となっており、規格中の要求事項の数々は、システマティックフォールトの混入を低減するための事項と言えるものが多い。そのことで、ソフトウェア安全要求を確からしく実現することになる。

システマティックフォールトの混入を低減するための要求事項は、非常に多彩である。例えば、要求仕様やアーキテクチャ設計を準形式表記で記述すること、複雑なアーキテクチャやプログラムを避けること、ソフトウェアユニットレベルで構造カバレッジによる評価を行うこと、テスト可能性を確保すること、そしてそれらをレビューなどで検証していくことなどがある。ウォークスルー（walk-through）やインスペクション（inspection）などの厳格なレビューは、特にソフトウェアにおいては重要な安全方策といえる。機能安全の前提となるQMSは、ソフトウェアでは特に大切な土台となる。

ソフトウェアの安全分析としては、ソフトウェア安全要求を侵害しないことをアーキテクチャレベルで実現すること、及び、その検証を目的とする。必要に応じて（すなわち安全分析の結果、ソフトウェアにとどまらない影響が生じる場合）、システムレベル（Part4）に結果をフィードバックし、システムレベルでの設計に修正が生じることがある。又は、システムレベルの安全分析に関与することがある。

ソフトウェアレベルでの安全分析では、システマティックフォールトによる影響などを回避するための分析をし、その結果として安全機構を設けることがある。ソフトウェアで実現する安全機構としては、パーティショニングなどの非干渉（FFI: Freedom From

Interference、安全要求を侵害する連鎖故障がないこと）などがある。なお、ソフトウェアの安全分析では、安全機構を設けることによる方策だけでなく、安全要求の侵害を評価するために、バグの発生メカニズムを十分に発想することも有効となる（コラム及び第9章を参照）。

　ソフトウェアは、コンパイラやモデルベース開発、静的なコード解析など、ソフトウェアツールの重要度が高まっている。そのために、Part8によるソフトウェアツール使用に

コラム 14　ISO 26262, Part6 における要求事項の例

　下表[2]は、規格書Part6のソフトウェアアーキテクチャ設計を検証する手法である。「+」は推奨する（recommended）、「++」は強く推奨する（highly recommended）技法である。「o」は推奨も非推奨もしない（no recommendation）。ソフトウェアアーキテクチャ設計の検証では、これら手法を用いて「ソフトウェアアーキテクチャ設計がASILに応じたソフトウェア（安全）要求へ適合していること」、「ソフトウェアアーキテクチャ設計のレビューや検査（investigation）が、ASILに応じたソフトウェア（安全）要件を満たすための設計として適合していることの証拠を提供していること」、「対象ハードウェアを含むターゲット環境に対する互換性」、「設計ガイドラインに対する厳守（順守性）」などを検証する。

H.Y

表 ソフトウェアアーキテクチャ設計の検証のための手法（規格中の注記は除く）

手法（method）		ASIL			
		A	B	C	D
1a	設計のウォークスルー（Walk-through of the design）	++	+	o	o
1b	設計のインスペクション（Inspection of the design）	+	++	++	++
1c	設計の動的挙動のシミュレーション（Simulation of dynamic behaviour of the design）	+	+	+	++
1d	プロトタイプ生成（Prototype generation）	o	o	+	++
1e	形式検証（Formal verification）	o	o	+	+
1f	コントロールフロー分析（Control flow analysis）	+	+	++	++
1g	データフロー分析（Data flow analysis）	+	+	++	++
1h	スケジューリング分析（Scheduling analysis）	+	+	++	++

第 6 章　自動車の機能安全 /ISO 26262

対する信頼性評価も特に重要となる。また、ソフトウェアコンポーネントの認定、サプラ
イヤに開発を委託する際のサプライヤ選定、実施、監視なども合わせて重要となってくる。
これらは、ソフトウェアに限った内容ではないが、大規模化・複雑化するソフトウェアに
おいてはすべてを新規かつ自社で開発できなくなってきている。安全関連のコンポーネン
トの認定やサプライヤへの開発委託については、増える傾向にあると思われる。

6.6.7　ISO 26262　Part7

　生産、運用、サービスと廃棄にかかわる内容を扱っている。この Part では計画からそ
の実施にいたるまで、ASIL の区別なく要求事項が規定されている。本書では割愛する。

コラム15　ISO 26262 のソフトウェア開発で求められること

　一般に、製品においてソフトウェアだけで安全を考えることは難しい。これは車
載製品においても同じである。ISO 26262 ではアイテム定義を行い、その中にシ
ステム、そしてハードウェアとソフトウェアがある。アイテム内の組込みソフトウェ
アには、安全を達成する上で実現すべき機能がある。例えば、ソフトウェアで実
現するような安全機構もその一つである。

　こうしたソフトウェアは、基本的に安全要求を侵害するようなバグのないことが
求められる。ISO 26262 では安全度水準ごとに、バグを生み出さないようさまざ
まな手法や考え方が示されており、ソフトウェア開発フェーズごと（clause ごと）
の目的を達成しなければならない。バグの発生を低減するための考え方の例として
は、複雑なソフトウェアを避けると言うものがある。規格では具体的に要求してい
ないが、ソフトウェアでもメトリックを活用して複雑性を評価することが多い。

　ソフトウェアの安全分析は、システマティックフォールトによる影響などを回避
するための分析を行うが、分析はソフトウェアの中だけにとどまらないことが多く
ある。ソフトウェアで発見された設計上のリスクは、システムにフィードバックす
ることがある。他方、ソフトウェアだけで見た場合でも、バグを生み出さないために、
想定外の条件の組み合わせでバグが混入しないかを検証することを目的に、FMEA
や FTA, HAZOP を活用することも有益である。（第 9 章参照）

　本文中に述べたエレメント間の非干渉を実現する際にも、安全分析が必要といえ
る。非干渉では、低い ASIL から、それより高い ASIL への（安全要求を侵害するよ
うな）連鎖故障が存在しないことを分析し、実現、検証することなどが必要である。

H.Y

6.6.8 ISO 26262 Part8

Part8 には支援プロセスが規定されている。**図6.2** にあるように、この Part は以下のような Clause で構成されている。これらの内容は、各 Part に対して横断的に参照される内容となっており、機能安全を達成、維持する上で重要な多くの要求事項が定められている。通常の QMS と共通する部分も多い。

- 分散開発におけるインタフェース（interfaces within distributed developments）
- 安全要求の仕様と管理（specification and management of safety requirements）
- 構成管理（configuration management）
- 変更管理（change management）
- 検証（verification）
- 文書管理（documentation management）
- ソフトウェアツール使用に対する信頼性（confidence in the use of software tools）
- ソフトウェアコンポーネントの認定（qualification of software components）
- ハードウェアエレメントの評価（evaluation of hardware elements）
- 使用実績による証明（proven in use argument）
- ISO 26262 の範囲外のアプリケーションとのインタフェース（interfacing an application that is out of scope of ISO 26262）
- ISO 26262 に従った開発ではない安全関連システムの統合（integration of safety-related systems not developed according to ISO 26262）

本書では、個々の内容を詳述しないが、分散開発におけるインタフェースと変更管理、ソフトウェアツール使用に対する信頼性、ソフトウェアコンポーネントの認定を取り上げて、概説する。

分散開発におけるインタフェースとは、顧客が供給者（サプライヤ）を評価・選定することや、サプライヤでの開発実施にかかわる内容などが規定されている。ISO 26262 では、このような分散開発時に分散開発協定（DIA, Development Interface Agreement）を締結することを求めている。開発者は、分散開発を行うこと、分散開発を行う範囲、そしてサプライヤの選択・決定ができるが、分散開発を行わない場合と同等の安全や品質を確保することが前提と考えるべきである。分散開発時の機能安全管理や確証方策などの内容は、サプライヤごとに DIA に応じて対応することになる。

変更管理は、安全ライフサイクルを通して、安全関連の作業成果物、アイテム、及びエレメントへの変更を分析及び管理することである。特に、変更要求時に実施する影響分析（impact analysis）は重要であり、変更する直接の箇所だけではなく、影響を及ぼす範囲を抜け漏れなく識別し、変更による機能安全への潜在的な影響や、実際の変更実施と検証のスケジュールを分析に含めなければならない。分散開発先からの変更要求の場合もある

第 6 章　自動車の機能安全 / ISO 26262

が、そうでなくても、変更による影響が分散開発先に及ぶこともある。変更の実施・評価では、開発先を含めて抜け漏れない対応が必要である。

　ソフトウェアツール使用に対する信頼性は、開発中に使用するすべてのソフトウェアツールに対して、信頼性を評価する内容を規定している[11]。それぞれのソフトウェアツールに対して、TI（Tool Impact）、TD（Tool error Detection）を評価した上で、**表6.4**に従って TCL（Tool Confidence Level）を決定する。TCL の値が高ければ、それだけ安全への影響があって設計時に見過ごされやすいことを意味するため、高い信頼性が求められることになる。

・TI（Tool Impact）

　特定のソフトウェアツールの誤動作（malfunction）により、開発中の安全関連のアイテム／エレメントにエラーが取り込まれたり、エラー検出等に失敗したりする可能性のこと。T1, T2 の 2 レベルで評価。

　–T1: 上記の可能性が全くない、と論証できる場合

　–T2: それ以外の全ての場合

・TD（Tool error Detection）

　ソフトウェアツールの誤動作、及び誤動作による誤出力を防止する手段、又は誤動作・誤出力を検出する手段における信頼性。TD1,TD2,TD3 の 3 レベルで評価。

　–TD1: 誤動作、及びそれに対応する誤出力が防止、検出できる信頼性の度合いが高い

　–TD2: 誤動作、及びそれに対応する誤出力が防止、検出できる信頼性の度合いが中程度

　–TD3: それ以外の全ての場合

表6.4　TCL（Tool Confidence Level）の決定表

		TD（Tool error Detection）		
		TD1	TD2	TD3
TI（Tool Impact）	TI1	TCL1	TCL1	TCL1
	TI2	TCL1	TCL2	TCL3

　TCL が 2 もしくは 3 の場合には、ASIL によってソフトウェアツールの信頼性を確保するための推奨事項がある。推奨事項の例としては、使用実績に基づく信頼性の向上、ソフトウェアツールの開発プロセスの評価、妥当性確認、安全規格に基づいた開発などである。ソフトウェアツールは、使用する環境や条件によって振る舞いが変わるため、ここでの信頼性評価は、それらを詳細化して実施する必要がある。ソフトウェアツールは、ツールベンダから購入して使用する場合も多いと思われるが、信頼性評価の実施は、必要に応じて

---

[11] IEC 61508 など、ほかの安全規格にもソフトウェアツールの信頼性にかかわる規定がある。IEC 61508 では、ソフトウェアオフライン支援ツールを T1 〜 T3 で分類しているが、ISO 26262 における TI が 3 つに分かれているような形になっており、TD を用いたレベル分けは行っていない。

ツールベンダからの情報を得ながら利用者側が行うことになる。その際、ソフトウェアツールマニュアルやアプリケーションマニュアルにある想定や条件、制限内容と、実際の使用や環境、方法とに不一致がないかどうかも確認する必要がある。

ソフトウェアコンポーネントの認定は、同等の機能又は特性を有する既存のソフトウェアコンポーネントや汎用の COTS（Commercial Off-The-Shelf）ソフトウェアなどが認定の対象となる。ASIL に応じて新規で ISO 26262 に基づいた開発をする場合と同程度の安全や品質を達成、維持していると論証できる場合に用いられる。認定対象のソフトウェアコンポーネントに対して、ISO 26262 に基づいた開発そのものを求めているわけではないが、ソフトウェアコンポーネントの意図する使用に対して、ASIL に応じて再利用するのに適していることの証拠（evidence）が必要と言うことである。アプリケーションマニュアルや既知のアノマリーなどの情報から、安全要求を侵害しないことを示す必要がある。その際に、使用環境による違いがあればそれも考慮する必要がある。

6.6.9　ISO 26262　Part9

ASIL テーラリングに関する要求の分解（requirements decomposition with respect to ASIL tailoring, 以後略して ASIL 分解と呼ぶ）と、エレメントの共存のための基準（criteria for coexistence of elements）、従属故障の分析（analysis of dependent failures）、安全分析（safety analysis）を扱っている。これらの内容もまた、各 Part に対して横断的に参照される内容である。

ASIL 分解とは、ISO 26262 における独自の考え方で、安全要求を冗長な安全要求に分解し、これらが十分に独立した設計エレメントに割り当てられるようにすることである。その際に、定められた ASIL 分解スキーマに従って、ASIL 分解が適用できる。ここで、独立したエレメントとは、エレメント間に安全要求を侵害するような連鎖故障及び共通原因故障がないこととされている。

表 6.5 が基本的な ASIL 分解スキーマである（さらに段階的に詳細な ASIL 分解も適用できる）。例えば、ASIL D の要求は 3 つのいずれかの分解が可能である。

・一つの ASIL C（D）の要求と一つの A（D）の要求
・一つの ASIL B（D）の要求と一つの B（D）の要求
・一つの ASIL D（D）の要求と一つの QM（D）の要求

例えば 2 つ目の意味は、エレメント E に配置された（割り当てられた）ASIL D の要求 X は、

エレメント E.1 に配置された（割り当てられた）ASIL B（D）の要求 X.1 と

エレメント E.2 に配置された（割り当てられた）ASIL B（D）の要求 X.2 に、

分解できるということである（**図** 6.6）。このとき、エレメント E.1 とエレメント E.2 は独立であることが求められる。

ここで、ASIL α（β）や QM（β）の要求とは、ASIL 分解前の安全要求（安全目標）

がASIL βであることを意味している。ASIL 分解をしたあとでも、分解後のASIL αやQMとして実施する安全活動だけでなく、分解前のASIL βとして実施しなければならない安全活動が残されている。

そのほかASIL分解について、条件の詳細などは、規格書を参照されたい。

エレメントの共存のための基準では、安全関連のサブエレメントとQMのサブエレメントや、ASILの異なるサブエレメントが同じエレメント内に共存するための基準が示されている。

従属故障の分析では、従属故障の潜在的な原因などを分析することで、設計で要求される独立性や非干渉が達成されているかを確認するために行われる。必要に応じて従属故障を防ぐもしくは軽減するための安全方策を定義する。

安全分析についても、その実施の目的や手法について、規格としての推奨事項や要求事

表6.5 ASIL 分解のスキーマ

ASIL 分解前	ASIL 分解後
ASIL D	ASIL D (D) ＋ QM (D)
	ASIL C (D) ＋ ASIL A (D)
	ASIL B (D) ＋ ASIL B (D)
ASIL C	ASIL C (C) ＋ QM (C)
	ASIL B (C) ＋ ASIL A (C)
ASIL B	ASIL B (B) ＋ QM (B)
	ASIL A (B) ＋ ASIL A (B)
ASIL A	ASIL A (A) ＋ QM (A)

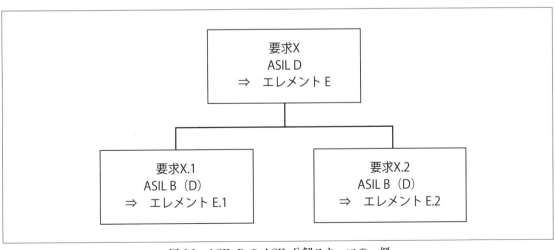

図6.6 ASIL D の ASIL 分解スキーマの一例

項を定めている。

6.6.10 ISO 26262 Part10

ガイドラインを扱っている。本 Part には具体的な要求事項はないが、ISO 26262 のほかの Part に対する考え方や補足がガイドラインとして記されている。

6.6.11 ISO 26262 Part11

ISO 26262:2018 で新しく制定された Part で、ISO 26262 の半導体への適用に関するガイドライン（guidelines on application of ISO 26262 to semiconductors）となっている。本書では割愛する。

6.6.12 ISO 26262 Part12

ISO 26262:2018 で新しく制定された Part で、モーターサイクルのための ISO 26262 の適応（adaptation of ISO 26262 for motorcycles）となっている。本書では割愛する。

コラム 16　ISO 26262 における安全要求の導出と STAMP/STPA との比較

　本章では、ISO 26262 の 5 つの安全要求（安全目標、機能安全要求、技術安全要求、ハードウェア安全要求、ソフトウェア安全要求）について述べた。以下の表 A は、ISO 26262 における安全要求の導出と、第 8 章で述べる STAMP/STPA との比較である[3]。

　そして表 B は、ISO 26262 におけるシステム FTA 又はシステム FMEA と STAMP/STPA との比較である[3]。

　表 A と表 B でまとめた比較結果から、従来手法でコンポーネント単位の機能不全に着目した分析を行い、併せて STAMP/STPA を用いることで、相互作用にかかわる故障モードを系統的に導出・分析できることが分かる。現状では、STAMP/STPA のようなリスクアセスメント手法は ISO 26262 のスコープ外であるが、車載製品としての安全論証を補強するものと考えることができる。

H.Y

第6章　自動車の機能安全/ISO 26262

コラム16

表A　ISO 26262 における安全要求の導出と STAMP/STPA との比較

	ISO 26262 における安全要求の導出	STAMP/STPA
段階（フェーズ）	コンセプト	（明確な規定はない） コンセプトやシステム（もしくはコンセプトよりさらに上位）を想定
構成図 （エレメント間や外部とのインタラクションの記載を含む）	アーキテクチャ図にインタラクションも記載されるのが一般的（ただし、インタラクションの記載に関して規格での明確な規定はない）	コントロールストラクチャーにインタラクションも記載 （インタラクションを記載するよう明確に規定されている）
手順	1) ハザード分析とリスクアセスメント及び安全目標の導出 2) 機能安全要求の導出 3) 機能安全コンセプト（配置） 4) 技術安全要求の導出 5) 技術安全コンセプト（配置）	Step 0：（準備1）アクシデント、ハザード、安全制約の識別 Step 0：（準備2）コントロールストラクチャーの構築 Step 1：非安全なコントロールアクション（UCA）の抽出 Step 2：ハザード誘発シナリオ（HCS）の特定

表B　ISO 26262 におけるシステム FTA 又はシステム FMEA と STAMP/STPA との比較

	ISO 26262 におけるシステム FTA 又はシステム FMEA	STAMP/STPA
段階（フェーズ）	システム	（明確な規定はない） コンセプトやシステム（もしくはコンセプトよりさらに上位）を想定
障害の箇所	エレメント間や外部とのインタフェース上に現れる障害（エレメント間や外部とのインタラクション）に着目	（同左）
障害の要因	各エレメントのランダムハードウェア故障やシステマティック故障に着目	左記に加え、複数のエレメント間や、人間（ドライバー）、車両等との相互作用にかかわるハザード要因にも着目
故障モードの分析段階	故障モードは一般的に段階化せずに分析	故障モードを2段階で分析 Step 1：非安全なコントロールアクション（UCA）の抽出 検討対象のコントローラー間のコントロールアクションに着目して抽出する。 Step 2：ハザード誘発シナリオ（HCS）の特定 コントロールストラクチャーの各コンポーネント間のインタラクションに着目して網羅的に分析する手法が推奨されている。
故障モードのガイドワード、ヒントワード	規格での明確な規定はないが、一般的に HAZOP ガイドワードや、失敗事例やフィールドデータを含む既存の知識を利用	独自のガイドワード、ヒントワードを定義 UCA については、4つのガイドワードが定義されている。（「与えられない」、「ハザードを誘発する不正内容が与えられる」、「早すぎ、遅すぎ」、など） また、HCS については、相互作用としてフィードバックへの影響も明記したヒントワードが提案されている。（例：「不適切なフィードバック、あるいはフィードバックの喪失」など）

6.7 本章のまとめ

　本章では、自動車の機能安全規格である ISO 26262 について、以下の内容について概説した。

- ・ISO 26262 の発行と概略
- ・ISO 26262 策定の背景
- ・ISO 26262 と安全論証
- ・ISO 26262 のスコープ
- ・安全ライフサイクル
- ・ISO 26262 の各パートの構成

　特に、入門編として規格の全体像が把握できるようにし、ISO 26262 の考え方を理解するために、いくつかのトピックスを述べた。

　ISO 26262 は、2018 年に第 2 版が発行されて、自動車だけでなくモーターサイクル、トラック、バスにも適用されている。当該の製品にとっては必須の安全規格である。今後の自動運転の普及などを見据えると、本規格だけで安全を確保することはできないが、本書第 8 章コラムで紹介する SOTIF（Road vehicles—Safety of the intended functionality）[4]や新しい安全分析手法（第 8 章）への期待もある。

参考文献（第 6 章）

1) 日経エレクトロニクス編，特集「クルマの電子安全 始まる」，2011 年 1 月 10 日号（no. 1047）．

2) ISO 26262: 2018「Road vehicles — Functional safety —ALL PARTS」

3) IoT システム安全性向上技術 WG 著，「はじめての STAMP/STPA 活用編」，情報処理推進機構（IPA），(2018)

4) Publicly Available Specification ISO/PAS 21448: 2019「Road vehicles—Safety of the intended functionality」

MEMO

第7章

生活支援ロボットの安全 /ISO 13482

　本章では、生活支援ロボットの安全規格である ISO 13482 について解説する。
　ISO 13482 は、産業用や医療用を除いて、人の生活の質を向上するのに直接寄与するタスクを実行するロボットについて、安全にかかわる要求事項を規定している。ここでは、生活支援ロボットの定義や位置づけ、規格制定の背景などを説明したあと、ISO 13482 の構成や安全設計の流れについて、簡単な事例を用いながら、概略を説明する。

7.1 ロボット・ロボティックデバイスの定義

ISO 13482（JIS B 8445）[1] の名称は「Robots and robotic devices -- Safety requirements for personal care robots（ロボット及びロボティックデバイス−生活支援ロボットの安全要求事項)」である。一般に、ロボットには多様な定義が存在する。ロボット及びロボティックデバイスに関する用語を定義している ISO 8373（JIS B 0134）[2] では、ロボットを「二つ以上の軸についてプログラムによって動作し、ある程度の自律性を持ち、環境内で動作して所期の作業を実行する運動機構」として定義している。一方、ロボティックデバイスとは、ロボットの特徴を備えているが、ロボットの定義であるプログラムできる軸数が「二つ以上の軸」（産業用ロボットでは3軸以上）もしくは「ある程度の自律性」の条件を満たしていないものをいう。

ISO 13482 では、上記のロボットの定義において、「動作」を「移動」に、「運動機構」を「作動メカニズム」に変更したものとなっている。これは、ISO 8373 が産業用ロボットのような据え置き型も想定しているためである。また、ISO 13482 では、特にロボットとロボティックデバイスを分けて要求事項を規定していないため、両者を強く意識する必要はない。プログラムによって、自律性を持ちながら意図した動作を行うものを、広く規格の対象として捉えるべきである。

7.2 規格から見たロボットの分類と生活支援ロボットの位置づけ

ISO 13482 のスコープである「生活支援ロボット」を理解するために、ロボットの分類を説明する。それを図示したのが、**図 7.1** である。

ISO 13482 は、生活支援ロボットにかかわる安全規格であり、ロボットのうち「産業用ロボット」、「医療用ロボット」は除かれる。そして、生活支援ロボットであっても、ISO 13482 として、以下のようなロボットに対する要求事項は規定していない。

・時速 20km 以上で移動するロボット

・ロボット玩具

・水中ロボット及び空中ロボット

・軍事用ロボット

このため、「自動運転車」や「ドローン」などは ISO 13482 のスコープ外である。また、「ロボット掃除機」や「ロボット芝刈り機」など、家庭での使用を想定した「家庭用ロボット」の安全性に関する国際標準化は ISO 13482 の制定とは別に進められている。

すなわち、ISO 13482 の対象としている「生活支援ロボット」は、規格内で明示されている次の3つのカテゴリに特定されると考えればよい。

・移動作業型ロボット（Mobile servant robot）

・身体アシストロボット（Physical assistant robot）

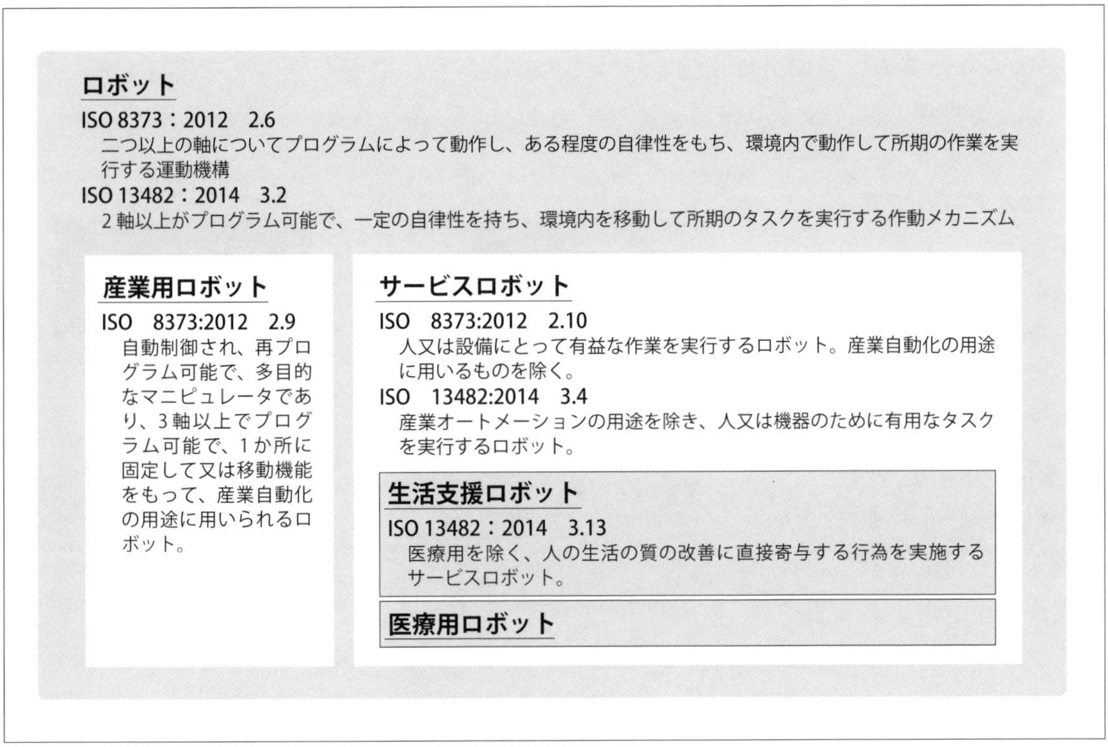

第 7 章　生活支援ロボットの安全 /ISO 13482

```
ロボット
 ISO 8373：2012　2.6
  二つ以上の軸についてプログラムによって動作し、ある程度の自律性をもち、環境内で動作して所期の作業を実
  行する運動機構
 ISO 13482：2014　3.2
  2軸以上がプログラム可能で、一定の自律性を持ち、環境内を移動して所期のタスクを実行する作動メカニズム

  産業用ロボット                サービスロボット
   ISO 8373:2012　2.9           ISO 8373:2012　2.10
    自動制御され、再プロ          人又は設備にとって有益な作業を実行するロボット。産業自動化の用途
    グラム可能で、多目的          に用いるものを除く。
    なマニピュレータであ         ISO 13482:2014　3.4
    り、3軸以上でプログラ          産業オートメーションの用途を除き、人又は機器のために有用なタスク
    ム可能で、1か所に             を実行するロボット。
    固定して又は移動機能
    をもって、産業自動化          生活支援ロボット
    の用途に用いられるロ          ISO 13482：2014　3.13
    ボット。                       医療用を除く、人の生活の質の改善に直接寄与する行為を実施する
                                  サービスロボット。

                                 医療用ロボット
```

図 7.1　ロボットの定義と分類

・搭乗型ロボット（Person carrier robot）

ISO 13482 では、これらのタイプごとに要求事項の内容が異なる。

実際には一つのタイプに分類するのが難しいロボットもあるが、開発するロボットがどの分類の要求事項を満たす必要があるのかを、注意深く判断しなければならない。

7.3　生活支援ロボットの3つのタイプ

ここでは、ISO 13482 で定義される「移動作業型ロボット」、「身体アシストロボット」、「搭乗型ロボット」について、それぞれどのようなものなのかを具体例で紹介する。

(1) 移動作業型ロボット

「物体の取扱い又は情報交換のような、人と相互作用しながら支援タスクを実行する、移動能力を持つ生活支援ロボット」と定義される。案内ロボット、搬送ロボット、巡回ロボットなどを想定したカテゴリである。

図 7.2　移動作業型ロボットの例
SUBARU 製自律式無人清掃ロボット（写真）160SX

(2) 身体アシストロボット

「個人の身体能力の補助又は増強を行うことによって、必要なタスクを実行するためにユーザーを物理的に支援する生活支援ロボット」と定義される。主に、パワードスーツ、パワーアシストスーツを想定したカテゴリである。介護用として、介護者の負担軽減や、被介護者の運動支援などに使われることが多い。

(3) 搭乗型ロボット

「意図した目的地まで人を輸送する目的を持った生活支援ロボット」と定義される。セグウェイに代表されるようなパーソナルモビリティ（一人乗り移動支援機）などが対象となる。

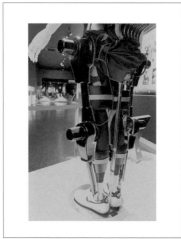

図 7.3　身体アシストロボットの例
（写真）Yuichiro C. Katsumoto

図 7.4　搭乗型ロボットの例
（写真）wHyC@Re

7.4　ISO 13482 制定の背景と安全規格における位置づけ

(1) ISO 13482 制定の背景

ロボットの安全規格としては、1990 年代から産業用ロボット向けの ISO 10218 がある。この規格や日本の労働安全衛生規則は、基本的にロボットと人間は隔離され、危険事象の発生時には直ちにロボットを停止させるという思想で作成されていた。

これに対して、近年は掃除用ロボットや案内ロボット、パーソナルモビリティ、介護ロボットなど、家庭内や公共の場所などで人間とロボットが隔離されない空間で共存することが増えてきている。

そのため、「ロボットとロボティックデバイス」、「パーソナルケア・ロボット」に対する安全規格の検討が始まった。ISO では 2009 年に ISO 13482 を策定するための WG が承認され、2014 年 2 月に ISO 13482 が発行された。

ISO 13482 発行後、国内では、2016 年 4 月に ISO 13482 の JIS 版として JIS B 8445 が発行された。これは、基本的に ISO 13482 の技術的内容及び構成を変更すること無く作成されたものであるが、ISO に対して日本からの提案が反映しきれていない部分などを修正している。そのため、本書は JIS B 8445 の内容も踏まえて解説している。

また、ISO 13482 は生活支援ロボットの 3 タイプに対する安全要求事項を定めたものであるが、解釈の幅が広い概念的な規格となっており、特定のロボットの製品化にあたっては具体性に欠けている。そのため、産業界を中心に要請がなされ、3 タイプそれぞれに対して日本独自の規格として生活支援ロボットの安全要求事項 JIS B 8446 規格群（JIS B 8446-1「第 1 部：マニピュレータを備えない静的安定移動型ロボット」、JIS B 8446-2「第 2 部：低出力装着型身体アシストロボット」、JIS B 8446-3「第 3 部：倒立振子制御式搭乗型ロボット」）が 2016 年 4 月に発行された。

このうち、2015 年時点で国内市場には JIS B 8446-2 に対応する腰補助用装着型身体アシストロボットが複数社より製品化されていたが、製品間の性能を統一して比較する基準が制定されていなかったため、市場の発展を妨げているという状況があった。そこで、市場の拡大を促進することを目的として、腰補助用に適用範囲を絞った安全要求事項と適用事項を定めた JIS B 8456-1「生活支援ロボット－第 1 部：腰補助用装着型身体アシストロボット」が 2017 年 10 月に発行された。ISO 13482/ JIS B 8445 に従う製品開発では、ロボットの種別に応じて、追加の要求事項を定める JIS B 8446-1, JIS B 8446-2, JIS B 8446-3, JIS B 8456-1 を参照するとよいだろう。

(2) 安全規格での位置づけ

ISO 13482 は ISO/IEC Guide 51 におけるタイプ C 規格（製品安全規格）である。

リスクアセスメントについては機械類の安全設計に関する規格 ISO 12100[6]（JIS B 9700）に沿っており、これに生活支援ロボット特有の部分を追加したものとなっている。ISO 13482 で示されている危険源のリストも ISO 12100 を基にしている。

用語及び定義は、7.1 節で述べた ISO 8373 のほか、ISO 12100 を使用しつつ、拡張、修正している。

安全関連制御システムに関する要求事項は ISO 13849[7,8]（JIS B 9705「機械類の安全性 -- 制御システムの安全関連部」）と IEC 62061[9]（JIS B 9961「機械類の安全性 -- 電気・電子・プログラマブル電子制御システムの機能安全」）の考え方を採用し、これらのうちどちらかに適合させる必要がある。（安全度にかかわる基準として前者は PL を、後者は SIL を定めており、ISO 13482 では選択可能となっている。）

また、産業用ロボットの安全規格 ISO 10218-1（JIS B 8433-1）は、ISO 13482 を補完する位置づけとなっている。

この他にも、電気、音響、非電離放射、人間工学などに関わる危険源に対する要求事項として、ISO, IEC, EN, JIS の各規格が引用されているのが特徴である。

7.5 ISO 13482 の構成

表 7.1 に、ISO 13482 の構成とその概要を述べる。

表 7.1 ISO 13482 の構成とその概要

箇条	表題	概要
	序文	規格の概要説明
1	適用範囲	この規格が対象とするロボットのタイプ、危険源について規定
2	引用規格	この規格に引用されたり、規定の一部をなしている規格の一覧
3	用語及び定義	この規格で使用する用語の定義（ISO 8373/JIS B 0134、ISO 12100:2010/JIS B 9700:2013 に定義されていない用語、もしくは改変した用語）
4	リスクアセスメント	ISO 12100 に対して、この規格特有となる事項を規定
5	安全要求事項及び保護方策	生活支援ロボットに想定される各危険源に対し、 ・一般 ・本質的安全設計 ・安全防護及び付加保護方策 ・使用上の情報 ・検証及び妥当性確認 の各要求事項を規定
6	安全関連制御システムに対する要求事項	5 のリスク低減の方法として、制御システムを採用した場合の、生活支援ロボットに想定される機能ごとの要求事項を規定
7	検証及び妥当性確認	5.x.5、5.x.x.5（x は節や項番号に該当する数値）の検証及び妥当性確認に対する確認方法の詳細
8	使用上の情報	5 の使用上の情報に対する要求事項の詳細
附属書 A	（参考）生活支援ロボットの重要危険源リスト	生活支援ロボットに想定される危険源の最低限のリスト
附属書 B	（参考）生活支援ロボットの運転空間の例	ロボットのタイプごとに運転空間をどのように考えるべきかを例示
附属書 C	（参考）安全防護空間の実施例	ロボットと安全関連物体間の相対速度とそれに対応した制御の関連を数式によって例示
附属書 D	（参考）生活支援ロボットの機能的タスクの例	タイプごとに典型的なロボットを図によって示し、それぞれに必要だと想定される機能的タスクを例示
附属書 E	（参考）生活支援ロボットのマーキングの例	8 で使用するマーキングの例を ISO 7010, IEC 60417 より引用して図示
	参考文献	

7.6 ISO 13482 での安全設計

ISO 13482 で規定されている安全設計の実施手順について説明する。

ISO 13482 では、ISO 12100 に従うことが要求されている。そのため、ISO 13482 で直接言及されていない危険源などに対しても ISO 12100 を参照する必要がある。また、保護方策として安全関連制御システム[*1] を採用した場合は、ISO 13849 もしくは IEC 62061 に従った設計を行う。(ISO 12100 におけるリスクアセスメントの詳細に関しては第 3 章、ISO 13849 の詳細及びリスク低減に関しては第 4 章も参照されたい。)

図 7.5 に安全設計全体の流れを示す。各手順において、参照する規格を括弧内に示した。また、図においてグレーでハッチングされている箱は ISO 12100 など ISO 13482 以外の規格を参照すべき部分を表している。そして、矢印付の箱では ISO 13482 の要求事項について、ポイントを簡潔に説明している。

以下では、この**図 7.5** に沿って、ISO 13482 だけでなく、それ以外の規格も含めた統合的な手順として、項目 (1) 〜 (7) までを順に説明する。

(1) 機械類の制限の決定

ISO 12100 の 5.3「機械類の制限の決定」に従い、開発するロボットに対して使用上の制限を決定する。

生活支援ロボットの場合、特に留意すべきなのはどのような人を使用者として想定するかである。例えば、装着型の場合、サイズが合わないと関節・筋肉への負担がかかるなど身体に影響が出る場合がある。搭乗型でも操作装置の位置など、身長によって操作性に影響が出る。そのため、使用する人の年齢・身長・体重・性別・健常者かどうかなどについて、あらかじめ制限する内容を決定する。

JIS B 8446 規格群においては「ロボットの使用を限定することによって、特定の危険源が除去された前提でリスクアセスメントを開始することができる」ことが明記されている。例えば、「段差や障害物などのない環境、監督下にない子どもがいない環境などにおいては、雨風が防げる環境に限定することで、ロボットの意図しない転落 / 転倒、漏電などの特定の危険源は存在しない」としてよいことが示されている。

(2) 危険源の同定

前項で決定した制限に基づいて、ISO 13482 に従って危険源を列挙し、それぞれについて危険事象を想定する。

ISO 13482 附属書 A「生活支援ロボットの重要危険源リスト」や ISO 12100 附属書 B「危険源、危険状態及び危険事象の例」には典型的な危険源と危険源がもたらす潜在的結果が

---

*1)「制御システムの安全関連部（SRP/CS）/ 機械の安全関連電気制御システム（SRECS）」と同義である。

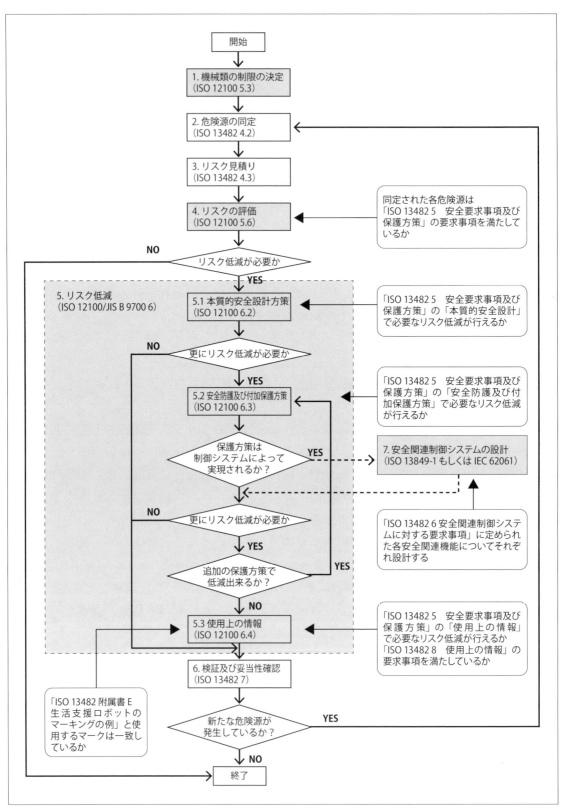

図 7.5 ISO 13482における安全設計の手順（「7. 安全関連制御システムの設計」の詳細は図 7.7 を参照のこと）

リストアップされているため、それぞれの項目が対象のロボットに当てはまるかを判断する。また、対象とするロボットによっては、これらにあげられている項目以外にも危険源が存在する可能性があるため、それらについても考慮する。

ISO 13482 では、箇条 5 にある危険源分類、付属書 A の危険源種別ごとに適合する必要のある、もしくは適合することが望ましい規格、参考にすべき規格が示されているので、遵守すべきである。

具体例として、ISO 13482 の箇条 5（5.3.3）にある「動力故障又は遮断」の危険源では、付属書 A（表 A.1 の番号 13, 14, 15, 16）の危険源種別「エネルギーの蓄積及び供給の危険源」が該当し、IEC 60204-1/JIS B 9960-1（機械類の安全性－機械の電気装置－第 1 部：一般要求事項）が参考にすべき規格として示され、ISO 14118/JIS B 9714（機械類の安全性－予期しない起動の防止）が適合する必要のある規格として要求されている。

（3）リスク見積り

同定された危険源から危険事象を想定したあと、それぞれの危険事象についてリスク見積りを行う。ISO 13482 ではリスク見積りの具体的な方法は明示されておらず、どのような方法をとっても良いが、開発組織やプロジェクトで定義 / 決定した基準やプロセスに従うべきである。

リスク見積りの一例として、「ロボット介護機器開発・導入促進事業」[3] の成果物として公表されている、リスクアセスメントシートにて使用されている積算法＋加算法（ハイ

表7.2　晒される頻度又は時間：F

	基準例	点数
連続的 / 常時	1 回超 / 時の頻度で晒される。 1 回に晒される時間が 60 分超	4
頻繁 / 長時間	1 回以下 / 時の頻度で晒される 1 回に晒される時間が 60 分以下	3
時々 / 短時間	10 回以下 / 日の頻度で晒される 1 回に晒される時間が 30 分以下	2
まれ / 瞬間的	1 回以下 / 日の頻度で晒される 1 回に晒される時間が 10 分以下	1

表7.3　危害の発生確率：Ps

	点数
高い	4
起こり得る	3
起こり難い	2
低い（まれ）	1

表7.4　危害を回避又は制限できる可能性：A

	点数
困難	3
可能	1

表7.5　危害の酷さ：S

	点数
回復に長期治療（1 ヶ月以上）を要する	4
回復に医療措置を要する（短期的治療）	3
応急手当で回復可能（通院不要）	2
対処不要（一時的な痛み（痕の残らない圧迫・打撲）など	1

ブリッド法）を紹介する[4, 5]。

ここで用いられているハイブリッド法では、リスク見積値を下記の式を用いて算出する。

リスク見積値（R）

= 危害の酷さ（S）×（晒される頻度又は時間（F）+ 危害の発生確率（Ps）

+ 危害を回避又は制限できる可能性（A））

表7.2 ～表7.5（上記事業からの情報をもとに作成）に基づくと、これらから算出されるRの値は3 ～ 44の正数値を取ることとなる。ただし、ここで使用されている基準値や点数はあくまでも一例であり、実際には対象者や装置の適用効果などを考慮して値を調整する必要がある。

ハイブリッド法によるリスク見積りの具体例として、次のようなロボットを考える。

生活支援ロボットX：

何らかの作業支援を目的とした装着型のロボット。30分以上連続使用すると、駆動部の発熱により装着面が46℃以上になるケースを考える[*2]。

Fについては、

・装着型のため脱着しない限り常時さらされる

・装着者がやけどとなるほどの高い温度ではないと判断し、脱着を行わない

と考えられるため4と評価。

Psは、

・作業支援が目的である場合、バッテリーが持つ限り目的の作業が終了するまで使用を続ける

・1時間以上の連続使用も想定できる

と考えられるため4と評価。

Aは、

・危険温度に達しても、装着者が認識できれば低温やけどを引き起こす30分となる以前に脱着することが可能である

と考えられるため1と評価。

最後に、Sは、

・実際に低温やけどになると治療に数ヶ月かかる場合がある

・重症の場合は植皮などの手術が必要となる

と考えられるため4と評価。

この結果、リスク見積値Rは36となる。

[*2] ISO 13482の5.7.4.1でユーザが保護されなければならないと示されている極端な温度（10℃～43℃の幅を超える温度）かつ30分から1時間程度で低温やけどを引き起こすと考えられる温度である。

第 7 章　生活支援ロボットの安全 / ISO 13482

(4) リスクの評価

リスク見積りの結果、リスク低減処置が必要かを判断するためにリスクの評価を行う。

リスク低減処置が必要ないと評価された場合は、ここでその危険源及び危険事象に対するリスクアセスメントは終了する。

対象とする危険源や危険事象に対する評価の基準について、ISO 13482 にも、ISO 12100 にも記載されていない場合には、設計者自身が決定する必要がある。

ISO 12100 によれば、機械類又は機械類の一部に関連するリスクは、特定の条件のもと、類似の機械類や機械類の一部と比較することができることが記されている。例えば、搭乗型で移動式のロボットの場合、電動車椅子でのリスクとある程度比較が可能であろう。そのような類似製品との比較ができない場合、判断基準の方針をあらかじめ決定しておくべきである。

特定の危険源については、ISO 13482 の 5.x.1 もしくは 5.x.x.1 に要求事項として記載された内容に従う必要がある。例えば、「電磁障害による危険源」の場合、5.8.1 で、一般には「生活支援ロボットは、電磁両立性（EMC）に関して該当する全ての規格に適合しなければならない」とある。これは電磁両立性の場合、規格に適合していないと、対象のロボット以外の電気・電子装置に影響を与えて予期せぬ危険源や危険事象を招く可能性があるためである。これ自体は周りの環境に何が存在するかが特定できないため、見積りを精度よく行えない。そのため、関連する規格の要求事項に適合しているかで判断する。

これらのリスク評価は、基本的には ISO 12100 に準拠して行えばよいが、後述するような何らかの制御システムによるリスク低減策が必要な場合、ISO 13849 もしくは IEC 62061（高複雑度のプログラマブル電子機器を含む場合などは IEC 61508）に従う必要がある。以下では、前項で取り上げた生活支援ロボット X に関して、ハイブリッド法によるリスク評価と、ISO 13849 ならびに IEC 61508 ベースのリスク評価を行った事例を比較して示しておく。

①ハイブリッド法によるリスク評価例

「ロボット介護機器開発・導入促進事業」[3] では、リスク評価値 R を下記の**表7.6** と照らし合わせてリスク低減の必要性を判断している。前項 (3) で見積もった値は 36 であったので、リスク低減が必須となる。

表7.6　見積値に対する評価とリスク低減の必要性（例）

見積値 R	評価	リスク低減の必要性
15 以上	リスクは高く、受け入れられない	必須、技術的方策が不可欠
7 〜 14	リスクの低減が必要だが、条件付で許容可能	必要、技術的方策が困難な場合は警告表示及び管理的方策も講じる
6 以下	リスクは十分低く許容可能	不要

② ISO 13849 ベースのリスク評価例（第 3 章　図 3.11）

「安全防護及び付加保護方策」として何らかの安全制御システムを採用した場合、プログラマブル電子機器を含まなければ、第 3 章の ISO 13849-1（**図 3.11**）に従ってリスク評価を行うことになる。ここでは、**図 3.11** の記号と、**表 7.2、7.4、7.5** の評価値を以下のように対応させた。

　　　　危害の厳しさ　　S1（軽微）：**表 7.5** のレベル 1-2

　　　　　　　　　　　　S2（過酷）：**表 7.5** のレベル 3-4

　　　　危険源に晒される頻度　　F1（低頻度）：**表 7.2** のレベル 1-2

　　　　　　　　　　　　　　　　F2（高頻度）：**表 7.2** のレベル 3-4

　　　　危険源の回避可能性　　P1（可能）：**表 7.4** のレベル 1

　　　　　　　　　　　　　　　P2（ほとんど不可能）：**表 7.4** のレベル 3

　今回の生活支援ロボット X の事例では、前項（3）に示した評価値から、S2、F2、P1 となるので、**図 3.11** から、PL d となる（第 4 章の**表 4.3** より時間当たり平均危険側故障発生確率　$10^{-7} \leqq \mathrm{PFH} < 10^{-6}$ に相当）。

③ IEC 61508 ベースのリスク評価例（第 3 章　表 3.14）

　プログラマブル電子機器を含む安全制御システムを採用する場合は、**表 3.14** に従ってリスク評価を行う[*3]。上記と同様に、**表 3.14** の記号と**表 7.2 ～ 7.5** の評価値を以下のように対応させた。

　　　　危害の厳しさ　　C1（軽い障害）：**表 7.5** のレベル 1-2

　　　　　　　　　　　　C2（一人以上の重大な障害又は一名の死亡）：**表 7.5** のレベル 3-4

　　　　　　　　　　　　C3（数名の死亡）：該当なし

　　　　　　　　　　　　C4（多数の死亡）：該当なし

　　　　危険源に晒される頻度　　F1（低頻度）：**表 7.2** のレベル 1-2

　　　　　　　　　　　　　　　　F2（高頻度）：**表 7.2** のレベル 3-4

　　　　危険源の回避可能性　　P1（可能）：**表 7.4** のレベル 1

　　　　　　　　　　　　　　　P2（ほとんど不可能）：**表 7.4** のレベル 3

　　　　危害の発生確率　　W1（極めて低い）：**表 7.3** のレベル 1

　　　　　　　　　　　　　W2（低い）：**表 7.3** のレベル 2

　　　　　　　　　　　　　W3（比較的高い）：**表 7.3** のレベル 3-4

　今回の生活支援ロボット X の事例では、前項（3）に示した評価値から、C2、F2、P1、W3 となるので、**表 3.14** から、SIL 2 となる（第 5 章の**表 5.3** より時間当たり平均危険側故障発生確率　$10^{-7} \leqq \mathrm{PFH} < 10^{-6}$ に相当）。

　三つの評価事例を示したが、リスク低減のための具体策に応じて、これらの評価値は変

[*3）表 3.14 はリスクグラフによって SIL を決定するための一つの例であるが、ここでは生活支援ロボット X でも有用と考え、リスク評価に用いている。リスクパラメータの考え方にもよるが、IEC 61508-5 で示されているリスクグラフの一般的スキームからも、SIL 2 となるのは妥当である。

わるかもしれない。ここで示した危害の厳しさや危険源に晒される頻度、回避可能性など
への対応は最終的には設計者が決めるべきものであるので、上記はあくまでその一事例で
ある。ただ、安全制御システムを採用した場合には、ISO 13849、IEC 62061 、IEC 61508
などの規格に準拠して設計する必要があり、第3章～第5章で示した PL や SIL の評価が
必要になることに留意されたい。

（5）リスク低減

ISO 12100 に記載されたスリーステップメソッドに従って、1.「本質的安全設計」、2.「安
全防護及び付加保護方策」、3.「使用上の情報」という優先順位でリスク低減を行う。

5-1）本質的安全設計

危険源ごとに ISO 13482 の 5.x.2、5.x.x.2 の「本質的安全設計方策」の要求事項を
満たすよう設計を行う。

生活支援ロボット X の例の場合、5.7.4.2 が該当し、「熱源を排除又は回避する」、「熱
伝導率が適切な材料及びその表面構造を選択する」という二つの方策が示されている。
前者の方策は、作業支援を行うための駆動機構が熱源であるので、「排除」として駆
動力そのものをなくす方策はとれない。「回避」は馬力を落とすことにより可能であ
るが、所期の目的に必要な馬力を下回る場合にはこの方策もとれない。後者の方策と
して、材料・表面構造の選択により、ある程度温度の上昇を防ぐことは可能である。

後者の方策により温度が 43℃ 以下となることが検証できれば、この危険源に対す
るリスク低減は終了となる。もし、43℃を下回ることができなかった場合、次のステ
ップに進む。

5-2）安全防護及び付加保護方策

危険源ごとに ISO 13482 の 5.x.3、5.x.x.3 の「安全防護及び付加保護方策」の要求
事項を満たすよう設計を行う。

ここで制御システムによる安全方策を選択した場合、箇条6の安全関連制御システ
ムの設計に進む。（項目7）にて概略を説明する。）

生活支援ロボット X の例の場合、5.7.4.3 が該当し、「適切な冷却装置を用いて表面
温度を低減する」、「隔離、又はガードの設置をする」という方策が示されている。

後者の方策では、駆動機構を隔離すると装着者が不安定となり新たな危険源となる
場合も考えられる。また、温度の要求を満たすようガードの設置を行うと、装着者に
かかるロボットの重量が重くなりすぎる場合もありえる。

そこで、生活支援ロボット X では前者の方策をとるとしよう。この場合、以下の
ような制御機構が考えられる。

・温度センサーにより危険温度を検出したら冷却装置を起動
・冷却装置が消費する電力が他の機能に影響を与えないよう、冷却装置の使用電力

をコントロール[*4]

・安全な温度まで下がったことを検出したら冷却装置を停止

真夏で気温40℃の環境での使用など、この方策でも安全な温度に冷却することができない条件が存在する場合、次のステップに進む。

5-3）使用上の情報

危険源ごとにISO 13482の5.x.4、5.x.x.4の「使用上の情報」の要求事項を満たすよう設計を行う。

生活支援ロボットXの例の場合、5.7.4.4が該当し、「ISO 3864-1/JIS Z 9101に従って、極端な温度[*5]になる高温・低温部に示す警告文及びマークの表示を含まなければならない」、「必要ならば、生活支援ロボットの使用、取扱い、保守及び分解時に警戒することについての取扱説明を示さなければならない」となる。

（6）検証及び妥当性確認

（5）において選択した方策によって、確実にリスクが低減できているか、検証及び妥当性確認（以下「検証」と略す）を行う。

検証は、5.1に規定され、「箇条7　検証及び妥当性確認」で実施方法が詳細に述べられている手段のうち、危険源ごとに5.x.5、5.x.x.5で規定されている選択肢から選択し、従うべき要求事項を定めた参照規格がある場合にはそれにも従い、検証を行う。

また、安全関連制御システムによる方策をとった場合、その性能についても検証に含める必要がある。

検証の方法には以下のものがある。

A 検査：視覚や聴覚など人間の五感による状態の検査

B 実地試験：通常及び異常条件下での機能試験、繰り返し試験、性能試験

C 測定：実測値と使用限度値の比較

D 運転中の観察：通常及び異常条件下での運転中にAと同様に機能を点検

E 回路図の精査：回路の設計及び関連使用を組織的にレビュー又は実地検証

F ソフトウェアの精査：ソフトウェアコード及び関連使用を組織的にレビュー又は実地検証（その後、コードの点検もしくはコードの試験を続けることが望ましい）

G タスクに基づいたリスクアセスメントのレビュー：
リスク分析、リスク見積り及び関連文書類を組織的にレビュー又は実地検証

H 配置図及び関連文書の精査：

---

*4）使用中のパワー低下により装着者が不安定となるなど、方策が新たな危険源とならないようにするため。この場合、制御システムによる安全方策を選択したこととなるため、安全関連制御システムの設計（7）に進む。

*5）10℃～43℃の範囲外の温度は極端な温度と見なされる場合がある。そのため、今回の危険源の部位に附属書Eに例示されているISO 7010-W017高温表面のマークを表示し、取扱説明書に高温環境での連続使用による低温やけどに対する警告を記述する。

項番	危険源	危険源の詳細	A：検査	B：実地試験	C：測定	D：運転中の観察	E：回路図の精査	F：ソフトウェアの精査	G：タスクに基づいたリスクアセスメントのレビュー	H：配置図及び関連文書の精査
5.2	電池の充電に関連する危険源	−	−	○	○	○	○	−	−	−
5.3.1	エネルギーの蓄積及び供給による危険源	危険なエネルギー部との接触	○	○	○	−	○	−	−	○
5.3.2		貯蔵エネルギーの制御されていない解放	−	○	−	○	○	−	−	○
5.3.3		動力故障又は運転停止	−	○	−	○	○	−	−	○
5.4	ロボットの通常運転における起動及び再起動	−	−	○	−	○	−	○	−	−
5.5	静電ポテンシャル	−	−	○	−	○	○	−	−	−
5.6	ロボットの形状による危険源	−	○	−	○	○	−	−	−	○
5.7.1	放射による危険源	有害な騒音	−	−	○	−	−	−		
5.7.2		有害な振動	−	−	○	−	−	−		
5.7.3		有害な物質及び流動体	−	−	−	−	○	−	○	○
5.7.4		極端な温度	−	−	○	○	○	−	−	−
5.7.5		有害な非電離放射	−	−	−	−	−	−	○	−
5.7.6		有害な電離放射線	未指定							
5.8	電波干渉による危険源	−	−	○	−	○	○	○	−	−
5.9.2	ストレス、姿勢及び使用法による危険源	肉体的ストレス及び姿勢の危険源	○	−	−	○	−	−	−	○
5.9.3		精神的ストレス及び使用法による危険源	○	−	−	○	−	−	−	○
5.10.2	ロボットの動作による危険源	機械的な不安定性	−	○	−	○	○	−	−	−
5.10.3		移動中の不安定性	−	○	−	−	−	○	−	−
5.10.4		負荷運転中の不安定性	−	○	−	○	−	○	−	−
5.10.5		衝突時の不安定性	−	○	−	−	○	○	−	−
5.10.6		人間装着型身体アシストロボットの装着又は取り外し時の不安定性	−	○	−	○	○	○	○	−
5.10.7		搭乗型ロボットの乗・降時の不安定性	−	○	−	○	−	○	−	−
5.10.8		安全関連障害物との衝突	−	−	○	−	○	○	−	−
5.10.9		人とロボットの相互作用中の危険な身体接触	−	○	○	○	−	○	−	−
5.11	耐久性不足による危険源	−	−	○	−	−	○	−	−	○
5.12	誤った自律判断及び動作による危険源		−	○	○	○	−	○	○	−
5.13	運転中の構成部品との接触による危険源	−	○	○	−	○	−	−	−	○
5.14	ロボットに対する人の認知不足による危険源		−	○	−	○	−	○	○	−
5.15	危険な環境条件		−	○	○	○	−	○	○	−
5.16	位置確認及びナビゲーションの誤差による危険源	−	−	○	○	○	−	○	○	−

図7.6　危険源ごとの検証手法

配置図の設計及び関連文書類を組織的にレビュー又は実地検証

　危険源ごとに、どの方法が選択肢として指定されているかの一覧を**図7.6**に示す。

　5.7.6「有害な電離放射線」は、保護方策を自ら開発する必要があるため、規格では検証の方法を指定していない。

　なお、ここでは危険源ごとの検証手法を説明したが、これらは危険源ごとに危険事象が起きないことを視点として、検証すべきである。

(7) 安全関連制御システムの設計

7-0) 準拠する規格の選択

　5-2）で保護方策として制御システムを選択した場合、ISO 13849-1/JIS B 9705-1「機械類の安全性 - 制御システムの安全関連部 - 第1部：設計のための一般原則」もしくは IEC 62061/JIS B 9961「機械類の安全性 - 安全関連の電気・電子・プログラマブル電子制御システムの機能安全」に従って制御システムの設計を行う。

　安全度にかかわる基準として前者はパフォーマンスレベル（PL）、後者は安全度水準（SIL）を用いる[6]（PL の詳細と SIL との対応関係については第4章、SIL の詳細

表7.7　安全関連制御機能を実現する技術方法ごとの適用範囲

パターン	安全関連制御機能を実現する技術方法	ISO 13849-1/JIS B 9705-1	IEC 62061/JIS B 9961
A	非電気式、例えば油圧式	適用できる	適用できない
B	電気/機械的部品（例えばリレー）又は非複雑電子部品	PL e までの指定のアーキテクチャに適用	SIL 3 までの全てのアーキテクチャに適用
C	高複雑度電子システム、例えばプログラム方式	PL d までの指定のアーキテクチャに適用	SIL 3 までの全てのアーキテクチャに適用
D	A と B の複合	PL e までの指定のアーキテクチャに適用	非電気的な制御システムには、サブシステムとして ISO 13849-1 に適合する部品を用いる
E	C と B の複合	PL d までの指定のアーキテクチャに適用	SIL 3 までの全てのアーキテクチャに適用
F	C と A、又は C と A 及び B との複合	高複雑度電子システムには,ISO13849-1：2006 に指定される PL d までのアーキテクチャ、又はこの規格によるすべてのアーキテクチャを用いることができる	非電気的な制御システムには、サブシステムとして ISO 13849-1 に適合する部品を用いる

＊6）IEC 62061 は、第5章で説明した電気・電子・プログラマブル電子安全関連系の機能安全規格である IEC 61508 の下位規格に属し、基本的な考え方を引き継ぎながら、特に機械産業分野で適用するのに特化して、使いやすくしたものである。なお、IEC 62061 では、機械産業分野に特化しているため SIL 4 は規定されておらず、高頻度作動要求モードのみとなっている。

第7章 生活支援ロボットの安全/ISO 13482

については第5章を参照）。

両者の適用範囲はほぼ重なっており、どちらを適用するかは任意とされている。
参考のため、両規格に提示されている適用範囲の推奨案を**表7.7**として引用する（こ

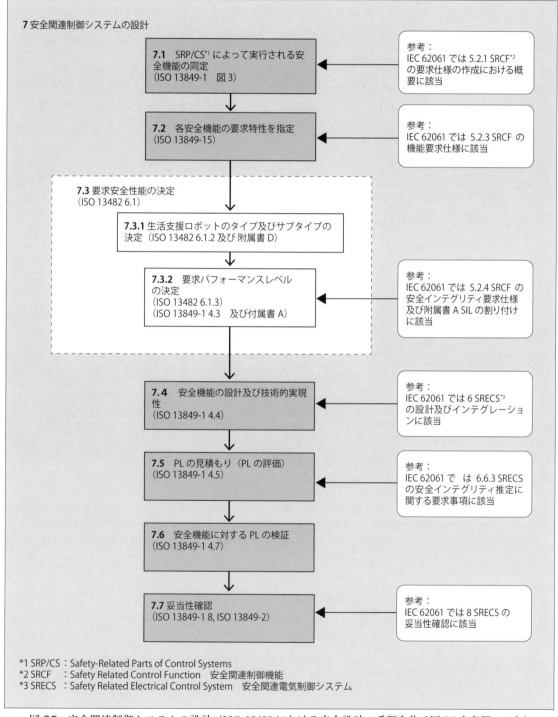

図7.7 安全関連制御システムの設計（ISO 13482における安全設計の手順全体は図7.5を参照のこと）

179

の表の「指定のアーキテクチャ」とは ISO 13849-1 6.2 に示されている）。

パターン A は、負荷の自重によって発生する圧力で急激な落下を防ぐカウンタバランス弁のように、機械の機構のみで制御を行う装置である。パターン B は、第4章　図 4.10 で示したカム位置検出器を備えたインターロックガードのような電気・機械式の装置である。パターン C は、第4章　図 4.13 で示したセーフティライトカーテンのように、センサーの入力を判断し制御を行う装置である。パターン D/E/F はこれらの組み合わせで実現するシステムとなる。

IEC 62061:2005/Amd.1:2012,Amd.2:2015 を反映した JIS B 9961:2015 ではこの表は削除されており、代わりに IEC 62061 と ISO 13849-1 を使用するためのガイダンス IEC/TR 62061-1（ISO/TR 23849）が示されている。ガイダンスの詳細は、本書では割愛する。

規格の選択を行った後は、当該の規格に従って安全関連制御システムの設計を行う。図 7.7 は、ISO 13849-1 に従った設計の流れを示している。矢印付の箱は、参考に、IEC 62061 で該当する設計工程を示したものである。

安全関連制御システム設計についての詳細は省略するが、以下で ISO 13849 に従っ

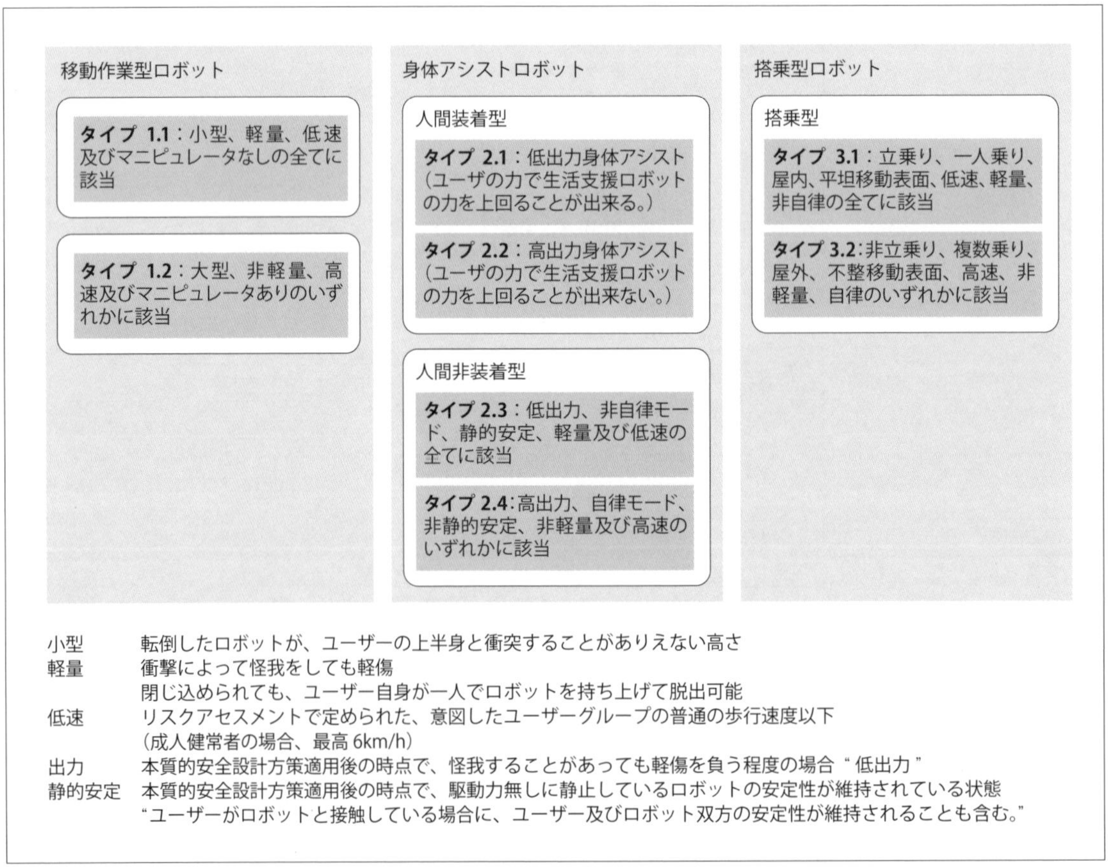

移動作業型ロボット	身体アシストロボット	搭乗型ロボット

移動作業型ロボット

タイプ 1.1：小型、軽量、低速及びマニピュレータなしの全てに該当

タイプ 1.2：大型、非軽量、高速及びマニピュレータありのいずれかに該当

身体アシストロボット

人間装着型

タイプ 2.1：低出力身体アシスト（ユーザの力で生活支援ロボットの力を上回ることが出来る。）

タイプ 2.2：高出力身体アシスト（ユーザの力で生活支援ロボットの力を上回ることが出来ない。）

人間非装着型

タイプ 2.3：低出力、非自律モード、静的安定、軽量及び低速の全てに該当

タイプ 2.4：高出力、自律モード、非静的安定、非軽量及び高速のいずれかに該当

搭乗型ロボット

搭乗型

タイプ 3.1：立乗り、一人乗り、屋内、平坦移動表面、低速、軽量、非自律の全てに該当

タイプ 3.2：非立乗り、複数乗り、屋外、不整移動表面、高速、非軽量、自律のいずれかに該当

小型	転倒したロボットが、ユーザーの上半身と衝突することがありえない高さ
軽量	衝撃によって怪我をしても軽傷 閉じ込められても、ユーザー自身が一人でロボットを持ち上げて脱出可能
低速	リスクアセスメントで定められた、意図したユーザーグループの普通の歩行速度以下 （成人健常者の場合、最高 6km/h）
出力	本質的安全設計方策適用後の時点で、怪我することがあっても軽傷を負う程度の場合〝低出力〟
静的安定	本質的安全設計方策適用後の時点で、駆動力無しに静止しているロボットの安定性が維持されている状態 〝ユーザーがロボットと接触している場合に、ユーザー及びロボット双方の安定性が維持されることも含む。〟

図 7.8　開発するロボットのタイプ

第7章　生活支援ロボットの安全/ISO 13482

た場合を簡単に説明する。

7-1）SRP/CS によって実行される安全機能の同定
　安全関連制御システム設計の最初の工程であり、実行される安全機能（安全関連制御機能）を同定する。

7-2）各安全機能の要求特性を指定
　7-1）の各安全機能に対して、要求される機能とその特性を仕様化する。

7-3）要求安全性能の決定
　要求安全性能を決定する。これは、具体的には次の二つのステップを行うことである。
7-3-1）生活支援ロボットのタイプ及びサブタイプの決定
　図7.8 に従って、ロボットのタイプを8通りから決定する。（ISO 13482　6.1.2 項）
7-3-2）要求パフォーマンスレベルの決定
　ロボットのタイプに従って、以降で設計する安全機能が達成しなければならない

表7.8　開発するロボットのタイプと安全機能による PL/SIL の対応表

			生活支援ロボットの安全機能						
			6.2.2.2	6.2.2.3	6.3/6.5.3	6.4	6.7	6.5.2.1/6.5.2.2	6.6/6.7
			非常停止	保護停止	活動空間の制限（禁止区域の回避を含む）	安全関連速度制御	安全関連力制御	危険な衝突の回避	安定性制御（過負荷防止を含む）
ロボットのタイプ	移動作業型ロボット	タイプ1.1	PL d / SIL2	PL b / SIL1	PL b / SIL1	PL b / SIL1	PL b / SIL1	PL b / SIL1	PL b / SIL1
		タイプ1.2	PL d / SIL2	PL d / SIL2	PL d / SIL2	PL d / SIL2	PL d / SIL2	PL d / SIL2	PL d / SIL2
	身体アシストロボット 人間装着型	タイプ2.1	PL c / SIL1	PL b / SIL1	PL b / SIL1	PL b / SIL1	PL b / SIL1	N/A	N/A
		タイプ2.2	PL d / SIL2	PL d / SIL2	PL d / SIL2	PL b / SIL1	PL e / SIL3	N/A	PL c / SIL1
	人間非装着型	タイプ2.3	PL c / SIL1	PL b / SIL1	PL a	PL b / SIL1	PL a	PL b / SIL1	PL b / SIL1
		タイプ2.4	PL d / SIL2	PL c / SIL1	PL d / SIL2	PL d / SIL2	PL b / SIL1	PL d / SIL2	PL d / SIL2
	搭乗型ロボット	タイプ3.1	PL d / SIL2	PL c / SIL1	N/A	PL c / SIL1	N/A	N/A	PL b / SIL1
		タイプ3.2	PL d / SIL2	PL e / SIL3	PL e / SIL3	PL e / SIL3	N/A	PL e/SIL3	PL d / SIL2

181

PLr を決定する。**表7.8** は IEC 62061 を選択した場合にも対応できるよう、ロボットのタイプと安全機能による PL/SIL の対応関係を簡単にまとめたものである。(ISO 13482　6.1.3 項の表 1 に、対応する SIL を追加)

ISO 13482 では、規格の 6.1.1 に以下の記述がある。

「生活支援ロボットの制御システム機能の要求されるパフォーマンスレベル (PL) 又は安全度水準 (SIL) は、リスクアセスメントによって決定し、ISO 13849-1 又は IEC 62061 のいずれかに適合しなければならない。」

ISO 13482 では、PL/SIL は安全関連制御システムの設計で決定されるが、**表7.8** で示された内容は、あくまで参考値と捉えて、設計対象に応じて適切に決めるべきである。前述の (3) 項、(4) 項で示した生活支援ロボット X の事例では、PL d/SIL 2 という評価であったが、**表7.8** の身体アシストロボット・人間装着型・タイプ 2.1 又は 2.2 では、出力の大きさと安全機能の種類に応じて、PL b (SIL 1) から PL e (SIL 3) までばらついている。ロボットのタイプ、使用環境、設計条件、安全制御機能などから、設計目標としての PL/SIL を決める必要があるが、(3) 項、(4) 項で示した生活支援ロボット X のように、使用温度が故障により上昇して低温やけどなどの障害になるといったリスクは、**表7.8** の速度制御や力制御といった典型的なロボット制御における安全機能からは外れる。温度センサーを用いた非常停止ないし保護停止といった安全防護を図る必要があり、個別のリスクアセスメントで PL/SIL の目標値を決める必要がある。

生活支援ロボットのリスクアセスメントは、そのタイプを限っているとはいえ、使用環境の違いや設計の選択肢が極めて多いといった特徴があり、例えば、本書の第 5 章の機能安全規格 IEC 61508 や、第 6 章の自動車の機能安全規格である ISO 26262 でのリスクアセスメントと異なるように見えるかもしれない。しかし、本章で紹介した生活支援ロボット X のリスクアセスメント事例から、その本質的な方法論は同等であることが理解できよう。

7－4) 安全機能の設計および技術的実現性

実際の安全機能を設計する。詳細は略すが、ここでは以下の内容が考慮され、それぞれに要求事項が定められている。

・ロボットの停止

ロボットの停止には、「非常停止」(6.2.2.2) と「保護停止」(6.2.2.3) がある。

生活支援ロボットの場合は、「保護停止機能」を装備する必要があり、リスクアセスメントの結果によっては「非常停止機能」も装備する。

これらの停止機能は、以下のように定義されている。

非常停止：・人に対する危険源を、又は機械類もしくは工程中のワークへの損害を、避けるか又は低減する。

・人間の単一の動作によって停止指令を出す。

（ISO 12100-1　3.37）

保護停止：安全防護目的で、順序正しい動作の停止を可能にする運転の中断（ISO
　　　　　13482 3.17）

単純化すると、「非常停止」は非常時に人間が起動して、とにかく止めてしまう機能、
「保護停止」は、人もしくは安全機能が起動して、安全をコントロールしながら停
止する機能といえる。

・運転空間の制限
ロボットのタイプにより考慮すべき空間が異なること（附属書B）

・安全関連速度制御
ロボットが危害を及ばさないよう速度を制御すること

・安全関連環境認識
ロボットが危害を及ぼさないよう対象物を認識する機能と、ロボット自身に危害が
及ばないよう移動する空間の表面を認識すること

・安定性制御
転倒・落下などを起こさないよう安定性を制御すること

・安全関連力制御
装着型のロボットの場合では、装着者に危害が及ばないよう人間工学を考慮して力
を制御すること

・特異点保護
速度が予測できない特異点を通過することを制御・回避すること

・ユーザーインタフェースの設計
状態の表示、操縦装置の接続及び切断、複数ロボットに対する一つの操縦装置、複
数の操縦装置による一つのロボットへの制御

・運転モード
「自律モード」、「半自律モード」、「手動モード」、「保安モード」のそれぞれと、そ
の間の遷移

・手動制御装置
操縦装置に関し、「状態表示」、「ラベル表示」、「意図しない運転からの防護」を行
うこと

7-5）PLの見積もり（PLの評価）

7-4）で設計された安全機能に対して、PLの評価を行う。

（安全）カテゴリ、平均危険側故障時間（MTTFd, Mean Time To dangerous
Failure）、診断範囲（DC, Diagnostic Coverage）、共通原因故障（CCF, Common
Cause Failure）などを用いて、設計で達成しているPLを評価する。

7-6) 安全機能に対する PL の検証

評価した PL が 7-3) で定めた要求を満たしているかを検証する。

7-7) 妥当性確認

安全関連制御システム設計について、妥当性確認を行う。

7.7　まとめ

本章では、生活支援ロボットの安全規格である ISO 13482 について以下の内容について概説した。

・ロボット・ロボティックデバイスの定義
・規格から見たロボットの分類と生活支援ロボットの位置づけ
・生活支援ロボットの3つのタイプ
・ISO 13482 制定の背景と安全規格における位置づけ
・ISO 13482 の構成
・ISO 13482 での安全設計

特に、ISO 13482 での安全設計では簡単な事例を取り上げて、リスク見積りやリスクの評価などの詳細を説明した。

ロボットの種別は多様である。本章で述べた生活支援ロボットは近年増加する傾向にあり、その安全設計は非常に重要である。ISO 13482 は将来改定されていくことが想定されており、生活支援ロボットを開発する上では今後も必須の安全規格といえる。

参考文献（第7章）

1) ISO 13482:2014, Robots and robotic devices - Safety requirements for personal care robots（JIS B 8445:2016 ロボット及びロボティックデバイス－生活支援ロボットの安全要求事項）

2) ISO 8373:2012, Robots and robotic devices-Vocabulary（JIS B 0134:2015 ロボット及びロボティックデバイス－用語）

3) ロボット介護機器開発のための安全ハンドブック
http://robotcare.jp/?page_id=5892

4) リスクアセスメントシートの書き方　池田博康
http://robotcare.jp/wp-content/uploads/2014/07/20140717_ikeda1.pdf

5) リスクアセスメントシート解説　池田博康
http://robotcare.jp/wp-content/uploads/2014/01/SG-3-2_risk_help.pdf

6) ISO 12100:2010, Safety of machinery -- General principles for design -- Risk assessment and risk reduction

7) ISO 13849-1:2006, Safety of machinery -- Safety-related parts of control systems -- Part 1: General principles for design

8) ISO 13849-2:2012, Safety of machinery -- Safety-related parts of control systems -- Part 2: Validation

9) IEC 62061:2005+AMD1:2012 CSV, Consolidated version, Safety of machinery - Functional safety of safety-related electrical, electronic and programmable electronic control systems

MEMO

第8章

システム思考で考える これからの安全分析 / STAMP

　計算機技術の飛躍的な進歩によって、自動運転車や多機能の生活ロボットに代表されるような複雑でソフトウェア集約的な工学システム（Software-intensive system）が日常生活に入り込んでいる。そこでは、より便利な機能を提供するために、人やシステム外部の環境（含むネットワーク）と工学システム（機械）の間の複雑な相互作用が必然的に増えてくる。併せて、この複雑な相互作用の欠陥による事故も増えているが、このような事故を事前に予測し安全設計に組み込むには、従来の安全分析の方法論だけでは不十分である。つまり、システム全体をみたシステム思考的アプローチ（システムズ理論）による新しい安全分析法が必要とされる。この一つとして、MIT の N.G.Leveson は、システムズ理論に基づく安全分析手法（STAMP/STPA）を提唱しているが、本章では、この方法論の背景にあるシステム思考の考え方ならびに分析手順をいくつかの具体例を通して解説してゆく。

8.1 背景

第1章の図1.1は、安全工学の時代的進展のなかで従来の安全分析法には限界が来ていることを示している。計算機ハードウェアとソフトウェアの飛躍的な進歩によって、自動運転車や多機能の生活支援ロボットに代表されるように、複雑でソフトウェア集約的な工学システム（Software-intensive system）が日常生活に入り込んでいる。そこでは、より便利な機能を提供するために、人やシステム外部の環境（含むネットワーク）と工学システム（機械）の間の複雑な相互作用が必然的に増えてくる。この機械側の相互作用を担うのがソフトウェアである。IoT・AIなどのキーワードで象徴的に表現されることもあるが、ソフトウェアを用いた相互作用は、工学システムの安全論証という観点からみると、事前に検証不可能な組み合わせ数まで増加しうる。この相互作用は、従来の1対1から多対多へ、直接的だけでなく間接的な影響波及へ、さらには、非常にまれな条件が重なった時だけの作用、などの複雑さを増してくる。このような複雑な空間的・時間的相互作用をもったシステムの安全分析を、図1.1にあげた従来の方法だけで行うことには限界が出てくるということである。ましてや、ドッグイヤーと言われるような速さで日々進化している新製品の安全を、事前にそのハザードを十分に予測して設計することは簡単ではない。日々起こっている「想定外事故」やリコールは、発生後に初めて設計や想定環境の不備がわかり、リアクティブ（受動的）な対策をとらざるを得ないのが現実である。この想定外事故をプロアクティブ（能動的）に予想し安全設計に反映することはできないものであろうか？

このような背景から、複雑なソフトウェア集約型システムの安全設計をプロアクティブに行う新しい方法論として、MITのN.G.Levesonは、システムズ理論[*1]に基づく事故モデル（STAMP, Systems-theoretic accident model and process）という概念と、それに基づいた安全分析手法（STPA, Systems-theoretic process analysis）を提唱している。近年のソフトウェア集約型の複雑システムの安全分析には、従来の安全分析法（これを要素還元論的手法と呼んでいる）ではなく、システム全体の相互作用を俯瞰的に見た分析法（システミック・アプローチ）が必要という主張である。図1.1に示したように、コンポーネント故障だけではなく、コンポーネント相互作用の欠陥から起こされる複雑な事故を事前に予測し、その対応策を立てる安全設計手法が必要ということである。

システミック・アプローチそのものは一般的な考え方であるが、STAMP/STPAは、4通りの非安全コントロールアクションという制約のもとで何故ハザードに至るかを考える具体的な方法論を与えているという点で注目すべき考え方である[1]。

前章までで述べた現状の安全規格は、ソフトウェアを用いた安全設計というなかで、主

---

*1)「システム思考（システムズ理論）」は、一般的には「問題となっている対象を、構造を持ったシステムとして捉え、問題解決を行おうとする考え方」といえる。システム全体の目的を明示化し、システムの構成要素の相互のつながりと関係付けてシステムの設計を行う。安全設計においては、システム全体の目的は事故を防ぐことであり、そのための防護策をシステムの構造の中に組み込むことが必要になる。（コラム参照）

第8章 システム思考で考えるこれからの安全分析/STAMP

に、プログラミングプロセスに焦点を当てているが、そのために、検証できない AI のような複雑なアルゴリズムは排除している。一方で、システミック・アプローチにおいては、複雑システムの安全アーキテクチュアを抽象化と階層化を通してモデル化し、安全論証をすることで、開発の初期段階からトップダウンで安全機能を設計に組み込むことを目指している。これにより、従来、運用経験を通してしか改善できなかった「想定外の事故[*2]」

コラム17 システムズ理論とシステム思考

　本章では、「システムズ理論」と「システム思考」という言葉が使われる。この中の「システム」とは、それぞれの個別の機能をもつ構成要素と要素間のつながり（相互作用）を持った集合体であり、全体としてなんらかの機能を果たすものといえる。この相互作用の存在により、システム全体の機能は，それぞれの要素の機能の総和以上のものとなる。これが「創発（Emergence）」と呼ばれるものである。例えば、鳥の編隊飛行は、個々の鳥の省力化飛行（風圧を避けて他の鳥の後ろを飛ぶ機能）が、集団全体で見るときれいな構造をもつ事例である。個々の鳥は、集団としての飛行形態は意識していないので「創発」といえるが、集団全体で見れば、物理法則に従った行動でもある。「システムズ理論」はこのような集合体の挙動を分析する理論といえよう。

　一方、「システム思考」は、一般的には「問題となっている対象を、構造を持ったシステムとして捉え、問題解決を行おうとする考え方」といえる。システム全体の目的を明示化し、システムの構成要素の相互のつながりと関係付けてシステムの設計を行う。安全設計においては、システム全体の目的は事故を防ぐことであり、そのための防護策をシステムの構造の中に組み込むことが必要になる。このときのシステム思考には、システミック（Systemic）と、システマティック（Systematic）なアプローチがあり、前者は、ものごとをシステムとして俯瞰的・全体的に見るということ、後者はロジカルに分解・統合するということであり、両面からの安全分析が大事になる。

　本章の主題である STAMP（システムズ理論に基づく事故モデル）では、複雑システムの安全分析を目的としているので、上記の「創発」という考え方と「システミック・アプローチ」という考え方が重要視される。「創発」の対極にある考え方は「還元論（Reductionism）」であり、システム全体の挙動は、個別の要素の合成で説明

[*2]「想定外の事故」はよく使われる言葉であるが、誰にとって想定外であったかを明確にしないと誤解を生じる。設計当事者にとって想定外であっても、別の立場の人からは想定しうる事故であったりする。同時に、事故の起こった後に想定しうることであったろうという批判もよくあるが、これは後知恵（hindsight）による批判と言われることもある。

コラム 17

できるという主張である。しかしながら、近年のソフトウェア集約型の大規模・複雑化したシステムでは、還元論的な考え方だけで安全設計を行ったり、事故原因を究明したりするのには限界がある。そのため、パラダイムシフトとしての「システミック・アプローチ」が必要という主張が、MIT の N.G.Leveson によりなされている。システムの全ての故障モードを抽出して対策をするという従来型の信頼性工学的手法だけではなく、安全を担保する制御行動（コントロールアクション）に着目し、その不具合を抑える方策を考えるという考え方である。いわば、要素の故障が起こっても、それが、制御行動で抑えられて事故につながらなければよいという考え方である。

　似たような考え方で「レジリエンス工学」がある。レジリエンスは、しなやかさ・回復力といった意味であるが、「レジリエンス工学」では、システムに大きな変化が起こり大事故に至る可能性が出たとき、システムの機能をある程度損なっても、この変化や擾乱を吸収して、大事故に至らない状態に保つ能力を、どのように安全設計に組み込んでおくかを考える。

S.K.

を事前に想定して設計に組込み、想定外の事故を除去したり緩和したりすることが可能になる。

　本章では、このシステミック・アプローチの考え方に基づいた STAMP/STPA の具体的な分析手順と事例を紹介する。

8.2　システム思考にもとづく安全分析

　システミック・アプローチの大切さを示す事例でよく挙げられるのは、ニューヨークの地下鉄の犯罪の低減事例である[1]。そこでは、的外れという批判にも耳を貸さずに、まず地下鉄の落書き清掃作戦からはじめ、さらに、無賃乗車の撲滅にも取り組んだ。その結果、それまでは見過ごされていた軽犯罪のたぐいで逮捕された人の数は、大きく増えたものの、重罪事件は減っていった。この劇的な成功を支えたのは、犯罪学者のジョージ・ケリングが発案した「割れ窓理論」である。割れたまま放置された窓があっても誰も気にしなければ、まもなく他の窓も割れる。するとその無法状態の雰囲気が町中に伝わり、そこでは何でも許されるという信号を発しはじめ、より深刻な犯罪の呼び水になる。

　安全分野でも、1986 年に起こったスペースシャトルのチャレンジャー号の打ち上げ直後の爆発事故があげられる[2]。そこでは、2 機のブースターロケットのジョイント部で使われていた O リングが、低温環境での使用で弾性が失われ、シール効果が不十分となっ

第8章　システム思考で考えるこれからの安全分析/STAMP

て燃料が漏れ、これに炎がロケット下部から燃え移り爆発したと言われている。一見、単純なＯリングの部品故障に思えるが、問題の根は深い。原因調査のなかで、NASA 及びＯリングを製作した会社が、低温におけるＯリングの硬化の問題を予め知っていたこと、Ｏリングの製作会社が当日の気象条件を見て、打ち上げを中止すべきとの意見を出していたにもかかわらず、打ち上げが強行されたこと、などが判明した。ここでは、NASA 内での現場の技師と管理者との間の意志の疎通が不十分であったことや、次年度の予算を取るためのプレッシャーで、技術上のリスクを低く見積もりすぎていたという認知バイアスがあったことなどが指摘されている。これも、複数のコミュニケーションミスと機械の故障、人間や組織の判断ミスなどが複雑に絡まった結果として発生した事故といえる。

　これらの事例から何が学べるであろうか？近年の複雑な社会での大規模な工学システムの事故では、多かれ少なかれ、上記の事故事例と共有できる反省点がある。対象とするシステムの全体像を俯瞰的にとらえ、関連要素の因果関係（結びつき）を把握して事故や事象の本質的な原因を明らかにしたうえで対策を考える、というシステミック・アプローチの大切さである。もちろん、工学システムの安全分析においては、システム思考の中で対極にあるシステマティック・アプローチが重要であることは言うまでもないが、人や組織が絡んだ複雑な工学システムにおいては、システミック・アプローチがより大切になることを改めて強調しておきたい。慶応大学のシステム工学科では、システムズ理論にはシステミック（Systemic）なアプローチとシステマティック（Systematic）なアプローチがあり、前者は、ものごとをシステムとして俯瞰的・全体的に見るということ、後者はロジカルに分解・統合するということで、両面からの教育が大事としている [3]。近年の複雑システムの安全分析においては、従来のFTA やFMEA に見られるようなシステマティックな分析法と、システム全体を俯瞰的に見るシステミックな分析法を組み合わせることが大事であるということである。

　このような背景から、STAMP を提唱している MIT の N.G.Leveson は、上記のシステミック・アプローチを強調するために、「安全やセキュリティは創発（Emergence）である。近年の複雑システムでの事故の多くは、要素の故障ではなく、要素間のコミュニケーションエラーで起こったものであり、その安全は、旧来の還元論的手法からだけでは確保できず、システミックなアプローチが必要である」という象徴的な表現でSTAMP の重要性を主張している [4-6]。ここでの「創発」という言葉は、システムを構成する要素とその外部環境からの影響が、直接的・間接的に複雑に絡まりあって、システム全体で予想できない挙動を示すことを意味している [*3]。「全体は部分の総和以上のものである」というゲシュタルト心理学の考え方でもある。ソフトウェア集約型の大規模システム（System of

---

[*3] N.G.Leveson の STPA Handbook[6] では、「創発」は、渡り鳥の編隊飛行や群衆のパニック行動のような物理・社会システムにおける創発ではなく、チャレンジャー号の事故のように、機械システムとそれに関わる人や組織の間の相互作用の欠陥から起こる創発的事故を対象としている。STAMP/STPA を用いることで、想定外の相互作用を事前に洞察し、工学的な解決手段を準備しうるという考え方に基づいている。

systems と呼ばれることもある）では、それを構成するサブシステムは意図した機能のほかに、意図しない機能が含まれ、それが、設計当初の予想を超えて役立つこともあるが、同時に、想定外の使用による事故を引き起こすこともある。新しい製品や多数の組織の役割分担で開発された製品では、「Unknown unknowns（知らないことに気づいていない）」の機能や不具合があり、それが、様々な環境下での運用によって発現し事故を引き起こすことがある。事故後に想定外という言い訳がされることもあるが、注意深く根本原因究明をしてゆくと、開発時に気づかなかった要素間の直接的・間接的な相互作用が絡まりあって事故を引き起こしていることに気づくことが多い。N.G.Leveson はこれを「創発」という言葉で表現している。この「Unknown unknowns」を運用前の開発時に気づいてプロアクティブに安全設計に反映するための有効な発想法の一つが STAMP/STPA であるともいえる。

　近年の複雑でソフトウェア集約型のシステムでは、要素の故障や人間のエラーがたまたま重なって事故にいたるというドミノモデルやスイスチーズモデルではなく、要素間の相互作用を、要素から要素への指示とフィードバックという因果関係のループで表現し、その中で事故の発生要因を考えることが大事である。それが、システムズ理論に基づく安全分析法 STMP/STPA であり、その基礎となるモデルが、（安全）制御構造図と呼ばれる。そこでは、要素間の相互作用を、安全を確保するためのコントロールアクション（CA）、その結果として得られるフィードバック情報又は CA を作るための情報、さらには、外部環境との相互作用が明確に定義されていなければならない。制御構造図では、「システム全体」の安全をどのように確保するかを、理解可能なレベルで抽象化・階層化して可視化することが大事であるとされる[4]。多くの既存のシステムでは、個別の安全ロジックはしっかりとした設計図書で定義されているが、システム全体での機能的な安全ロジックが可視化されているとはいいがたい。個別の安全ロジックは相互に矛盾することもあるが、これはシステム全体の振る舞いを見た上でないと気がつかないことがあり、そのためにも、システム全体としての安全ロジックの可視化が大切である。

　例えば、2011 年の福島の原子力プラントでは、地震と津波という共通原因故障で、徐熱のための冷却機構とその電源が全て失われて事故に至ってしまった。原子力安全では、「止める、冷やす、閉じ込める」という安全 3 原則があるが、事故の際、「止める」は想定通り実行されたが、「冷やす」と「閉じ込める」という安全制御行動に矛盾が生じた。高圧冷却設備が失われた際に、「冷やす」ためには減圧した後に海水注入も含めた消火設備での冷却が想定されていたが、減圧するには放射性物質を含んだ蒸気の放出が必要であり「閉じ込める」という安全制御行動との矛盾が生じる。また、減圧のための格納容器内の逃し安全弁も空気圧で開放する想定であったが、格納容器内の雰囲気圧力が徐熱不足で弁作動空気圧よりも上がってしまって開放ができずに炉心損傷に至ってしまった。「冷やす」

＊4）N.G.Leveson によると、「人間は、抽象化と階層化によってのみ複雑さを理解できる」ということである。

と「閉じ込める」という安全ロジックの矛盾は、クリティカルな圧力になった場合に自動で減圧するベント機構をつけておいて、「閉じ込める」という操作を犠牲にして「冷やす」という安全操作を優先させることで解消できる。海外のプラントの一部では採用されていた安全機構で、日本でも 2011 年以降設置が義務付けられているが、このような安全機構の必要性の是非を事故の起こる前に議論するためには、システム全体としての安全ロジックを可視化して、ステークホルダーの間で議論することが必要である。「閉じ込める」という安全操作を犠牲にしても「冷やす」という安全操作を優先させる判断には、最終的な放射性物質のプラント外への放出をどちらがより軽減できるかという技術論だけでは片付かない問題が含まれている。その安全責任を、現場の責任者が持つのか、事業全体の責任者が持つのか、さらには、国が持つのかといった判断に依存して、安全管理の手順が異なってくる。先に述べたシステム全体の安全ロジックの可視化は、安全責任の所在も同時に可視化することになる。これからの大規模安全クリティカルシステムや、分散協調型の開発が想定される IoT サービスの安全評価などでは特に重要な考え方になるといえよう。

　従来の代表的な安全分析法である FTA でも共通原因故障という考え方はあるが、上記の事例のような複雑に絡まった因果関係を一方向のツリー状に展開する表現では限界があり、STAMP モデルとそれに基づく（安全）制御構造図の必要性が出てきたともいえる。そのために、**図 1.1** で示した FTA,FMEA,HAZOP 等の従来の安全分析法に対するアンチテーゼとして N.G.Leveson は、STAMP/STPA という安全分析法を提唱した。これは、要素の故障を低減するという信頼性工学的手法ではなく、安全を制御するコントロールアクションの欠陥を見つけ、それをなくしたり緩和したりしてリスクを低減するという、いわば安全制御工学とでもいえる方法論である。近年、最悪の事故を避けるための方法論としてレジリエンス工学が注目されているが、その考え方と同様といえるかもしれない[7]。

　多くの既存の工学システムでは、個々の安全ロジックは設計図としてしっかり定義されているものの、「システム全体」としての安全確保のための論理からトレーサビリティを持った形で個別の安全ロジックが定義されていないことが多い。しかし、STAMP/STPAでは、システム全体としての安全からトレーサビリティを持って論理的に導出された個別の安全ロジックが大事になり、また、それらの導出過程の可視化が大事になる。これは、新製品開発時の安全設計のみならず、それを長期にわたって改善しながら運用する際の安全性の確保にも極めて重要なことである。

> **コラム 18** 性能限界や誤操作、誤使用を
> カバーする規格 --SOTIF
>
> 　本書第2章で、安全規格の適用範囲と限界について述べた。例えば、既存の安全規格は、近年注目されるAI（人工知能）にかかわる新しい製品やサービスには十分対応できているとはいえない。
>
> 　自動車の機能安全規格で、本書第6章で述べたISO 26262がある。ISO 26262は安全確保に必要な規格だが、それだけでは十分でなくなってきている。自動車の自動運転では、他のドライバーの運転や天候などの周辺環境に応じた、アイテムやシステムの故障以外の安全上のリスクを考慮することが重要となるからである。
>
> 　自動運転車で、子どもや動物の飛び出しによる衝突を避けようと、動く障害物を認識するためのセンサーを搭載したとする。しかし、センサーには誤認識や特定の条件下で認識できないという「認識性能の限界」がある。そして、認識時の自動車の制御には一定の物理的な制約を受ける。例えば、時速80kmで走行中に10mの距離で飛び出しを検出しても、安全に停止することはできない。周りに別の障害物があれば、回避するための制御も難しくなることがある。
>
> 　このようなアイテムやシステムの故障以外の安全にかかわるリスクも想定して、性能限界時や誤操作、誤使用などもカバーする安全標準を作成する動きがある。それがSOTIF（Safety Of The Intended Functionality）と呼ばれるもので、ISO/PAS 21448として2019年に公開されている。この規格の中では、誤用シナリオの導出やシステム設計における分析手法としてSTPAが引用されている。
>
> H.Y

8.3　STAMP/STPA

　ここでは、システムズ理論（システミック・アプローチ）に基づく安全分析法STAMP/STPAの手順とその背景にある考え方を説明する。STPAは、航空機、列車、自動車、ロボット、医療機器などソフトウェア集約型で、人・機械の協調制御で運用されるシステムに使われることが多いが、それだけでなく、工場や建設現場などでの作業安全、生産現場の効率向上、組織と人が絡んだ社会システムのコンプライアンス管理など、安全・品質・セキュリティ・生産性などが絡んだ多様な応用が米国では試みられている[8]。また、STAMPモデルの考え方は、STPAによる安全設計だけでなく、事後の原因究明やセキュリティとの統合解析などいろいろな応用が試みられている。ここでは、STPAハンドブック[6]に沿った4段階の手順（**図8.1**）に絞って説明する。

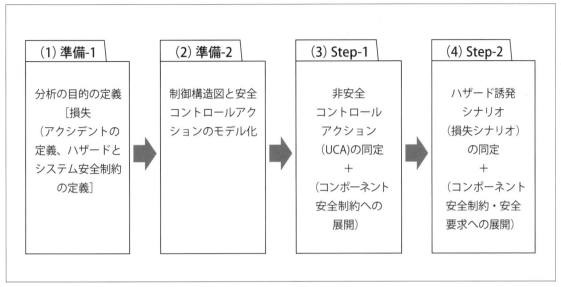

図 8.1　STPA の 4 段階の手順

(1) 分析の目的の定義

STPA の最初のステップは分析の目的として、下記の三つを定義する。

・損失（Loss）の同定（安全分野ではアクシデントと呼ぶ）
・システムレベルのハザードの同定
・システムレベルの安全制約の同定

　ここで、損失はイベント（事象）であり、ステークホルダーにとって受け入れられない何らかの価値が喪失するという広い意味で定義される。人命の喪失や傷害、物的・経済的損害、環境の汚染、ミッションの喪失、評判の喪失、機密情報の喪失や漏洩などである。

　次のハザードは、想定される最悪の環境条件のもとで、損失につながるようなシステムの状態ないし複数の条件とされる。ここでいうシステムとは、いくつかの共通の目的を達成するために、一体となって動くコンポーネントの集合である。システムには、サブシステムを含んでもよく、また、より大きなシステムの一部であってもよい。

　三番目のシステムレベルの安全制約は、ハザードを防ぐ（そして最終的に損失を防ぐ）ために満たす必要があるシステムの条件や動作である。なお、この安全制約と最終的に設計で必要となる要求仕様の違いを指摘しておく。要求仕様では、通常は「Not（してはならない）」を使わず、「Shall（しなければならない）」を使う。否定的要求仕様は検証できないことがあるためである。「ないこと」の検証には形式手法のような方法論が必要になる。STPA では、分析を進めるに従って、システム安全制約をコンポーネント安全制約に詳細化してゆくが、最終的に、実装可能かつ検証可能な安全制約として定義することで、設計要求仕様と同等のものができる。

　上記の中で特に難しいのはハザードの定義である。このハザードを定義するにあたって注意すべき点を以下にあげておく。

①損失はイベント、ハザードは状態として定義する。他の規格でのハザードの定義である危険源と異なる定義であることに注意が必要である。

②ハザードは、制御可能なシステムの状態である。システムの境界外（本書では環境という言葉を使う）の状態は制御できない。そのため、制御できない外部環境は最悪の状態を想定して、損失に至る可能性を予測する。

③ハザードは、その誘発要因（故障やエラーなど）と区別して扱うことが大事である。「ブレーキが間違って動作する」というのは故障要因まで訴求しているので不適切である。「意図しない加速や減速が起こる状態」というハザードを定義することで、その要因としてのブレーキ故障やアクセル故障、さらには、路面状態に起因する減速などまで発想を広げることが出来る。この柔軟な発想手順は、STPAのStep-1、Step-2という二つのステップで実装されることになる。

④ハザードはシステム全体を見て定義しないといけない（システミック・アプローチ）。その数は10程度以下が望ましい。これが多すぎるのは、システムの安全機能のモデル化の抽象度が足りない（具体的すぎる）ことを意味する。つまり、発想がシステム思考にならずに、具体的なモノ（要素）に囚われすぎた還元論的な発想に偏りすぎていることを意味する。新しい製品の想定外のハザードをできるだけ少なくするためには、システミック・アプローチによる全体を見た発想力が必要である。つまり、抽象度を高めてシステム全体の安全機能を理解した上で、ハザードを同定することが重要になる。

表8.1　損失、ハザード、安全制約の例

システム	損失（アクシデント）	ハザード	安全制約
ACC （自動追従運転）	L1:2台の車の衝突	H1: 前方ないし後方の車との不適切な車間距離	SC1: 二つの車は最小の車間距離を越えてはならない
化学プラント	L1: 有害物質による人命の損失又は危害	H1: プラントからの有害物質の気中や地中への放出	SC1: 有害物質はプラントから過失によって放出されてはならない
列車のドア開閉システム	L1: 乗客の列車からの転落	H1: ドアの間に人がいるときに閉まる H2: ドアが列車が動いているとき、又は、プラットフォーム外で開く H3: ドアが緊急時（火災など）に開かない	SC1: ドアの間に人がいるときにドアを閉めてはいけない SC2: ドアが開いているとき列車は出発してはならない SC3: 列車が動いているときドアが開いてはならない SC4: 緊急時にはドアが開いていないといけない
自動車のエアバッグ	L1: 運転者の死傷	H1: 衝突したのにエアバッグが開かない H2: 通常走行時にエアバッグが開いてしまう H3: エアバックの異常な爆発（部品飛散）	SC1: 衝突時にはエアバックが開く SC2: 通常走行時にエアバッグは開かない SC3: エアバック開の際に部品を飛散させない

第8章　システム思考で考えるこれからの安全分析/STAMP

　最後に、アクシデントとハザード、安全制約のいくつかの具体例を**表8.1**に示しておく。実際の分析にあたっての参考にされたい。

(2) 制御構造図と安全コントロールアクションのモデル化

　第1章の**図1.4**に示したのが基本的なSTAMPの制御構造図である。システム全体の安全制御構造を俯瞰的に理解し、可視化するためには、この制御構造図の各要素をその機能に着目して抽象化・階層化してモデル化することが大事になる。その基本要素は、システムの目標（例えば、アクシデントの防止）を達成するためのコントローラーと、その指示によって動く被コントロールプロセスである。また、コントローラーには、被コントロールプロセスの挙動に対するプロセスモデルと、目標を達成するための動作指示（これをコントロールアクション（CA）と呼ぶ）を生成するためのコントロールアルゴリズムがある。さらに、コントロールアルゴリズムを作成するための情報はフィードバックと呼ばれ、コントロールアクションの結果を確認するための情報やコントロールアルゴリズムを生成するための情報からなる。もちろん、被コントロールプロセスからの情報ではなく、それ以外の外部からの入力情報もコントロールアルゴリズムの生成には使われる。また、システム外部からの影響が被コントロールプロセスへの入力となることもある。

　制御構造図のプロセスモデル、ならびに、コントロールアルゴリズムは、コントローラーが人間の場合、それぞれ、メンタルモデルと操作手順書や意思決定ルールに相当する。このように、制御構造図の要素や相互作用は、物理的な実体だけとは限らない。例えば、人同士の会話、人と機械の会話なども機能モデルとして組み込むことができる。

　制御構造図において、誰が誰をコントロールするかは、その権限とも重なっており重要である。その際のコントロールアクションは、ゴールを達成するための目的を持った行動であり、責任を伴う役割がある。一方で、フィードバックは特定の高レベルの目的を意識せずに提供する行動（情報）である。両者の違いは自明ではないことがあり、両者を取り違えてもハザード誘発シナリオの結果に関しては重大な違いはない。なぜなら、ハザード誘発シナリオまで同定すれば、間違ったコントロールないし間違ったフィードバックとして、同等のハザード誘発シナリオが導かれるためである。しかしながら、安全制御の要求仕様を考える際には大きな違いがある。目的を持ったコントロールアクションと、高レベルの目的を意識しないフィードバックでは、その代替案を考える際に、大きな違いが出てくるためである。

　制御構造図のモデル化の対象はソフトウェア集約型の複雑で大規模なシステムが多いが、N.G.Levesonの指摘にあるように、「人間は、本質的な機能に着目した抽象化と階層化によってのみシステムの複雑さを理解できる」ということを理解する必要がある。言い換えると、システム全体の挙動や安全制御機能は、抽象化された機能モデルを用いて可視化することでのみ、多様なステークホルダーの間で共有化できるということである。このシステムの安全機能の可視化は、ハザードの可能性をいろいろな視点で議論して、想定外

のハザードを低減するために極めて大切なプロセスでもある。適切なレベルの抽象度で表現されたシステムの安全機能の可視化は、システミック・アプローチの基本でもある。また、この制御構造図モデルは実行可能（計算機によるシミュレーション等が可能）なものである必要はなく、その挙動の制約や要求仕様などが明確でステークホルダー（利害関係者）の間で共有されていればよい。つまり、STPA は詳細な要求仕様や実行可能なモデルを作るために使われるべきであって、逆に、実行可能なモデルにこだわりすぎると、返って柔軟な発想を妨げる可能性もあることに注意しておかねばならない。

　いくつかの事例で、具体的な制御構造図とコントロールアクションのモデル化の方法を示したい。

　最初の事例は、航空機の離着陸時の自動ブレーキシステム（BSCU、Brake System Control Unit）の制御構造図（図8.2）である[6]。アクシデントは衝突事故による人命の損傷であるが、その際のハザードは、「航空機が地上走行時に他の物体に近づき過ぎないこと」と定義されている。このモデル化にあたっては、下記に示すように、関係する各コンポーネントの安全責任を明確化しておくことが大事になる。

①車輪ブレーキ本体
　R1: BSCU 又はフライトクルーからの指示により車輪回転速度を下げる
② BSCU
　R2: フライトクルーからの要求によりブレーキを作動させる
　R3: 車輪スリップの際に断続（パルス）ブレーキを作動させる
　R4: 着地ないし離陸中止時に自動ブレーキを作動させる
③フライトクルー
　R5: いつブレーキを作動させるかの判断
　R6: ブレーキ動作モードの設定（自動、手動）
　R7: ブレーキの監視と BSCU 解除、故障時の手動ブレーキ操作

　これらの責任を遂行するため、まず、BSCU 設定・解除・ブレーキ指示というフライトクルーから BSCU へのコントロールアクションが必要になる（R5、R6、R7）。BSCU から車輪ブレーキ本体へのコントロールアクションはブレーキをかける制御信号そのものである（R2,R3,R4）。ただし、この段階では、パルスブレーキや自動ブレーキは具体化されていない。最後に、車輪ブレーキ本体の責任として、フライトクルーないし BSCU からの指示に基づいて動作するというコントロールアクション（手動ブレーキないし自動ブレーキ）が記載されている（R1）。

　次の詳細化として、これらのコントロールアクションを遂行するために必要なフィードバック情報が詳細化される（図8.3）。フライトクルーが BSCU 設定・解除、ブレーキ指示を行うために必要な情報として、自動ブレーキモードと設定減速比があげられる。設定

減速比は急停止を避けた自動ブレーキ操作に必要なものと考えられるが、フライトクルーの所掌責任（R6）としては明示化されていないので、本来は詳細化の時点でこの所掌責任も詳細化されるべきものであるが、ここでは省略している。また、BSCU からフライトクルーへのフィードバックとして、BSCU モードと BSCU 故障があげられているが、これも R5～R7 の遂行のために必要な情報となる。これに伴って、BSCU 電源 On/Off というコントロールアクションが追加されている。抽象化すると BSCU 設定・解除というコントロールアクションと同一視もできるが、BSCU 故障時の振る舞いも考えて別出しにしている。外部から BSCU への情報として、着地、離陸中止、慣性参照速度、車輪からのフィードバックとして車輪速度が追加されているが、これは、BCSU の責任 R3,R4 遂行のために必要になる。また、手動ブレーキの情報も BSCU の入力として追加されているが、これも、パルスブレーキ動作を手動ブレーキと並行して作動させることを想定すると必要な情報となる。

　また、さらなる詳細化で明確化が必要なのはフライトクルーから BSCU へのブレーキ指示である。ここでは、手動ブレーキをコントロールアクションとして定義したため、フライトクルーから BSCU を介したブレーキ指示（手動相当）を削除している。BSCU を介した手動ブレーキのみの設計としてしまうと、BSCU 故障によりブレーキ手段がなくなってしまうことが容易に想像できる。一方で、BSCU が自動モードの場合、手動ブレーキ情報とスリップ状況によりパルスブレーキ（人間の応答時間よりも早い短周期でのブレーキ指示と解除の繰り返し）を作動させるが、他に BSCU が手動ブレーキを強制解除することがある場合、これを機械優先の安全責任（安全制約）として明示化する必要がある。例えば、離陸決定速度（V1 速度）に達した後の手動ブレーキを BSCU が解除できるかどうかは今回の安全責任の定義の中では明示化されていないが大事な論点である。人・ソフ

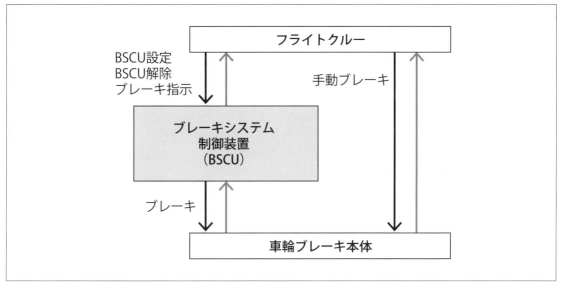

図 8.2　航空機の車輪自動ブレーキシステムの制御構造図

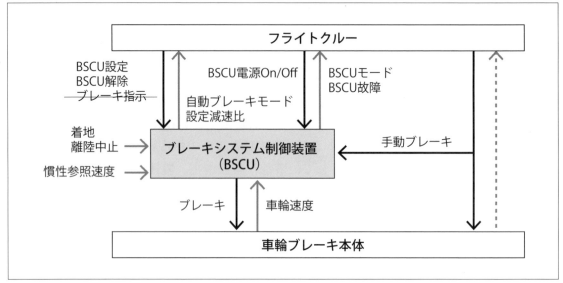

図 8.3　航空機の車輪自動ブレーキシステムの制御構造図（フィードバック情報の具体化）

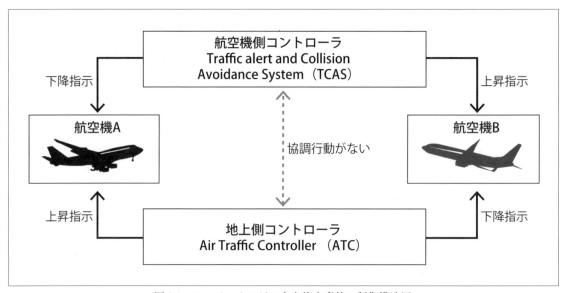

図 8.4　ユーバーリンゲン空中衝突事故の制御構造図

トウェアが協調動作するこれからのシステムでは、それぞれの責任分担を明示化して想定外のハザードを防ぐことがますます大事になる。

　以上のように、制御構造図と各コンポーネントの所掌責任、目的達成のためのコントロールアクション、ならびに、それに必要なフィードバック情報をトップダウンで分析し可視化することで、システム全体の安全制御機構を把握することができ、コンポーネント間の優先度を含めた相互作用も明確にできる。これらは、後段のハザード誘発シナリオの分析の基本となるモデルとして重要になる。

　別の制御構造図の事例として、図8.4にユーバーリンゲン空中衝突事故を挙げる。こ

第8章　システム思考で考えるこれからの安全分析/STAMP

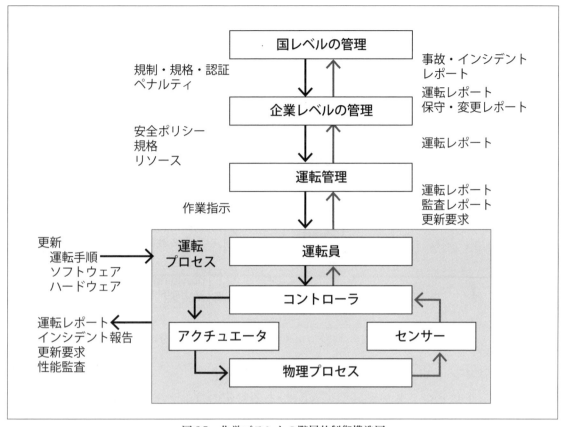

図8.5　化学プラントの階層的制御構造図

れは、衝突回避のための航空機側のシステム（TCAS）と地上側の管制システム（ATC）のコントロールアクションが矛盾したことにより起こった事故である。一方がTACSの上昇指示に従い、他方はATCの上昇指示に従ったために衝突してしまった。ここでの問題は、TCASとATCとの協調行動（情報の共有）や複数の異なる指示があった場合のパイロットの判断指針などである。パイロットとATCの間の交信は人に頼っているために誤解（特に、認識の時間的なずれによる誤解）が生じやすいこと、TCASも無線通信に頼ったシステムで誤作動の可能性もあること、などの問題がある。安全制御構造図に基づいた分析で、これらのハザード誘発要因を明確化(可視化)することで問題解決が可能になる。

最後の事例は、化学プラントの運用管理での制御構造図である[4,5]。**図8.5**に示すように、「運転員 vs コントローラー vs プラント」という標準的な制御構造図の上に、企業レベル、国レベルの管理や規制が表現され、その間の相互作用（コントロールアクションとフィードバック）が示されている。システミック・アプローチによって、このような多層的な安全管理構造が、長期間の運用による安全意識の劣化や周囲環境の変化でどのように影響されるかを、直接的・間接的な相互作用として可視化して分析することが大事である。STPAは、その相互作用の不具合や劣化を事前に分析する方法論を与えてくれる。

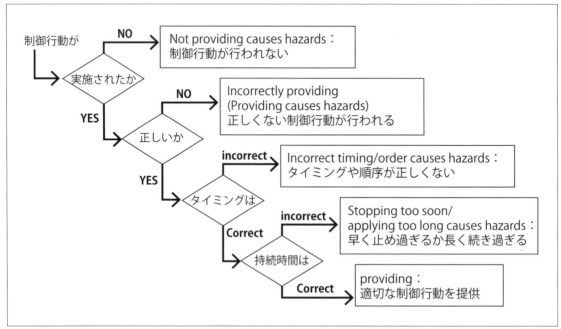

図8.6 非安全コントロールアクション（UCA）の分類

（3）非安全コントロールアクション（UCA）の同定

非安全コントロールアクション（UCA）は、ある特定のコンテキストと最悪の環境下で、ハザードにつながるコントロールアクションのことで、次の四つに分類される。

①コントロールアクションを与えないことがハザードにつながる（Not Providing）
②コントロールアクションを与えることがハザードにつながる（Providing causes hazards）
③潜在的には安全なコントロールアクションを与えるが、早過ぎる、遅過ぎる、又は間違った順序である（Incorrect timing/order causes hazards）
④コントロールアクションがあまりにも長く続いている、あるいは、あまりにも早く止まる（Incorrect duration causes hazards）

この四つのUCAを分類したのが図8.6である。安全論証では、完全性（排他性や網羅性）が大事であるが、このUCAは分類方法としては互いに排他的で網羅性があることがわかる。ただし、この分類は産業分野によっては、特に、三番目、四番目の分類は当てはまらないことがあるかもしれない。それぞれの分野でカスタマイズすることは可能だが、分類の排他性や網羅性に注意してカスタマイズすることが大事である。産業分野ごとの過去のトラブル経験による不安全行動などは、後段のハザード誘発シナリオで考え、このUCAはできるだけ一般的な分類とすることで、ハザード誘発シナリオの発想を妨げることがないようにすべきである。

図8.3の制御構造図で示した航空機の車輪自動ブレーキシステムについてのBSCUのブレーキ操作のUCAを考えてみる[6]。ここでのハザードは、「航空機が、地上で他の物

第8章　システム思考で考えるこれからの安全分析/STAMP

表8.2　BSCU ブレーキコントロールアクションの UCA 一覧

コントロールアクション	与えられないとハザード（N）	与えられるとハザード（P）	早すぎ、遅すぎ、誤順序（T）	早すぎる停止、長すぎる運用（D）
CA1: BSCU ブレーキ	UCA1-N-1：着陸滑走中 BSCU が作動している時、BSCU 自動ブレーキがブレーキコントロールを出さない [H-1]	UCA1-P-1：通常離陸中に BSCU 自動ブレーキがブレーキコントロールアクションを出す [H-3] UCA1-P-2：着陸滑走中に BSCU 自動ブレーキが、不十分なブレーキレベルでブレーキコントロールアクションを出す [H-1] UCA1-P-3：着陸滑走中に BSCU 自動ブレーキが、方向性のある、又は非対称のブレーキとなるブレーキコントロールアクションを出す [H-1, H-2]	UCA1-T-1：着陸後 BSCU 自動ブレーキがブレーキコントロールアクションを出すのが遅過ぎる（>TBD 秒）[H-1]	UCA1-D-1：着陸時に BSCU 自動ブレーキが、ブレーキコントロールアクションを止めるのが早過ぎる（駐機速度 TBD km/Hr に達する前）[H-1]

体に接近しすぎる」であったが、これをブレーキ操作に絞って詳細化すると下記の三つがあげられる。

H-1: 減速が、着陸時、離陸中止、又は地上走行中に不十分である
H-2: 非対称減速が、他の物体に向かって航空機を動かす
H-3: 減速が、離陸時の V1 ポイント後に発生する

　また、BSCU のコントロールアクションはブレーキ操作である。表では、IPA 発行の初めての STAMP[10] の事例に沿って、CA（コントロールアクション）と UCA に同じ番号を振り、さらに、4つの UCA 分類にその頭文字である（N,P,T,D）をつけてユニークな番号を付けてある。これらの番号は、段階的な分析作業の中でのトレーサビリティや一貫性を確保するためにも大事なノウハウである。与えられえるとハザードの欄では、「離陸中にブレーキ」のような単純なハザード以外に、「不十分なブレーキ力」や「非対称なブレーキ」など柔軟な発想でそのハザード誘発シナリオ（HCS, Hazard Causal Scenario）を考えることが出来る。逆に、分析者の発想力という経験的能力に大きく依存する点でもある。

　最後に、UCA を導出した時点で、ハザードならびにシステム安全制約をコンポーネント安全制約として詳細化しておくことも大事である。ただし、コンポーネント安全制約については、次ステップのハザード誘発シナリオを同定した後で詳細化してもよい。

(4) ハザード誘発シナリオ(HCS)の同定

　STPA の最後のステップは、ハザード要因が UCA とハザードを通して損失につながるシナリオをハザード誘発シナリオとして記載することである。この損失シナリオは下記の視点、すなわち、

①なぜ UCA が起こるのか
②なぜ CA が不適切に実行されたり、されなかったりしてハザードに至るのか

という二つの視点から考えることが大事である。**図8.7** に、このシナリオを考える際の大分類を示しておく。当初の N.G.Leveson の教科書[4] では、ハザード誘発要因（HCF）としてのキーワードがより細かく載っていたが、このキーワードが逆にチェックリストのように使われて柔軟な発想を絞ってしまうという欠点に気づき、その後は、シナリオという形で柔軟な発想をするように推奨されている。複数の要因が同時並行的に絡み合ってハザードに至るというシステミックな発想が大事であり、チェックリストのように要素分解してしまうと、従来の故障分析法である還元論的な発想に陥ってしまう危険性を指摘している。

ただし、STPA ハンドブックでは、一般論として①に関して起こりうるハザード誘発シナリオを下記のようなヒントとして挙げている。

・コントローラーに関連する故障
　コントローラー自体の物理的な故障や電源の故障など
・不適切なコントロールアルゴリズム
　コントロールアルゴリズム仕様の欠陥、不適切な実装、時間の経過に伴う機器の劣化や環境変化との不整合の発現など
・不安全なコントローラー入力
　他のコントローラーからの不適切な入力など
・不適切なプロセスモデル
　コントローラーが不適切なフィードバックや他の情報を受け取る、適切な情報を受け取ったがその解釈を間違えたり無視したりする、情報を必要な時に受け取らない（遅れ）又は受け取らない、コントロールアルゴリズムに必要な情報が存在しない、など

また、②のコントロールアクションの不適切な実行に関しては下記のようなヒントを挙げている。

・コントロールアクションが実行されない
　コントローラーはコントロールアクションを送信したがアクチュエータが受信しない、受信はしたがアクチュエータが応答しない、アクチュエータが応答したがコントロールアクションが適用されなかったりコントロール対象のプロセスが受信しない、など
・コントロールアクションが不適切に実行される
　コントローラーはコントロールアクションを送信したがアクチュエータは不適切な受信をする、受信はしたがアクチュエータが不適切に応答する、アクチュエータが適切に応答するがコントロールアクションが不適切にコントロール対象のプロセスで適用又は受

第8章　システム思考で考えるこれからの安全分析/STAMP

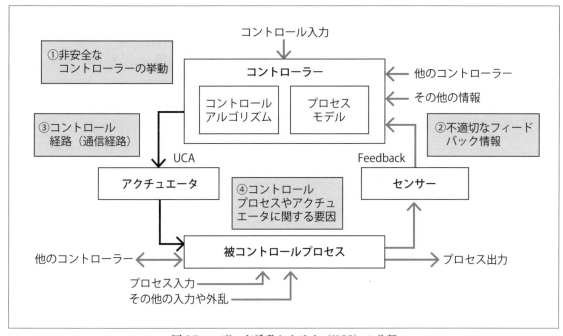

図8.7　ハザード誘発シナリオ（HCS）の分類

信される、コントロールアクションをコントローラーが送信していないのにまるで既に送信しているかのようにアクチュエータ又は他の部分が応答する、など

これらの一般論をヒントとして、**図8.7**に示したコントロールループの中で、コントローラー、アクチュエータ、被コントロールプロセス、センサー、コミュニケーションリンクに分けてハザードに至るシナリオを考えてゆくのがこのステップである。ここでは、ドメインの専門家や安全分析の専門家などの複数のメンバーでのブレーンストーミング的な議論が望まれる。

こうしてハザード誘発シナリオが同定できれば、それを除去したり、除去できないまでも緩和（mitigation）できるかの対策を、コンポーネント安全制約又はコンポーネント安全要求仕様としてまとめることが可能になる。

このSTPAは、新しい製品やシステムの開発初期段階から行うことで、システムやサブシステムに関わる安全要求をトレーサビリティを持った形で導出できる。これは、後追いの安全仕様の追加や運用後のリコールのような対応に比べて、経済的にも大きなメリットがある上、運用後の安全監視指標（Leading Indicator）の導出やシステム変更管理の際の安全チェックにも利用することができる。

概念設計段階（詳細な設計仕様が決まっていない段階）でも、STPAは、対象システムの目的や抽象化した機能の定義に基づいて分析できるため、例えば、従来の安全分析法であるFTAのように設計仕様が決まった後にしか適用できない手法に対してメリットが出てくる。機能FMEAのように概念設計段階から適用されているものもあるが、STPAのように、抽象化されたシステム全体の制御構造図とコントロールアクションに基づいたシ

ステミックな発想は難しいといえよう。

8.4 事例1・電源インターロック管理システム

　ここでは、STAMP/STPA の一連の手順と安全設計の関連を示すために、図 8.8 に示すような電源オン・オフのインターロックシステムへの適用事例を説明する。本事例は、N.G.Leveson の教科書の最初の説明事例として与えられているものである[4]。本例は、従来の FTA などでも簡単に分析できる事例ではあるが、STAMP/STPA の分析法の具体的説明として簡単でわかり易いためここで説明する。なお、ここでは、IPA で開発された STAMP/STPA 分析ツール（STAMP Workbench）を用いて、その使い方も含めて説明する。このツールは IPA のサイトからダウンロード可能である[12,13]。

　システムの目的は、保守員が電源にアクセスする際の感電事故を防ぐインターロックシステムで、教科書では、アクシデント、ハザード、安全制約のほかに、機能要求が下記のように与えられている。

アクシデント（A1）：人の感電事故
ハザード（H1）：人が高エネルギー源にさらされる
システム安全制約（SC1）：ドアが完全に閉まるまでエネルギー源は停止していなければならない
機能要求：（1）ドアが開いたのを検出して電源をオフにする
　　　　　（2）ドアが閉まったときに電源をオンにする

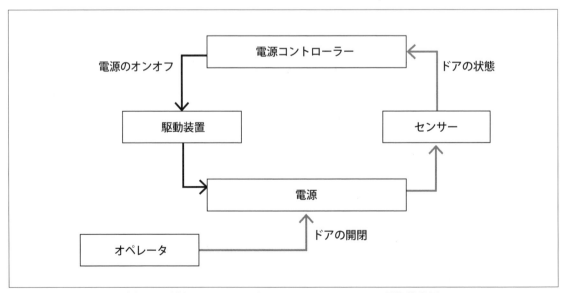

図 8.8　電源オン・オフのインターロックシステムの制御構造図

第8章　システム思考で考えるこれからの安全分析/STAMP

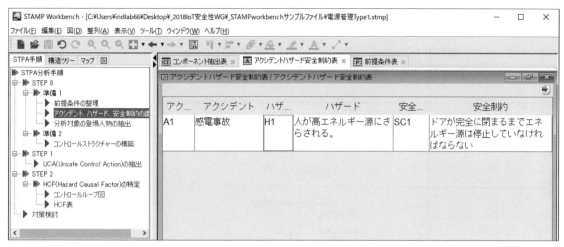

図 8.9　STAMP Workbench のアクシデントなどの入力画面

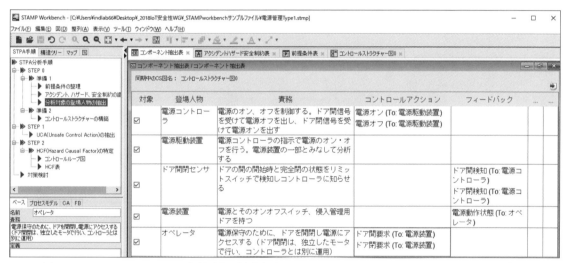

図 8.10　ステークホルダーの役割分担（責任）とコントロールアクション・フィードバックの定義

　これらの記述は抽象度が高いため、いくつかの仮定をして分析を進める必要がある。ドアの開閉は保守員が手動又は開閉ボタンとモータなどの開閉操作機構を用いて行う、ドアの開閉はリミットスイッチのようなセンサーで検出する、ドアの開閉は保守員に任せシステムの外部環境として扱う、などである。

　分析ツールは、アクシデント、ハザード、安全制約の定義から始める（左側のメニューに沿って入力してゆけばよい）。これらの各定義には一意的な記号がつけられ、N 対 N の関係で紐づけられているため、データとしてのトレーサビリティが確保されている。分析の途中で定義を変更してもデータとしてのトレーサビリティは必ず整合性を持って確保されている。図 8.9 は、この入力画面である。

　次のステップは図 8.10 に示すような、ステークホルダーの役割分担（責任）の定義と、コントロールアクション・フィードバックの定義である。この表を定義すると、図 8.11

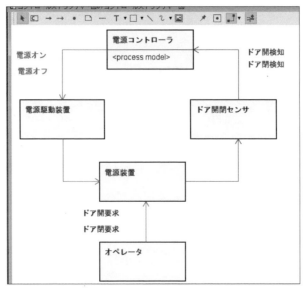

図 8.11 制御構造図とコントロールアクション

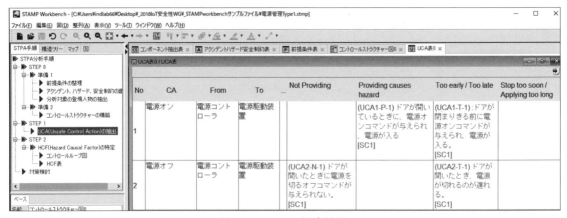

図 8.12 UCA の同定結果

の制御構造図が自動的に描画される。ただし、描画後に手動操作で各要素の位置関係を見やすいように調整する必要はある。**図 8.8** と比べると、コントロールアクションやフィードバックがより詳細化されていることが分かる。

次の Step-1 は、UCA の同定であるが、この結果を**図 8.12** に示す。制御構造図で定義したコントロールアクションに従ってこの表の骨格は自動で作成され、UCA を入力するとその番号も自動で振られる。ドアが開いているときに電源がオンにされたり、ドアが開いた時に電源オフの指示がでなかったりというのは自明であるが、タイミングのエラーで、ドアが閉まりきる前に電源がオンになったり、ドアを開けた後に電源オフのタイミングが遅れたりといった時間遅れに関する UCA も、四つの分類を使えば容易に発想できる。入域用のドアと電源までの位置関係に依存して時間遅れの許容時間まではこの段階では指定はできないが、詳細設計に際しての大事な安全要求となる。

第 8 章　システム思考で考えるこれからの安全分析/STAMP

教科書では、この UCA の分析結果に基づいて、下記のようなコンポーネント安全制約の詳細化を行っている。

A: ドアが開いているとき、電源は常にオフでなければならない。
B: ドアが開いてから x ミリ秒以内にオフコマンドが与えられなければならない。
C: ドアが開いているときにオンコマンドはけっして出されてはいけない。
D: ドアが完全に閉まる（隙間が y ミリ以内）までオンコマンドはけっして出されてはいけない。

教科書での分析はここまでであるが、Step-2 のハザード誘発シナリオとその対策（コンポーネント安全要求への展開）がツールではできるようになっているので、いくつかのシナリオと対策を入力した。その結果の一部を図 8.13 に示す。ハザード誘発シナリオは、一つの UCA について、前節で述べたような分類に沿っていくつか導出されるが、そのシナリオごとに対策を記載することになる。ここで注意が必要なのは、例えば、コントローラー故障（ここでは計算機による制御を想定している）の場合に、その対策として、「コントローラーが故障しないこと」といった自明でしかも検証できないような記述をすることがないようにしなければならない。本事例では、本書の 5 章で述べた IEC 61508 の規格を想定して、フェールセーフのアルゴリズムにするとか、自己診断機能を付ける、ソフトウェア冗長化の設計にするといった安全要求を記載した。ここで分析した対策（コンポーネント安全制約・安全要求）の一覧を、コンポーネントごとにまとめて下記に示しておく。

コントローラー故障
・コントローラーハード故障時は安全側（電源オフ）になるフェールセーフ設計とする（例えば、変数 =-1 で電源オン、それ以外で電源オフ）又は、自己診断機能を持たせる、ソフトウェア冗長性を持たせることもある。

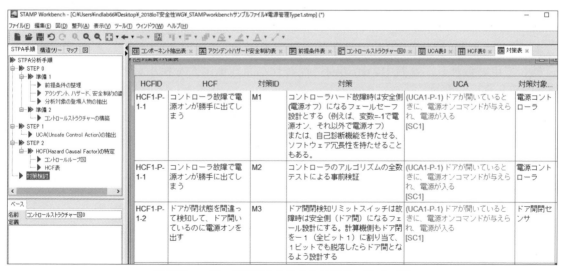

図 8.13　ハザード誘発シナリオと対策の一覧（一部）

- アルゴリズムのバグは全数テストで検証。特に、ドア開・閉が複数回繰り返すノイズに注意する。
- ドア開要求を受け取ったら Ymsec 以内に電源をオフにする。（テストにより、コントローラールゴリズムとコントローラー性能の完全な検証を行う）

ドア開閉センサー
- ドア開閉検知リミットスイッチは、故障時は安全側（ドア開で電源断）になるフェール設計にする。計算機側もドア閉を－1（全ビット1）に割り当て、1ビットでも脱落したら安全側（ドア開）となるよう設計する
- ドア閉のリミットスイッチの設定は、ドアの隙間が十分に狭くなる（手も入らない）位置で設定する

駆動装置と電源本体
- ドア完全閉検知センサーと電源オン検知センサーをつけ、誤作動の場合アラームを出す。又は、電源作動時は作動ランプを点灯して保守員が認識できるようにする。
- 駆動装置故障時には電源オフになるようなフェールセーフ設計とする。電源スイッチ固着がない、又は、十分な実績のあるスイッチを採用する
- 駆動装置の電源オフの駆動時間は Ymsec 以内であることをテストで検証する。
- 電源スイッチの一次側には触れられない構造にする、

　上記が、一連の STPA の分析の流れである。最終的に導出したコンポーネント安全制約は、安全設計に関わる経験を持った人であれば自明のことかもしれないが、これらが、トップダウンで、しかも、トレーサビリティを持って導出されている点に留意されたい。このトレーサビリティは、運用後の安全に関わる設備の変更管理、機器の劣化に関わる安全監視指標の策定などに役立つと考えられる。

8.5　事例2·鉄道踏切における安全監視装置“とりこ検知”

　本節では、STAMP/STPA の具体的な適用事例として、鉄道における踏切制御装置と連動して用いられる、遮断中の踏切内に捉われた通行車・人を検出して踏切の安全を確保する“とりこ検知装置”の安全分析例を紹介する。本事例は、IPA/SEC から出版された「はじめての STAMP/STPA（実践編）」[10] の中で紹介されているものである。本書では、分析対象システムを、複数の異なる視点から制御構造図としてモデル化し、それぞれの分析結果の違いに焦点を当てて紹介する。

（1）対象システムの概要

　“とりこ”とは、鉄道踏切において、遮断機が下りた状態で踏切内に人あるいは車が取り残されている状態のことを言う。“とりこ検知”とは“とりこ”の有無を検知し、検出すると接近中の列車（運転士）に伝えて衝突を回避するものである。

表8.3 登場人物と役割

	登場人物	役割（安全関連責任）	備考
1	障害物検知装置	踏切遮断中に踏切内に車があるか否か検知し、車を検知すると特殊信号発光機に点灯指示を出す。 "とりこ"解消時に特殊信号発光機に消灯指示を出す。	
2	特殊信号発光機	障害物検知装置からの指示を受けて点灯・消灯する。	
3	通行車・人	踏切を通行する車。踏切遮断開始時に、踏切に進入してはならない。また踏切から退出しなければならない。 退出できずに滞留すると"とりこ"という。	
4	運転士	特殊信号発光機の発光を確認（視認）するとブレーキをかけて列車を緊急停止させる。（"とりこ"との衝突回避）	目視
5	列車	運転手に制御されて踏切に向かって進行中の列車	
6	踏切制御装置	列車の接近をセンサーで検知して踏切を遮断するとともに障害物検知装置に動作開始を指示する。また列車通過完了をセンサーで検知して踏切を開通するとともに障害物検知装置に動作終了を指示する。	

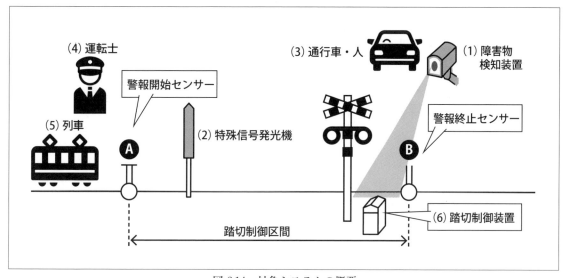

図8.14 対象システムの概要

対象システムの登場人物と、それぞれの安全にかかわる役割を表8.3に、また、対象システムの概要を図8.14に示す。

以後、下記に示す手順に従って解析作業を進める。この手順には、8.3節で示した4段階の手順のほかに、事前作業としての前提条件の整理と、Step-2で特定したハザード誘発シナリオを排除するための方策の検討と、それに基づくコンポーネント安全制約の立案作業を追加している。これらは、この後のシステム詳細設計へフィードバックされる。

・事前作業　前提条件の整理
・準備1　　アクシデント、ハザード、安全制約の識別

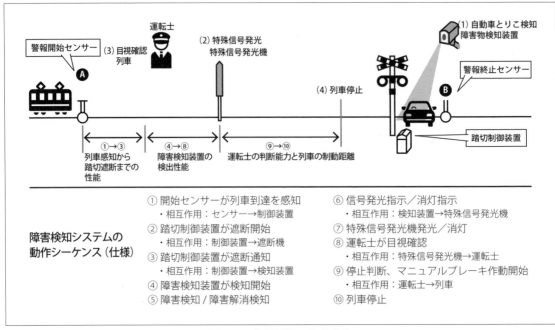

図 8.15　各装置間の連係動作

・準備 2　　制御構造図の構築
・STPA Step-1　UCA の識別
・STPA Step-2　HCS の特定
対策の立案　HCS を排除するための対策立案（設計上の安全制約）

（2）事前作業

本システムの安全性を解析するに当たって、最初に、前提条件を以下のように整理する。
1. 踏切遮断機・警報機は正常に機能するものとする（今回の分析対象から外す）
2. 分析範囲は、"とりこ"発生（踏切が遮断後）から列車停止までとし、列車停止後に乗客が線路に降りる、線路上を歩く、等によるアクシデントは解析対象外とする
3. 障害検知装置はカメラと画像診断装置によるものとする（他の手段は対策立案作業の中で考察する）

更に、対象システムの機能をより明確にするため、あるいは実態に合わせるために以下のように解析の過程で前提条件を追加した。
4. 障害検知は、踏切が遮断後に作動する（障害物検知装置は障害物になることの予測機能を持たない）
5. "とりこ"状態が解消されると特殊信号発光機を消灯する
6. 特殊信号発光機、警報開始センサー（列車の接近を検知し踏切制御装置に知らせるためのセンサー）、踏切の設置場所と各装置の性能の関係は図 8.15 の通りとする

第8章　システム思考で考えるこれからの安全分析/STAMP

表 8.4　アクシデント・ハザード・安全制約一覧

アクシデント (Loss)	ハザード（Hazard）	安全制約 (Safety Constraints)
（A1）列車が"とりこ"状態の車と衝突する ・通行中の人、車の運転手が死傷する ・列車の乗員、乗客が死傷する	（H1-1）"とりこ"発生時に特殊信号発光機が発光しない	（SC1-1）"とりこ"発生時に特殊信号発光機が発光すること
	（H1-2）"とりこ"発生中に特殊信号発光機の発光が停止する	（SC1-2）"とりこ"発生中は特殊信号発生機の発光が停止しないこと
	（H1-3）特殊信号発光機の発光を乗務員が目視確認できない	（SC1-3）特殊信号発光機の発光を乗務員が目視確認できること
（A2）特殊信号発光機が発光し続けて列車が走行できない	（H2-1）"とりこ"が発生していないのに特殊信号発光機が発光	（SC2-1）"とりこ"が発生していない時は特殊信号発光機は発光してはならない
	（H2-2）"とりこ"対応処理完了後特殊信号発光機の発光停止できない	（SC2-2）対応処理完了後特殊信号発光機を発光停止できなければならない

（3）アクシデント、ハザード、安全制約の識別

分析対象システムのアクシデントを識別し、そのアクシデントを防止するためにシステムに装備されている安全機能を整理する。

ここでは、アクシデントとして次の2つを考える。

（A1） 列車が"とりこ"状態の車・人と衝突し、車の乗員・人、列車の乗員・乗客が死傷する

（A2） 特殊信号機が発光し続けて列車が走行できない

一番目のアクシデントは、人命・財産の喪失の観点からみたものであり、二番目のアクシデントは、鉄道事業遂行不能という観点からみたものである。それぞれ重大なアクシデントであるが、いずれのアクシデントを取り上げて分析するかは、分析の目的に合わせて選択することになる。ここではアクシデント（A1）について分析を続けることにする。ハザードは"とりこ検知"が適切に機能しない状態であり、安全制約はその裏返しであることから**表8.4**のように識別できる。

（4）制御構造図の構築

鉄道の主目的は、安全に列車を走行させることであり、踏切（とりこ検知を含む）は安全装置である。列車を走行させるために、運転士が列車の加減速・停止をコントロールし、踏切は列車の進入・進出による開閉と、"とりこ検知"の開始・終了をコントロールする。さらに、"とりこ"を検知すると特殊信号発光機を発光させて運転士にフィードバックする。

これらの制御関係を、人（運転士）を中心に制御構造図を使ってモデル化したものが**図8.16**である（人中心の視点）。このモデルでは、列車の検知、"とりこ（状態）"の検知の各動作が下位の階層で表現されていることと、踏切からのフィードバックが列車を経由し

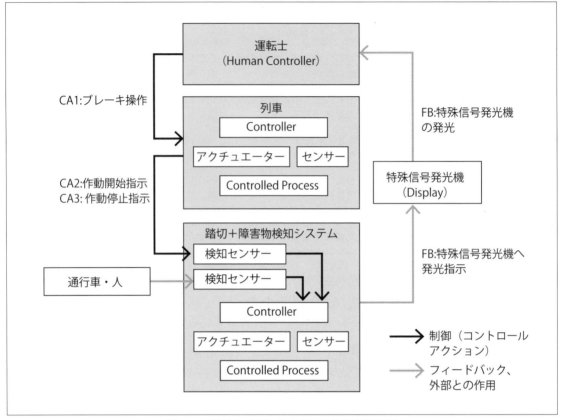

図 8.16 運転士（人）を中心にした制御構造図

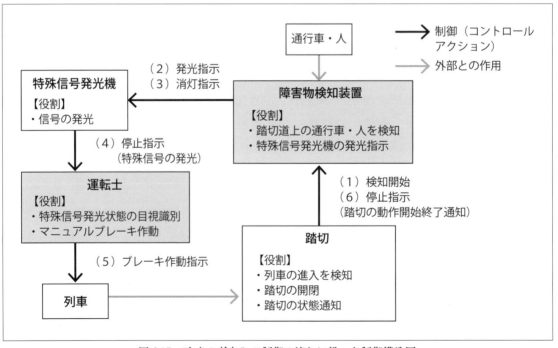

図 8.17 "とりこ検知" の制御の流れに沿った制御構造図

第8章　システム思考で考えるこれからの安全分析/STAMP

ないで直接運転士に入っているのが特徴である。

　一方 "とりこ検知" を実現する制御機能を中心に考えて、踏切システムを機能要素に展開（遮断機制御と障害物検知）したうえで、障害物検知装置を起点に要素間の制御の流れに沿って図8.17のように制御構造図を記述することもできる（制御の流れ中心の視点）。このモデルでは、図8.16のモデルではフィードバックとして表現されている「特殊信号発光機への発光指示」と「特殊信号発光機の発光」がコントロールアクションとして表現されておりフィードバックが存在しなくなっている。

(5) UCA の識別

　上記に示したように、この事例では、2種類の制御構造図によるモデル化が可能である。人（運転士）を起点にシステムをトップダウンに構築した「人中心の視点」による制御構造図（図8.16）と、"とりこ検知" 機能を中心にコンポーネントに沿って構築した「制御の流れ中心の視点」による制御構造図（図8.17）の2種類である。「人中心」の制御構造図は、階層化されているが下位階層までを見た時のコントロールアクション（制御動作）とフィードバックを合わせたすべての動作は、「制御の流れ中心」の制御構造図のすべてのコントロールアクションと同じである。フィードバックとして表現するか、コントロールアクションとして表現するかが異なっている。このことはUCA（非安全制御動作）の識別対象となるコントロールアクションが「人中心」の方が少ないということにもなる。もう少し詳しく言うと、「人中心の視点」でモデル化すると分析対象の重点が人の動作に当てられることになる。8.3節で述べたように、システミック・アプローチでは、適切な抽象化によるシステム全体の理解が重要であり、運転士が何をすべきか（役割）、そのために、どんなフィードバック情報が必要かをトップダウンで考えるには、この「人中心の視点」が大事になる。

　一方で、従来の安全設計の視点でいうと、「制御の流れ中心」の流れの方がわかり易いかもしれない。システムを構成する各ハードウェアの役割が明示的に出てくるためである。ここでは、システム構成要素を広く、かつ、漏れなく分析するために、この「制御の流れ中心」のモデルに基づいてUCAの識別を行った事例を紹介する。

　まず、制御構造図（図8.16）のコントロールアクション（CA）全てに、8.3節で述べた4つのガイドワード（N:Not Providing、P:Providing causes hazards、T:Incorrect Timing/order causes hazards、D:Incorrect Duration）を適用してUCAを識別する。

　踏切から "とりこ" 検知装置へのCAである「検知開始指示」にこのガイドワードを適用すると、N（Not Providing）では、踏切が閉まっているのに "とりこ" 検知が開始されないため、"とりこ" 状態の人や車があったとしても検知されないので特殊信号発光機が発光されず、運転士が（自分自身で踏切内の人、車を目視するまで）ブレーキを掛けることができず事故につながる可能性がある。安全制約「(SC1-1) "とりこ" 発生時に特殊信号発光機が発光すること」に違反し、ハザード「(H1-1) "とりこ" 発生時に特殊信号発光

215

機が発光しない」につながる。また、P（Providing causes hazards）では、踏切が閉まっていないときに"とりこ"検知を開始させると、人や車が横断すると"とりこ"として検知してしまうため特殊信号発光機が発光するが、列車はいないため何も起こらない。従ってUCAにはならないが、次に列車が接近したときに列車を停止させてしまう可能性がある。これは、分析の対象からは外したアクシデント「（A2）特殊信号発光機が発光し続けて列車が走行できない」につながる。T（Incorrect timing/order causes hazards）では、検知開始指示が遅れると「N」と同様の結果になる可能性があり、検知開始指示が早すぎると「P」と同様の結果になる可能性がある。

　残りのコントロールアクションそれぞれにガイドワードを適用した結果を**表8.5** UCA識別表にまとめて示す。なお、一部のUCAについては、"とりこ検知"とは関係なく通常の運転操作中に運転士が障害物を発見するとブレーキを動作させて停止すべきであるので、今回の解析ではUCAとはしていない。

　なお、コントロールアクションがどのコントローラーからどの制御対象プロセスに出ているかが容易に判別できるように"FROM"、"TO"の欄を設けるとともに、UCAにコントロールアクションの番号とどのガイドワードを適用したかがわかるように次のような識別子を付けている。

　識別子:UCAn-N/P/T/D
　n:　CAの番号

　この識別子は、HCSを導出する際に、都度制御構造図やUCA識別表に戻って確認する手間を省き、また、複数のエンジニアの間での議論の混乱を避けるために重要である。（IPAで開発されたSTAMP/STPA分析ツール（STAMP Workbench）でサポートされている）

(6)ハザード誘発シナリオ（HCS）の特定

　ここでは、HCS導出に当たりSTPAの手順で示されている**図8.7**を参考に「はじめてのSTAMP/STPA（実践編）」[10]　で提案されている人対人のヒントワードを利用してHCSを記入している。

　以下、**表8.5** UCA識別表で識別したUCA10個から代表的なHCSを示す。なお、CA，UCA，HCSの間の整合性のとれたトレーサビリティを保つためにHCSにそれぞれ以下のような識別子を付けた。

　HCSn-N/P/T/D-m
　n:CAの番号
　m:UCAごとに導出したHCSの連番

　以下、主に環境や人に関わるいくつかのUCAに関してのHCSの例を挙げるが、全ての分析例は文献[10]にゆずる。制御構造図の中の特定のUCAに着目して、フィードバックループの中で自由に発想できるところが利点といえる。

表8.5　UCA識別表

	コントロールアクション	Not Providing	Providing causes hazards	Too early/Too Late	Stop too soon/Applying too long
1	(踏切→検知装置) 検知開始指示 (踏切の動作開始通知)	(UCA1-N) 検知開始指示が出ないので検知できないので発光せず SC1-1違反	踏切開状態で特殊信号発光機を発光する	(UCA1-T) Too Late で検知開始が遅れ、特殊信号発光機の発光が遅れるので検知できない時間がある SC1-1違反 Too early で "とりこ" でない車を検知し発光指示する可能性あるがハザードにはならない	―
2	(検知装置→特殊信号発光機) 発光指示	(UCA2-N) とりこがあっても発光せず列車を停止させない SC1-1違反	"とりこ" がないのに発光して列車を停止させる	(UCA2-T) Too late で発光開始が遅れ、列車が停止できない（ブレーキをかけるのが遅れる）SC1-1違反	―
3	(検知装置→特殊信号発光機) 消灯指示	"とりこ" 解消しても特殊信号発光機消灯せず	(UCA3-P) "とりこ" 中に特殊信号発光機消灯 SC1-2違反	(UCA3-T) Too early 同左	―
4	(特殊信号発光機→運転士) 停止指示 (特殊信号の発光)	(UCA4-N) "とりこ" があっても発光せず列車を停止しない SC1-1違反	"とりこ" がないのに発光し列車を停止させる	(UCA4-T) Too lete で発光開始が遅れ、列車が停止できない（ブレーキをかけるのが遅い）SC1-1違反	―
5	(運転士→列車) ブレーキ作動指示	(UCA5-N) 運転士が特殊信号の発光を認識できず列車を停止しない SC1-3違反	"とりこ" がないのに停止する	(UCA) Too late で列車停止が間に合わない（ブレーキをかけるのが遅い）→今回対象外とする	(UCA) Too soon で列車停止が間に合わない（ブレーキを途中で解除）→今回対象外とする
6	(踏切→検知装置) 検知停止指示 (踏切の動作停止通知)	"とりこ" がないのに発光し列車を停止させる	(UCA6-P) 列車が在線中に検知停止指示が出ると "とりこ" があっても発光せず列車を停止させない SC1-2違反	(UCA6-T) Too early で "とりこ" があっても発光せず列車を停止させない SC1-2違反	―

① UCA2-N に至る HCS

「"とりこ" があっても特殊信号発光機を発光せず列車が停止しない（SC1-2違反）」というハザードに至るシナリオとして以下の4通りが考えられる。

(HCS2-N-1) 検知装置の故障で "とりこ" 発生しても検知できないので、発光指示を出さない（不適切な制御アルゴリズム）

(HCS2-N-2) 認識アルゴリズム不良で "とりこ検知" できず発光指示を出さない

(HCS2-N-3) 外部環境不良のため "とりこ検知" できず発光指示を出さない

（HCS2-N-4）カメラのレンズが汚れて検知できず発光指示を出さない

　この中で、外部環境不良で"とりこ検知"ができない具体例として下記のような一般的要因が考えられるが、これらはとりこ検知装置の過去の運用から経験的に得られたノウハウでもある。

・雪、雨の影響
・丸い形状（タンクローリー）
・小さ過ぎる（子供、倒れた人など）
・夜（カメラの場合）
・カメラレンズが障害物で遮蔽される

② UCA5-N に至る HCS

　「運転士が特殊信号発光機の発光を認識できず列車を停止しない（SC1-3 違反）」というハザードに至るシナリオとして以下の4通りが考えられる。

（HCS5-N-1）認識するのが遅れた
（HCS5-N-2）外部環境不良のため発光視認できず列車停止が間に合わない
（HCS5-N-3）特殊発光機が故障にも関わらず普段消灯しているので故障に気が付かないで列車停止が遅れる
（HCS5-N-4）体調不良又はよそ見でブレーキが遅れる

　（HCS5-N-1）と（HCS5-N-3）と（HCS5-N-4）は、人間の特性から発生するものであり、（HCS5-N-2）は外部環境からの影響によるものである。発光を認識できない外部環境不良の具体的理由としては下記のようなものが考えられる。

・雪、雨、霧による視界不良
・逆光が強い
・線路が大きくカーブしている
・途中にトンネルがある
・途中に遮蔽物（木など）がある

(7) HCS を排除するための対策立案（コンポーネント安全制約）

　上記で導出した HCS が明確になると、それを防ぐための対策は詳細設計への要求事項（コンポーネント安全制約）として比較的容易に立案できる。もちろん、工学的、経済的な制約から実現できるものとそうでないものがあるし、外部環境やヒューマンエラーのようにどこまで最悪の条件で考えるかというあいまいさは残る。

　例えば、下記のような二つの HCS の事例を考える。

（HCS2-N-2）認識アルゴリズム不良でとりこ検知できず発光開始指示出さない

対策：車を認識する場合、車の方向（前方／後方／斜め）、形状（乗用車、トラック、バス、コンテナ、自転車、バイク）、大きさを、車以外を認識する場合、種類（人、人以外の動物）、状態（起立、移動、転倒）、数などのバリエーションを考慮していな

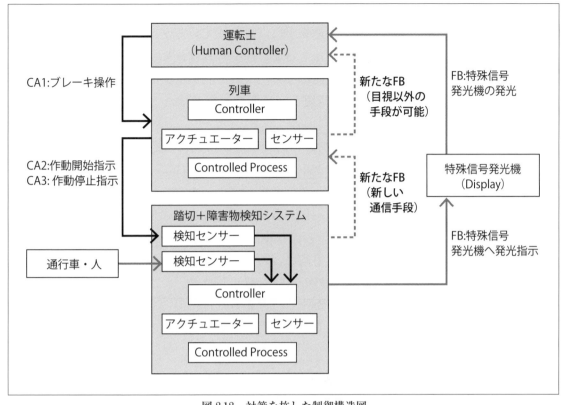

図 8.18　対策を施した制御構造図

ければならない。また、逆光、発光（とりこからの）など光に関する環境条件も考慮する必要がある。さらに、カメラの2台化（別角度からの像を合わせて検知）或いはカメラ以外の認識手段も考慮する必要がある。

(HCS2-N-3) 外部環境不良のためとりこ検知できず発光開始指示出さない
　　　　・雪、雨、霧による　　・反射光強すぎ　　・夜（カメラの場合）

対策：カメラを入力に使用する場合、入力光の量で制約が出るため感度、フィルタ、赤外線対応等も考慮する必要がある。評価用反射板を設置して環境不良をチェックすることも考慮する。

これらは、「とりこ」の検出条件や検出時の環境条件を記載したものであるが、実際の設計にあたっては、工学的な限界を考えて設計せざるを得ない。極端な悪天候時に「とりこ」を検出するのは困難であるし、小動物と人の違いを全て識別して検出することも困難である。しかしながら、このようなコンポーネント安全制約は、設計上の限界を明示化するという説明責任のためには役立つといえよう。ここで示した安全制約は、想定したアクシデント、ハザードからトレーサビリティを持って論理的に導出されたものであり、安全論証に用いることが出来るし、運用後の安全管理に用いることもできる。

また、UCA5-N「運転士が特殊信号発光機の発光を認識できず列車を停止しない（SC1-3違反）」というヒューマンエラーにもかかわるHCSに関しては、「人中心の視点」に基づ

く制御構造図（図8.16）を見ると別の対策があることに気づく。ここでは、踏切からのフィードバックが列車を経由しないで運転手に直接入っているが、もし、新たに踏切からのフィードバックを列車に入れるようにすることができれば、ヒューマンエラーを排除して自動的に列車を停止させることが可能になる。これを制御構造図として明示化したのが図8.18である。ただし、実現には、踏切と列車間の無線通信など大きなコストが必要になることも考慮しなければならない。

　ところで、この対策は図8.17の「制御の流れ中心」の制御構造図からは気づくのが難しいことにも気づく。このことは、モデル化の視点、抽象度によって考えられる対策の範囲に影響がでる可能性を示しており、システム思考によるモデル化（システム全体の安全制御構造をある抽象度で理解してモデル化する）の重要性を示す良い例として参考にしてほしい。もちろん、「人中心」と「制御の流れ中心」のどちらがシステム全体を理解するのによいかは、システムの開発側や運用側などの立場によって変わってくるので、どちらが正解ということはない。ただ、想定外の事故を減らしたり、システムの経済性と安全性の両立を考えたりする場合に、どちらか一つの考え方だけに偏ってしまうことなく、広い視野でシステムの安全思想を考えてゆくことが大事であるといえる。

8.6　事例3・高齢者見守りサービス

　IoT 技術の進展と普及に伴って、いろいろなサービスが提供され始めている。しかしながら、IoT を用いたサービスシステムは、複数のベンダーにまたがる分散協調型のシステム開発に依ることが多く、大組織を中心にした集中統合型システム開発と異なるトラブルも予想される。分散協調型のシステムでは、独立のベンダーが相互に情報を利用しあってサービスを提供するため、多様で付加価値の高いサービスを迅速に提供できるが、その一方で、サブシステム相互の情報利用に矛盾が出てきてサービスが安全を脅かすことになったり、何らかの被害が出た際の責任の所在があいまいになるといった問題点の可能性もある。このようなシステム開発に際して、STAMP に基づく安全分析法がどのように役立つかを具体的に見るため、本節では、高齢者（独居）世帯の見守りサービスシステムの安全分析例を紹介する[14]。

　高齢者世帯の監視では、プライバシーに配慮した形で生活動作情報を得る必要があるが、多様で安価なセンサーと通信手段を持つ IoT 機器がこれを可能にする時代になりつつある。その一方で、運用環境の変化やそれに対応できない不十分な設計などで、トラブルを起こしたり、責任の所在があいまいになったりする可能性がある。これを最小化するには、本章で紹介したシステム全体を俯瞰して安全を考えるシステミックで論理的な思考が大事であり、そのための分析ツールとしての STAMP/STPA がどのように役立つかを、具体例を通して考えてみたい。ここで事例としたのは、高齢者の見守りサービスシステムであるが、実際にシステムが提供され、さらには、不具合を起こしたものである。ただし、プ

ライバシーに配慮して、サービスの提供形態を抽象化して説明することにする[14]。

(1) 高齢者見守りサービスシステムの概要

図 8.19 に今回想定した高齢者見守りサービスシステムの構成を示す。高齢者が住居に在室の場合、生活動作を、電気・ガス・水道メータの動きやトイレ・冷蔵庫などの動作音を用いて、健全な生活をしているかどうかをプライバシーに配慮した形で監視できる。このとき、一定時間（X 時間とし、対象者の生活習慣に応じて設定する）連続で生活動作の兆候が検知できないとき、高齢者に何らかの異常があったとして、IoT 見守りシステムが警備サービスシステムに通報し、緊急の介護駆けつけを行う。この事例では、在室か不在かの判断は施錠センサーを用いて行い、その結果を遠隔地にある警備サービスシステムに表示し、そこで、在室で生活動作なしの警報が出た場合に、警備員が現地に駆けつけて介護を行うと仮定している。警備員呼び出しブザーも備わってはいるが、今回の分析では省略した。また、実際のサービスでは、地域の生活補助員の定期訪問などもあるので、「在室・不在・生活動作なし」といった表示は、各住居の扉に表示する場合もあるかもしれないが、ここでは、サービスシステムの本質的挙動のみに着目して、図のような抽象化を行った。

生活動作の検出には下記のような形態が考えられる。この検出アルゴリズムもシステムの大事な技術ではあるが、ここでの事例としては、このいずれか一つを採用するという仮定で分析を進める。

①生活動作を状態として捉える場合
・水道、ガスは、流量計があるとし、流量ゼロが X 時間以上続くと「生活動作なし」とする。（水道閉め忘れ、ガスストーブ消し忘れなどは、生活動作ありになるので注意が必要）

②生活動作をイベントとして捉える場合

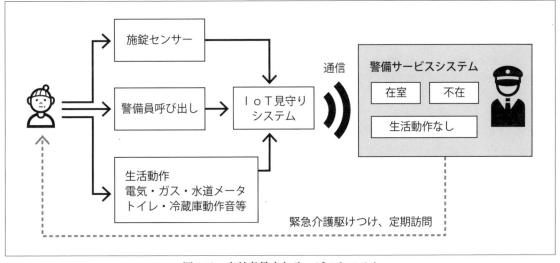

図 8.19　高齢者見守りサービスシステム

・電気は、冷蔵庫など常時通電機器があるので、On/Offのイベントを検知して、イベントがない状態がX時間以上続くと「生活動作なし」とする
・ガスコンロやガス風呂なども、使用開始・終了をイベントとして捉えて生活動作ありと判断する
・トイレ使用、冷蔵庫開閉音などは、振動センサーでバースト音を捉えて生活動作とする

　見守りサービスシステムへの要求仕様は、上記の生活動作の有無が検出可能という条件のもとで、高齢者が一人で在室の時に、何らかの異常で生活動作が連続してX時間以上ない時に介護に駆けつけるということである。在室・不在の判断は、ドアの施錠センサーを用いて行う。

　このようなシステムを考えた際に、最初に以下の仕様が作成された。この仕様の欠陥が見つかるかどうかが本節の課題となる。

①ドアを中から施錠で、監視開始（在室表示）
②ドアを外から施錠で、監視解除（不在表示）
③在室時に中から解錠しても、監視継続（在室表示）
④不在時に外から解錠しても、監視解除継続（不在表示）
⑤在室時にX時間以上生活動作がなければ、「生活動作なし」警告を表示し警備会社に通報
⑥不在時には「生活動作なし」警告は表示されない
⑦「生活動作なし」警告は、X時間経過後でも、生活動作が検出されるか、又は、高齢者が外出し、ドアを外から施錠するか、警備員が見守りシステムにアクセスして強制解除すれば、解除される。

(2) STPAによる安全分析

　以上の仕様の問題点を探るためにSTPA分析を行ってみる。最初に、システムのアクシデントとハザード、安全制約を次のように定義する。

アクシデント：高齢者が在宅時に倒れた際、介護に駆けつけることができずに対応できない

ハザード：高齢者が、X時間以上生活動作がないとき、放置されたままの状態になる

安全制約：高齢者が、X時間以上生活動作がないとき、必ず介護に駆けつける

　上記の仕様に基づいて、作成した制御構造図が、図8.20である。システム全体の安全制御構造を俯瞰的に把握するために、コンポーネントを、「住居・独居高齢者」、「IoT見守りシステム」、「警備サービスシステム・警備員」という三つに抽象化して考える。この時のコントロールアクションは、上記①②の仕様に対応して、CA1:内鍵施錠による監視開始（在室表示）、CA2:外鍵施錠による監視解除（不在表示）となる。これは、「住居・

第8章　システム思考で考えるこれからの安全分析/STAMP

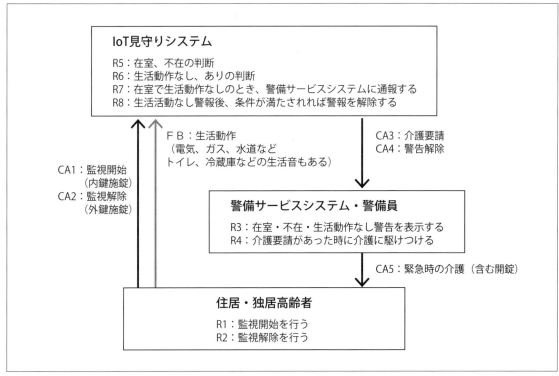

図 8.20　高齢者見守りシステムの安全制御構造図

独居高齢者」コンポーネントの安全責任として R1, R2 を果たすためのコントロールアクションといえる。一方、「IoT 見守りシステム」の安全責任は、R5～R8 に記したように、施錠センサーによる在室・不在の判断、生活動作の監視と通報（X 時間連続して生活動作がない場合の通報）、生活動作なしの警報解除、がある。これに対応したコントロールアクションは、CA3: 介護要請、CA4: 警報解除である。このコントロールアクションに必要な情報は、施錠センサーによる在室・不在の判断であり、生活動作情報フィードバックである。ここで生活動作情報をコントロールアクションにせずにフィードバックとしたのは、介護要請という IoT 見守りシステムの通報行動が安全責任の本質であり、生活動作情報というのは、その安全責任を果たすための情報の一つであるという考え方によっている。生活動作情報を知らせることを安全責任としてしまうと、独居高齢者が異常情報を知らせる責任があることにもなってしまう。例えば、水道を閉め忘れたまま意識不明になったような場合を想定すると、生活情報は健全なままになって意識不明を見逃すことにつながるが、これは、独居高齢者自身のヒューマンエラーという責任になってしまうことになる。このように、安全責任の存在とコントロールアクション、フィードバックの意味を明確に定義し、ステークホルダーの共通の理解を得ておくことが大事であることを示している[*5]。最後に、「警備サービスシステム・警備員」コンポーネントの安全責任は、在室・

---

*5) 8.3 節で述べたとおり、コントロールアクションとフィードバックを取り違えても、分析されるハザード誘発シナリオの結果には重大な違いはない。

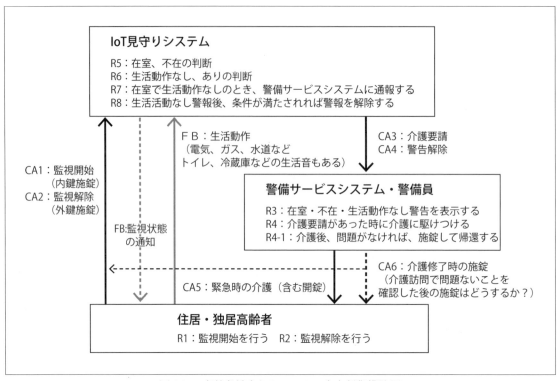

図 8.21　高齢者見守りシステムの安全制御構造図

不在・生活動作なし警告の表示と警備員の介護駆けつけであり、コントロールアクションは、CA5：緊急時の介護となる。

　この図を可視化してみてわかることは、緊急時の介護では、施錠ドアを警備員が開ける必要があるということである。つまり、ドアのカギは、独居高齢者だけでなく、警備員も持っているということに気づく。自宅のカギを親族ではない第三者が持っているのは不安かもしれないが、警備会社がきちんと管理した状態で預けておけば問題は少ないといえる。このとき、警備員が解錠できるのであれば、介護訪問で住民が元気であることが確認でき帰社する際には、施錠もできるということに気づく。

　この気づきに基づいて制御構造図を書き換えると、図 8.21 に点線で示すようなコントロールアクション、CA6：警備員による施錠、があることに気づく。このコントロールアクションは、同時に、IoT 見守りシステムへの監視解除の指示にもなる。そこで、図 8.21 の安全責任 R4-1 として「介護後問題なければ施錠して帰社する」という項目を追加した。ただし、この安全責任は、同時に監視解除を意味することになり不適切な安全責任の定義になっていることが、後の分析で指摘される。もう一点、図 8.21 の制御構造図を見て気がつくことは、監視開始、監視解除という住民から IoT 見守りシステムへのコントロールアクションに対するフィードバックがないことである（図内には点線でこれを示した）。鍵の施錠・解錠操作で、意識せずに監視を開始したり解除したりすることは便利ではあるが、独居高齢者の自己責任として監視を依頼するという考え方をとると、監視状態を独居

高齢者自身に知らせるフィードバック情報を提供したほうが良いことにもなる。このフィードバックは、室内で住民自身が確認できるようなランプやディスプレイのような表示装置で簡単に実現できる。

こうして作成した安全制御構造図に基づいて、STPA 分析を行った結果を以下に示す。今回行ったのは、STPA の効果が確認できる UCA までの分析であり、また、4 通りの UCA も、焦点となる Not Providing（NP）と Providing causes hazard（P）の二通りのみに絞っている。これらの簡略化は、STPA の手順全てを踏まなくても十分に役立つ分析結果が得られることを示してもいる。また、対策（ア）～（オ）も併記したが、この詳細は後述する。

① CA1 監視開始（内鍵施錠）
　NP（内鍵施錠忘れ）在室でも監視しないのでハザード　対策（ア）
　P（内鍵施錠）監視を開始するが、誤った生活動作（水道閉め忘れなど）で、実際は異常なのに、異常なしと誤解してハザード　対策（イ）
② CA2 監視解除（外鍵施錠）
　NP（外鍵施錠忘れ）在室してないのに監視継続は、安全側
　P（外鍵施錠）本人以外の人が施錠したとき、本人が中にいると、監視解除になるのでハザード　対策（ア）（ウ）
③ CA3（警備会社への介護要請）
　NP（警備員へ確認を要請しない）警備員が確認に行かずにハザード　対策（エ）（オ）
　P（警備員確認要請）警備員が確認にゆくので安全側
④ CA4（生活動作なしの警報解除）
　NP：解除なしは安全側
　P：警備員が介護に出かける前に解除してしまうとハザード　対策（オ）
⑤ CA5（警備員の介護行動・含む外からの解錠）
　NP（警備員が介護に行かない）確認に行かないのでハザード　対策（エ）（オ）
　P（警備員が介護にゆく）安全側
⑥ CA6（警備員の外鍵施錠）
　NP　介護に行って本人が元気であることを確認した後に帰る際、外鍵をかけない。その後、本人が内鍵を施錠しないと監視が始まらないのでハザード　対策（ア）（ウ）
　P　本人が元気な時、外鍵を閉めて帰ると監視解除（本人在室なのに不在と思ってしまう）でハザード　対策（ア）（ウ）

以上の結果でハザードに至るシナリオを分類すると、
①内鍵施錠忘れ、又は、第三者による外鍵施錠により、在室なのに監視をしない
②生活動作の誤検知（住民の誤動作も含む）により、在室で生活動作がないのに生活動作

ありと誤判断してしまう。

③警備員への介護要請の伝達ミス（システム故障、監視画面の見逃し、警備員間の伝達ミスなど）

という3通りに分かれる。これらのHCSを防ぐための対策案はいくつか考えられるが、その前に、安全責任の在り方を考えておく。まずは、独居高齢者自身が監視の開始と解除に関して全責任を負うという考え方である。このとき、①の第三者による外鍵の施錠による監視解除は余計な動作になる。この場合、第三者（警備員）に対して、外鍵施錠を禁止するという手順を強いるということになる。そうすると、施錠センサー情報で監視の開始と解除を行うよりも、明示的に監視開始と解除のボタンを設けた方がよいことにもなる。前述のように、独居高齢者からの監視開始と解除というコントロールアクションへのフィードバック情報として、自身が監視されていることを知ることが出来る何らかの表示装置を設置する案もある。

このような独居高齢者自身の自己責任に基づくシステム設計のほかに、高齢者を想定したサービスでは、IoT見守りシステムを知能化して監視責任を機械側も分担するという考え方もある。下記の対策にも示したように、見守りシステムのアルゴリズムをより知能化して、住民が監視操作を忘れた場合に生活動作の有無から監視を自動再開するという考え方で、機械側の安全責任をより大きくするということになる。上記の②③の不具合は、サービスシステム自身の技術的、組織的な対応をより改善するということであり、安全責任としては、サービス提供側が負うという考え方になる。

これらの安全責任とHCSを考慮すると、下記のような対策案が考えられる。各UCAのハザードとの対応は既に示したとおりである。

（ア）監視開始忘れ　不在時（監視解除時）でも、生活動作が一度でも検出されれば、監視を開始する。

（イ）誤った生活動作の検出（水道閉め忘れなど）　複数の生活動作検出センサーを設ける

（ウ）本人以外が外鍵を施錠して監視解除にしてしまう
　・対策（ア）で監視を自動再開
　・ドアの外に監視再開ボタンをつけて警備員の責任で施錠した場合でも監視再開できるようにする
　・室内に監視状態表示盤を設け、独居高齢者自身で在室時に監視されていない場合は、これを再開することが出来るようにする
　・警備員の手順書を整備し、警備員は外鍵を施錠せず、独居高齢者に内鍵を閉めるよう促す

（エ）通信ライン、システムの故障は定期検査で対応。警備サービスシステムの警報を見逃すヒューマンエラーは、わかり易い表示と警報音の併用でなくす。組織内での人的通報ミス、介護先の住所連絡ミスなどは、訓練で補う。

（オ）警報解除は、現地の見守りシステムでしかできないとする。又は、介護後の報告
を持って、警報を解除する手順とする。

(3) 安全責任と権限委譲・移譲

前節のSTPA分析の結果に基づいて、安全責任の問題を整理してみる。

この範囲で、システム全体の安全責任の主体として、次の3通りを考えてみる。

①独居高齢者自身が、サービス依頼者であり、かつ、監視と解除に責任を持つ場合

この場合、独居高齢者自身がサービスシステムを購入し、その使用（監視と解除、介護）に責任を持つ。そのためには、監視状態にあるかどうかをフォードバック状態として知らせることが望ましい。また、「警備員が訪問した後に不要な施錠をしない」という警備会社への運用責任を委譲（Delegation）する方策も考えておかねばならないかもしれない。「委譲」としたのは、間違って監視解除を警備員がしたとしても、その最終責任は独居高齢者にあるという考え方（自己責任）をとった場合である。しかしながら、見守られるべき対象者が一人住まいの高齢者であり、かつ、見守りサービスシステムの本来の社会的目的（孤独死の回避や地域での介護）を考えると、このような安全責任の考え方は割り切りすぎともいえる。

②警備サービス会社（含む警備員）がサービス提供者となり、監視と解除、ならびに、緊急時の介護に責任を持つ場合

警備サービス会社自身が、サービス全体の責任を持つという考え方である。その時、サービス失敗の責任をどこまで警備サービス会社が負うかは契約書として明確に決めておく必要がある。監視開始や監視解除には独居高齢者のミス、警備員のミスがありうるが、それぞれのミスの状況でサービス失敗の責任の取り方を決めておかないと混乱の元になりうる。生活動作の検出ミスも、IoT見守りシステムの要求仕様の欠陥によることがあり得るが、これも、警備サービス会社とIoT見守りシステムの開発会社の間の瑕疵条項の契約として決めておくことが望ましい。要求仕様まで警備会社が出し、システム運用に関する責任を全て警備会社に移譲（Transfer）されたとみなせる場合は、全ての責任を警備会社が持つことになる。この立場を明確に意識すると、見守りサービス失敗を防ぐための対策としても、前項で分析したいくつかの対策案がとれる。これらは、サービス失敗後の対策として行うと大きなコストがかかってしまうが、設計時の要求仕様の段階で考慮しておけば、最小のコストでのサービスシステムの性能向上につなげることが出来る。これは、STAMP/STPAの安全設計の考え方の重要な部分である。

③サービス提供会社が、全体のシステム並びにサービス運用に責任を持つ場合

IoT見守りシステムを開発した会社が、サービス全体の責任を持つという考え方である。この場合、サービス失敗の責任はサービス提供会社自身がすべて持つことになる。ただし、日常のサービス運用では、警備会社が主体となるため、どこまでの責任を委譲（Delegation）するかは契約で決めておく必要がある。この考え方についても、サービ

スシステムの運用前に明確化しておくことで、サービス失敗後のリコールのような余計なコストを防ぐことが出来よう。

　以上のように、3通りの運用形態に応じてサービス提供の異なる安全責任の考え方を例示した。これらは、あくまで例であり、どのような安全責任の分担にするかは、見守りサービスに関わるステークホルダーの間での合意として決めるべきものであるが、STPAによる制御構造図は、サービス提供に関わる複数のステークホルダー間での安全責任の取り方（委譲と移譲）を明確にするのに役立つといえる。併せて、事前のシステム設計や、サービス失敗が仮に起こった場合の事後対応などにも役立てることが期待できる。

(4) 分析結果の評価

　今回の事例は、事故原因の分析という面では簡単であり、すぐに要因に気づく人がいるかもしれない。しかしながら、安全責任の在り方という視点では、必ずしも唯一の答えがあるわけではなく、制御構造図による安全責任の可視化を通して、いくつかの選択肢を示せた。STAMP/STPAは、複数のステークホルダーの間で安全責任を含んだ設計思想やHCSをわかり易い形で共有化し、相互の視点で議論することで想定外の設計漏れや運用手順漏れを防ぐ方法といえる。今回の事例では、下記の具体的な観点からSTAMP/STPAの有用性が示されたといえる。

①制御構造図とコントロールアクション・フィードバックの作成を通して、安全責任が明確になり、複数の立場の異なるステークホルダーで共有できる。今回いくつかの仕様漏れともいえる欠陥がUCA分析で検出された。監視の開始と解除を施錠センサーで行ったため、本人のエラー、第三者のエラーを起こしやすくなったといえる。監視の開始と解除を完全な自己責任とする場合は、明確な監視開始・解除ボタンをつけるか、少なくとも、監視状態を住民自身が室内で知ることが出来るようにしておくという改善策がありうる。一方で、監視開始と解除を機械の判断に頼るのであれば、施錠センサーだけに頼るのではなく、機械側の在室判断のアルゴリズムを知能化したり、別のセンサーを併用して在室・不在の判断をするという改善策が出てくる。このような安全責任の明確化と、それらを設計仕様にどう組み込むかの判断は、複数のベンダーが関係するIoTシステムでは特に重要になろう。

②安全要求仕様の漏れのない作成に役立つ。制御構造図とそれぞれのコントロールアクションを明示化することで、第三者の外鍵施錠により監視解除されるという仕様欠陥に気づく。今回は、警備サービスシステムという遠隔監視盤での状態表示システムによる運用を仮定したが、これにより、警備会社側での監視負荷の増大や見逃しエラーの増大も想定される。これも、別のシステムを想定した分析と比較することで、より信頼性の高いシステムにすることも可能である。

③STPAの手順を全て踏襲しなくても役に立つ結果が導出できた。本例では、UCAを、

「Not Providing」と「Providing」だけで簡略化して評価し、UCA 以降のハザード誘発シナリオまでは評価しなかった。制御構造図の各コンポーネントの安全責任とコントロールアクションの整合性、フィードバックの必要性だけに注目し、UCA の分析結果を見ることで、システム全体の検討漏れ、改善策、異なる安全責任の考え方などを抽出できた。STPA の手順をそのまま踏襲するのでなく、それを簡略化することで、返ってシステム全体の安全機能を俯瞰化できる場合もある。

8.7　本章のまとめ

STAMP/STPA の具体的な実施手順とその背景にある考え方、ならびに、いくつかの分析事例を述べた。システム思考という方法論に基づいたハザード分析の考え方であるが、その背景には、最近の大きな事故事例の分析から反省される三つの考え方、「後知恵による解釈」、「想定外の事故」、そして「確率論評価による認知バイアス」という問題点である。最初の 2 項目については、本章で述べたように、STPA による安全制御構造の可視化と相互レビューによるプロアクティブな安全設計で、完全なハザード除去まではできなくとも、ハザードを大幅に低減、緩和できることが期待できる。「想定外を想定して安全設計をしなさい」という要求仕様は一見矛盾するようであるが、エンジニアの専門知識や過去の失敗経験によって想定できる範囲は異なるので、複数のステークホルダーによる相互レビューによる安全論証は、新しい製品ほど重要になる。事故が起こった後に初めて判明した知見を、事前にわかっていたように用いて責任追及をする、いわゆる後知恵 (hindsight) による議論も事故原因究明でしばしば見られる。しかし、これも誰かに責任を押し付けることで、返って、将来の危険性を除去する検討が不十分になる。安全制御構造の欠陥として客観的な形で事故原因を可視化することで初めて将来の危険性を除去できると考えられる。

確率論による分析は、今の大規模システムでは広く用いられており、それが重要であることは言うまでもないが、N.G.Leveson はその危険性も指摘している。未経験の製品では使用実績による故障確率が分からない、人の行動は環境や仲間の行動にも大きく影響され確率論では推測できない、長期の使用の間に環境が変わったり交換部品の故障確率が変わったりする、といった問題点を指摘している。最悪の環境の下で、システムの振る舞いを予想し、ハザードに至るシナリオを定性的に考えてそれを緩和する手段を考える、といったことは確率論ではできない。

トップダウンで抽象化・階層化した安全制御モデルを作り、システムズ理論に基づいて安全性を論証する STAMP/STPA という考え方を、N.G.Leveson の著作に沿って説明してきた。今後の新しい製品開発に必須となるであろうプロアクティブな安全論証での利用を期待したい。

引用文献（第 8 章）

1) 割れ窓理論 ,https://ja.wikipedia.org/wiki/ 割れ窓理論
2) 失敗知識データベース , http://www.shippai.org/fkd/cf/CA0000639.html
3) 慶応大学 SDM NEWS、
   http://www.sdm.keio.ac.jp/pdf/sdmnews/SDM_News_201301.pdf
4) N. G. Leveson, "Engineering a Safer World: Systems Thinking Applied to Safety (Engineering Systems)" , The MIT Press, (2012)
5) N.G.Leveson, "STPA Primer", (2013)
   http://sunnyday.mit.edu/STPA-Primer-v0.pdf
6) N.G.Leveson, 'STPA Handbook' , (2018)
   http://psas.scripts.mit.edu/home/get_file.php?name=STPA_handbook.pdf
7) エリック・ホルナゲル :Safety-I & Safety-II、海文堂、(2015)
8) Nancy Leveson's Home Page at MIT, http://sunnyday.mit.edu/
9) Überlingen mid-air collision, (2002)
   https://en.wikipedia.org/wiki/2002_%C3%9Cberlingen_mid-air_collision
10) IPA: 初めての STAMP/STPA（初級編、実践編、活用編）
    https://www.ipa.go.jp/files/000055009.pdf, （2016）
    https://www.ipa.go.jp/files/000058231.pdf, （2017）
    https://www.ipa.go.jp/files/000065199.pdf, （2018）
11) 兼本　茂 : これからの複雑システムの安全分析 STAMP/STPA、SEC journal, vol.52, p19, (2018)
12) IPA:https://www.ipa.go.jp/sec/tools/stamp_workbench.html、(2018)
13) 岡本　圭史、平鍋健児 : 安全性モデリングと STAMP/STPA, その最新ツール紹介、Sec journal, vol.52, p23, （2018）
14) IPA：STAMP ガイドブック / システム思考による安全分析、(2019)
    https://www.ipa.go.jp/files/000072491.pdf

第9章
ソフトウェアエンジニア
のための安全設計

　IoT・AI 時代と呼ばれるように、知的で複雑な工学システムが日常的に使われる時代に差し掛かっており、そのシステムの安全を保つためのシステム・ソフトウェア技術の重要性が増している。その範囲は広いが、特に安全に関わる重要な技術として、ウォータフォールとアジャイル開発プロセス、モデルベース開発、モデル検査、コーディングガイド、ソフトウェア FMEA という五つの要素技術を本章で紹介する。ここでは、既存の安全規格に取り入れられているものだけでなく、今後の安全設計に欠かせないものまでも含めている。それぞれの要素技術はそれだけで一冊の成書になり得るものであるが、安全設計への入門書という位置づけで、簡略化した説明を試みた。

9.1　ソフトウェアの安全設計とは

　本書の旧版「組込み技術者のための安全設計入門」は、国際規格戦争ともいえる、品質（ISO 8000, ISO 9001など）、環境（ISO 14000など）に続く第三の波としての機能安全規格（IEC 61508）の発行を受けて、その理解促進のために執筆されたものであった。そこでの主題は、ハードウェアとして製品内に隠れて組み込まれた安全制御ソフトウェアの安全設計が主であった。一方で、その後の技術進展は、IoT・AI時代と呼ばれるように、ネットワークに組み込まれた知的なセンサーや複雑なソフトウェア（AIも含む）により駆動される製品で、ソフトウェアがユーザーまで巻き込んだシステム全体の安全を主導するシステムを生み出している。本書では、これをソフトウェア・インテンシブ（Software-Intensive）システムと呼んでいる。このような時代の流れの中で、ソフトウェアエンジニアには、従来のソフトウェア工学の範囲にとどまらず、システムズ・エンジニアリングと呼ばれる分野や安全工学の知識までもが要求されるようになってきている。

　このような背景から、本章では、「ソフトウェアの安全設計」という視点でいくつかの安全に関係する重要なトピックスを紹介する。ここで、「ソフトウェア」という言葉を使っているが、ここには「システム」と呼ぶべきものも混在している。これは、前段で述べたように、ソフトウェアエンジニアの責任がより増し、システムとソフトウェアの境界があいまいになってきたことを意味している。

　本書で述べてきたIEC 61508のような安全規格では、ハードウェアとソフトウェアの両者を含んだシステム開発プロセスとソフトウェアだけの開発プロセスを分けて規定しているが、ここでは、ソフトウェアエンジニアリングとして定着している分野の方法論[2]を少し拡大解釈してシステム開発まで包含した概念として説明する。本章での、各方法論の呼び方はソフトウェアエンジニアリングの慣例に従うが、その理解に際しては、「要求仕様を絶対視し、それに従った完全なソフトウェアを作成する」ことだけではなく、「要求仕様の上位にあるシステムが果たすべき本来の役割は何かを考えて安全設計を行う」というシステム思考が前提である。今後のソフトウェアエンジニアが果たすべき方向でもある。

　近年の工学システムの安全関連系のほとんどはソフトウェアで作られているといっても過言ではない。しかも、自動車の自動ブレーキやICTを活用した高度な列車運行システムATACS（Advanced Train Administration and Communications System）[3]のような複雑な安全制御ソフトウェアが用いられつつある。今後は、人間と機械の協調安全制御という、さらに複雑な目標に向かってのチャレンジが始まってもいる。従って、前述のように、要求仕様を確実に実現するソフトウェア工学の方法論に加えて、ユーザーニーズに応える安全要求仕様とは何か、さらには、ユーザーも気づいていない想定外の事故をどう防ぐことができるかといったシステム思考の取り組みが必要になる。

　このソフトウェアの安全制御に関わる代表的な規格であるIEC 61508では、ソフトウ

第9章　ソフトウェアエンジニアのための安全設計

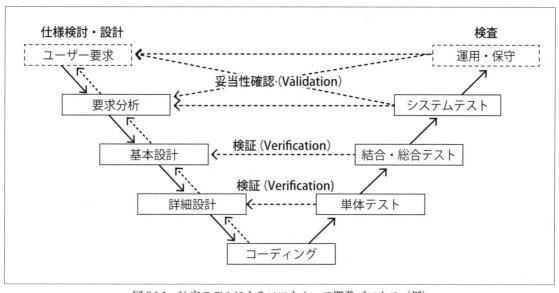

図 9.1.1　V字モデルによるソフトウェア開発プロセス（例）

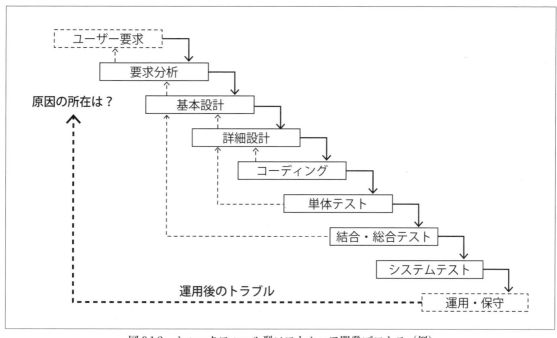

図 9.1.2　ウォータフォール型ソフトウェア開発プロセス（例）

ェア開発に際して、その仕様作成から設計、コーディング、テストに至るプロセスを図 9.1.1 に示すようないわゆる V 字モデルに基づいて体系的・規律的に行うことが要求されている。

　この V 字モデルは、通常のモデルと比べて、一番上位にユーザー要求を追記しているがこの点は後で説明する。

　この V 字モデルに基づいたソフトウェア開発プロセスは、ウォータフォールモデル（図

233

9.1.2) と呼ばれて多くの規格で要求されているものである。しかしながら、一般のソフトウェア開発に際しては、フレデリック・ブルックスの有名な著書「人月の神話」[1] の中で、20 年以上も前に、「ウォータフォールモデルは間違っていて有害でもある。我々はそれから脱却しないといけない。」との指摘もされている。

このウォータフォールモデルに関する安全関連ソフトウェア開発と一般ソフトウェア開発での認識のギャップは、単純で確実に動作する安全関連ソフトウェア開発の時代には問題にならなかった。しかし、今後の複雑な安全関連ソフトウェア開発に際しては、ウォータフォールモデルの限界や問題点をきちんと認識してソフトウェア開発を進めてゆく必要がある。

本章では、最近注目されている安全関連の重要な要素技術として、ウォータフォール・アジャイル開発プロセス、モデルベース開発、モデル検査、コーディングガイド、ソフトウェア FMEA をそれぞれ説明する。その位置づけは、**表 9.1.1** に示したとおりである。

表 9.1.1　本章の要素技術の開発プロセス内での位置づけ（例）

	ウォータフォール・アジャイル開発プロセス	モデルベース開発	モデル検査	コーディングガイド	ソフトウェア FMEA
要求分析	◯	◯			◯
基本設計	◯	◯			◎
詳細設計	◯	◯			◎
実装（コーディング）	◯	◯		◎	
単体テスト	◯	◯	◯		◯
結合・総合テスト	◯	◯	◎		◯
システムテスト	◯	◯	◎		

◯　開発工程と要素技術が強く関係する
◎　開発工程と要素技術が特に強く関係する

9.2　ウォータフォールとアジャイル開発プロセス [2]

図 9.1.2 に示したのはウォータフォールモデルであるが、初期の開発工程に加えて、下位の開発工程から上位工程へのフィードバックを点線で追記している。上意下達という一方向の流れではなく、各工程での検討作業の中で出てくる問題点を一つ上のプロセスへフィードバックして修正する作業であり、修正ウォータフォールモデルと呼ばれている [2]。後述する IEC 61508 でもこのフィードバックは明記されており、**図 9.1.1** の V 字モデルでも、この規格にならってフィードバックを明記した。

これらの開発モデルでは、一つ前の工程への修正要求しか出していないが、複雑なシステムでは、往々にして、システムテストや運用・保守段階で初めて欠陥が指摘され、最初の要求分析段階での欠陥に気づくことがある。運用後に気づいたこのような欠陥はリコールとして大きな経済的損失にもなる。MIT の N.G.Leveson は、「ソフトウェアに関係したトラブルのほとんどは、要求仕様の欠陥に起因する。要求仕様の欠陥により引き起こされる問題は、全てのコンポーネントやサブシステムのテスト、全てのシミュレーション、全ての検証努力をすり抜けてしまう。」と指摘している[4]。

また、図9.1.1 に示した V&V (Verification & Validation、検証と妥当性確認)の妥当性確認では、システムテストが、要求分析の内容を満たしているということだけではなく、本来のユーザー要求に応えているかというのも重要になる。本来のユーザー要求とは、システム開発に関わる担当技術者が明確に認識していない想定外のニーズが含まれるが、シ

コラム19　ソフトウェア障害発生に関する課題

電気・機械部品は一定の品質基準をクリアしたら出荷されるが、ソフトウェアは下図に示すように、一般的には計画したテストをすべて実施した後に、バグの新たな発見がなくなりすべてのバグに対策がうたれれば出荷している（はずである）。しかし、これはバグが発見されにくくなっただけで、ゼロになったということを意味するものではない。潜在的な欠陥は、潜在バグも含めて残っている可能性がある。

ソフトウェア開発は、品質管理プロセスの面でも多くの課題を抱えている。ソフトウェアは経年劣化せずランダム故障もないというメリットがある反面、一定の品質をクリアしているということを証明するのは、たいへん難しい。ハードウェアのような故障率を推定することは一般には困難である。

但しソフトウェアの故障率を定量的に推定可能と言う主張もある[6]。ランダムな外乱によって潜在バグが顕在化したり、待ち状態になったりすると、ランダム故障のように見えることから、原子力分野での確率論的安全評価では、ソフトウェアを用いた安全系もランダム故障とみなして取り扱われる場合もあるようである。

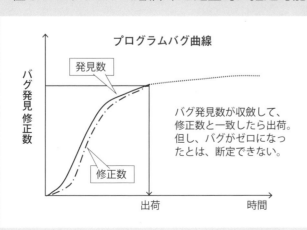

M.K.

ステムを実際に使う現場のユーザーにとっては想定しうる使い方や外部環境であることが多い。これらの本来のユーザー要求を開発の初期段階で掘り起こして設計に反映することは簡単ではないが、本書の第8章で示した「システムズ理論に基づく事故モデルと安全分析法（STAMP/STPA）」はその方法論の一つとして期待できるものであろう。

　上記の開発の流れで分かることは、旧来の比較的簡単な安全関連ソフトウェアであれば、ウォータフォール型の開発で問題はないが、冒頭述べたような複雑化した安全関連ソフトウェアでは、最終的なシステムテストや運用に入ってからの欠陥発見は致命的になる。つまり、複雑な安全関連ソフトウェア開発では、ウォータフォール型開発のみに頼れなくなってくるのが現実である。

　これへのアンチテーゼとして提案されている開発モデルが、システムとして動作するプロトタイプを迅速に作り、仕様確認を行って改良をしてゆくという方法である。スパイラルモデルと呼ばれるこの方式は、開発プロセスを、「計画」「目標・対策・決定」「評価・分析」「開発・検証」という4段階に分けて、これをスパイラル的に繰り返して最終目標に近づけてゆく方法である[2]。これをさらに推し進めると、アジャイル開発手法と呼ばれるものになる。当初のユーザー要求が完全なものではないことを前提にして、ユーザーを巻き込んで迅速にソフトウェアを開発する方式である。アジャイル方式は、安全に関わらないサービス提供のソフトウェア開発としては有効かもしれないが、安全関連ソフトウェアという観点からすると常識的には乱暴な方法といえる。アジャイル方式への批判と、それへの反論を文献[2]を引用して下記に示しておく。

- ・ドキュメントがない→アジャイル向けのドキュメントがある
- ・規律がない→きちんとした規律が要求される
- ・無計画である→Just-in-time な計画をする
- ・先が予測できない→予測できる
- ・大規模向けでない→コードが700万行に及ぶソフトウェア（Eclipse）を開発
- ・一般的な流行→標準になってきている、しかもかなり早く
- ・銀の弾丸か？→技術の高い人がいる
- ・価格が決まらない→アジャイルは、予算、日程、規模の管理をステークホルダーに委ねることが出来る

　今後の複雑化する安全関連ソフトウェアの開発を考えると、前述のN.G.Leveson の指摘からも、ウォータフォールモデルだけでは限界が出てくる可能性が大きい。一方で、アジャイル開発に安全をゆだねるのも問題がある。上記の批判の中で、「ドキュメントがない」「規律がない」というのは、安全にとっては致命的でもある。安全関連ソフトウェアでは、少なくとも、最上位の安全目標に対して、論理的に展開したサブ目標とその達成根拠（エビデンス）を、トレーサビリティを持った形で説明する安全論証が必要であるが、現状のアジャイル開発ではこのような手順が明示化されていない。しかしながら、ウォータフォールモデルでのユーザー要求の把握不足が、運用後の多くのリコールや想定外事故につな

第9章　ソフトウェアエンジニアのための安全設計

がっているのも現実である。これらの問題点の解決は今後に委ねられるが、本節で後述するモデルベース開発や第8章で述べたシステムズ理論に基づく安全分析法が一つのヒントになることを期待している。

9.3　モデルベース開発

モデルとは、「具体的な個々の事象から枝葉を省き本質的な要素を抽出して抽象化したもの」とされる。モデルベース開発は、組込みシステムの開発期間の短縮だけでなく、ソフトウェアの品質を向上させる開発手法として、古くは原子力プラントの新型制御盤の開発、最近では、車載システム開発などに広く用いられ、今後は、医療機器開発やロボット開発など、幅広い先進分野での活用が期待されている。ここでいうモデルとは、必ずしも計算機で実行可能なものだけでなく、開発対象システムの挙動を「書き方・読み方の決まった方法」で表現できれば良く、計算機で実行できるかどうかには依存しない[*1]。計算機で実行できる場合は、これを、シミュレーションという。また、ソフトウェア開発で用いられる UML（Unified Modeling Language）や SysML（Systems Modeling Language）[5] は代表的なモデル記述言語であるが、これで表現されたモデルは必ずしも実行可能とは限らない。実行できない場合には、書き方・読み方にあいまいさが残り、人によって受け止め方が異なることもある点に注意が必要である。しかし、自然言語のみで書くよりは正確にやるべきことが表現できることは間違いない。また、制御システム開発でしばしば用いられるブロック図は、各ブロックに微分方程式又は伝達関数、さらには、状態遷移図を割り当てることでシミュレーションが可能なモデルである。このシミュレーション可能なブロック図からC言語などの実行コードを自動生成することもできるので、プログラミングの作業を大きく低減することができる。

先に述べたV字モデルの開発プロセスの中で、これらのモデルを活用することをモデルベース開発という。その長所を以下にまとめておく。
・短期間での開発が期待できる
・多様なユーザーニーズや外部環境条件を反映した開発ができる。
・設計が見える化でき、開発者だけでなく、ユーザーも含めたレビューが可能になる（開発組織内だけでなくユーザーも含めたコミュニケーションが円滑になる）
・正確な設計と検証が可能になり、ソフトウェアの品質が向上する
・設計の標準化が促進され、設計資産の再利用が可能になる

このモデルベース開発は、事前にユーザー利用環境も含めた検証が、柔軟な環境の元でできることもあって極めて有用であり、原子力プラントの開発では古くから積極的に使わ

[*1) 計算機で実行可能なモデル記述（言語）は、形式記述（言語）と呼ぶことがある。これは、"シンタックス"、"セマンティクス"のいずれもが定義されているものである。一方、UML や SysML のように "シンタックス" のみが定義されているものを準形式記述（言語）と呼ぶ。

れてきた。組込みシステムを例にとって説明すると、開発対象となるソフトウェアのモデル化作業に加えて、ソフトウェアが制御しようとする対象機器やプラントの挙動もモデル化しなければならないため、コストのかかる開発になる。従って、過去には原子力プラントのような大規模システムでしか用いられていなかったが、最近では、車載システム開発のように、MATLAB/SIMULINKのようなツールを用いた開発が広く行われるようになっている。その理由は、自動車やプラントなどの挙動をシミュレーションできるモデリングツール（機械、電気、流体などの動的挙動モデル）が広く行きわたってきたこと、高度な制御アルゴリズムやそこで用いる画像認識アルゴリズムなどがオープンソースとして広がってきたことなどである。PCを用いた安価なシミュレーションができるようになってきたことも併せて、自動車のような巨大産業分野だけでなく、比較的小規模のロボット産業のような分野でも利用可能になっている。

最後に、モデルベース開発の具体的な利用方法として図9.3.1を挙げておく。ここに示したHILS、MILS、PILSなどの略号の意味は下記に示す。開発対象である制御器などのモデル、プラントモデル、組込みプロセッサのタイプなど、実物とモデルの組み合わせによって開発段階それぞれで異なるシミュレーションが可能である。安全性に関して注意が必要なのは、開発過程で用いたプロセッサと実際の組込みプロセッサでは、コスト低減のためCPUビット数が少なくなったりCPU速度が遅くなったりするので、安全上重要な計算精度・速度が落ちてくる可能性までを考慮しなければならないことである。

・MILS（Model In the Loop Simulation）　・・　モデルで記述した仕様書を、対象の物理モデルと結合して動作させるシミュレーション環境
・PILS（Processor In the Loop Simulation）　・・　対象のプロセッサのモデル（仮想マイコン）を使用してソフトウェアの検証を行うシミュレーション環境。制御ソフト

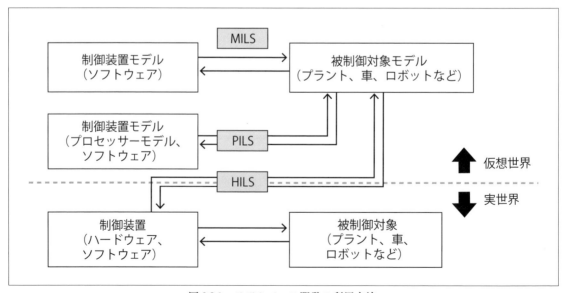

図9.3.1　モデルベース開発の利用方法

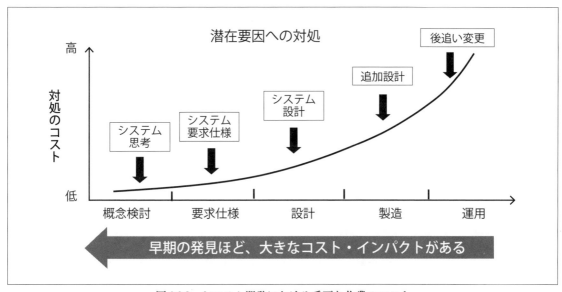

図 9.3.2　システム開発における手戻り作業のコスト

ウェアや OS、ドライバなどの基盤ソフトウェアは実物を使用し、残りの対象をすべて PC 上でシミュレーションすることができる。
- HILS（Hardware In the Loop Simulation）‥ 制御装置の実物（ハードウェア、ソフトウェア）と対象の物理モデルを使用した統合シミュレーションであり、実物の電気信号レベルまで検証ができる。組込みシステムの計算機側ハードウェアの最終検証としても有効である。

このようなモデルベース開発は、図 9.3.2 に示すように、開発の早い段階での欠陥検出とそれに伴うコスト低減にも役立つ。システム運用のライフサイクルまで考慮すると、コスト・ベネフィットまで考えても役に立つ方法といえるかもしれない。

9.4　モデル検査

9.4.1　モデル検査とは？

モデル検査（Model Checking）は、検査対象の動作の正当性（Correctness）を、検査対象の内部ならびに外部の取り得る状態・イベント（遷移）を網羅的に調べることで検証する方法である。このため、次のような手順で検証を行う。
(1) 検査対象の動作を、形式的に定義されたモデル記述言語を用いて記述する。
(2) 検査対象が満たすべき性質を、論理式を用いて記述する。
(3) (1) で記述したモデル中の全ての可能な状態・イベントの組み合わせに対し、(2) で記述した論理式が成立つか否かを網羅的に検証する。成り立たない場合には、成り立たない状態・イベントの組合せを反例として挙げることで検査対象に潜むバグを発見する。

すなわちモデル検査は、"検査対象のモデルが検査したい性質を満たすか否か"を自動的かつ網羅的に判定することで検証を実行する方法といえる。このとき、検査対象のモデルはソフトウェアやハードウェアの設計書や仕様書等から手動あるいは自動で構築され、検査したい性質は時相論理式（Temporal Formula）などの論理式として記述される。

　モデル検査はモデルの実行系列に対し網羅的に検証を実行するため、テストでは気づきにくい極めて稀な不具合の発見に効果がある。反面、網羅的に検証を実行するため、大規模な検査対象に対しては、モデル検査が終了しなくなりがちである。また、モデルが検査したい性質を満たさない場合には、満たさないことを示す反例が出力されるため、この反例を用いて検査対象の不具合を解析できる。

9.4.2　検査対象のモデル化

　モデル検査では、検査対象を状態遷移系（State Transition System）等のモデルとして記述する。状態遷移系は、検査対象が取りうる状態（State）を頂点とし、状態間の遷移（Transition）を辺とした有向グラフ（Directed Graph）である。

　状態遷移系の例として、踏切警報機と遮断機から構成される踏切システムの状態遷移系を考える。実際の踏切システムを単純化し、以下のように動作することとする。①列車が踏切付近に不在の場合には、踏切警報機は鳴らず、遮断機も上がっている。②列車が踏切に近づくと、踏切警報機が鳴動するが、遮断機は上がったままである。③さらに列車が踏切に近づくと、踏切警報機が鳴動したままで、遮断機が下りる。④列車が踏切を通過すると、踏切警報機は鳴動を止め、遮断機も上がる。

　このとき踏切システムの状態は、踏切警報機の状態と遮断機の状態の組として考えることができ、（（踏切警報機の状態が）非鳴動、（遮断機の状態が）開）、（鳴動、開）、（鳴動、閉）の三状態がある。また踏切システムの遷移は、（非鳴動、開）から（鳴動、開）への遷移、（鳴動、開）から（鳴動、閉）への遷移、（鳴動、閉）から（非鳴動、開）への遷移がある。この状態遷移系は**図 9.4.1**のように図示される。

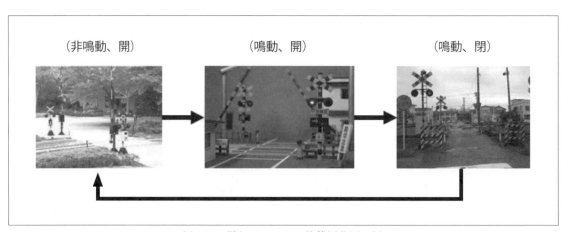

図 9.4.1　踏切システムの状態遷移図の例

第9章　ソフトウェアエンジニアのための安全設計

　この状態遷移系は単純化された踏切システムのモデルであるため、各状態からの遷移先となる状態は高々一状態であるが、一般にはある状態から遷移可能な状態は複数ある。また踏切警報機の状態と遮断機の状態の組としては、（非鳴動、閉）も考えられるが、このような状態では、列車が不在であるにもかかわらず歩行者・自動車が踏切を渡れなくなるため、実際には起こってはならない状態であるので、ここには含めていない。

9.4.3　検査したい性質の記述

　モデル検査では、検査したい性質（検査対象が満たすべき性質）を、文法が厳密に定義された論理式として記述する。論理式としては時相論理式が使われることが多い。時相論理式を用いることで、状態遷移系における状態遷移の様子を記述できる。例えば前述の踏切システムの状態遷移系に対しては、"どのように遷移したとしても常に、状態は（非鳴動、閉）ではない"といった状態遷移の様子を時相論理式 "AG！（非鳴動、閉）" のように記述できる。この例では、"AG"、"！" が論理記号であり、"！" は "否定" を表し、"AG" は "どのように遷移したとしても常に（For All paths、Globally）" を表す CTL（Computation Tree Logic、計算木論理）特有の論理記号である。CTL では、状態遷移系に対し論理式の真偽を決めるため、"A（All paths）" のような状態の分岐に関する論理記号が含まれる。CTL に特有の論理記号として、"A" の対には "ある遷移が存在して" を表す "E（Exist a path）" が、"G" の対には "いつか" を表す "F（Finally）" がある。CTL ではこれらの論理記号は単体では使用できず、これらを組み合わせた "AG"、"AF"、"EG"、"EF" のみが使用でき、それぞれの組み合わされた記号の表す意味は、含まれる記号が表す意味の組合せとなる。（"AG"、"AF"、"EG"、"EF" 等を一塊の論理記号とする定義もある。）他方、LTL（Linear Temporal Logic、線形時相論理）では、状態遷移系の一つのパスに対し論理式の真偽を決めるため、状態の分岐に関する論理式号 "A" と "E" は含まれない。

　時相論理式で記述される代表的な性質には、安全性（悪いことは決して起こらない，Safety）と活性（良いことはいつか必ず起こる，Liveness）がある。前出の "初期状態から始めて、状態（非鳴動、閉）へ到達することはない" は安全性の例である。モデル検査では、このような性質を与えるだけで、その性質が状態遷移系に含まれるすべての状態遷移の列に対して成立つか否かを網羅的に検証できる。なお、安全性や活性といった代表的な検査したい性質に対しては、対応する時相論理式のパターンがあり、それらのパターンを利用することで簡単に論理式を記述できるが、一般的な性質を時相論理式として記述するには時相論理に関する理解が必要になる

9.4.4　モデル検査ツールの紹介

　モデル検査の利点の一つは、モデル検査ツールにより自動検証できることである。多くのモデル検査ツールが公開されているが、日本語情報が入手しやすい、NuSMV[1]、Spin[2]、UPPAAL[3] を紹介する。

241

NuSMVは、検査したい性質を記述するために二つの時相論理の論理式を使用できる。どちらかの論理の記述力が他方を代用するという関係ではないため、目的に応じて両論理を使い分ける必要がある。NuSMVに関する入手しやすい日本語書籍としては産総研モデル検査初級編[4]がある。これは短期間のハンズオン教材として作成されており、NuSMVに限らずモデル検査をちょっと使ってみたいときに最初に読む書籍として適している。

SpinはPromelaと呼ばれる言語を用いてモデルを記述する。Promelaの文法はC言語と似ているため、ソフトウェア技術者には理解しやすい言語である。Spinに関する入手しやすい日本語書籍としては、吉岡[7]、中島[6]、産総研[4]、Mordechai Ben-Ari[5]がある。

UPPAALは時間オートマトン（Timed Automaton）に基づくため、時間制約を記述し、検証できる。UPPAALは、学術利用はフリーだが、商用利用にはライセンスが必要である。UPPAALに関する入手しやすい日本語書籍としては、長谷川[8]がある。

9.4.5 モデル検査の例

単線の踏切のモデル検査を、NuSMVを用いて行った例について説明する。

この例題はSTAMP解析の例題としてSTAMPの入門編[9]で紹介されていたものである。ここでは、双方向（上り／下り）から列車が来る単線の踏切を想定しているため、列車近接検知のために踏切の両方向にセンサーA、Bが備えられている。A方向から列車がセンサーAを踏むと踏切が閉まり、センサーCのある踏切を通過すると一定時間後に踏切が開くが、このあと、センサーBを踏んで再度踏切が閉まらないようにセンサーBへのマスクが掛けられる。逆方向から来る列車についても、同様の処理がされる。単純な事例に見えるが、列車が踏切区間に入った際に後続列車がきたらどうなるか、踏切区間で故障し引き返したらどうなるかなど、複雑な要因も考えられるため、踏切制御のロジックを網羅的に検証することは重要な課題でもあり、モデル検査の有効性を示す好例でもある。本節では、モデル検査の有効性や使用方法を分かり易く理解してもらうために、この問題をさらに単純化し、一方向からの列車移動に絞って説明する。

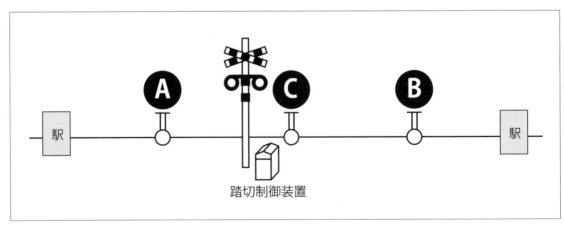

図9.4.2　踏切制御システム

このシステムはセンサー A、B、C、踏切装置、列車、コントローラーの 6 つのコンポーネントからなるシステムと考えることができる（**図 9.4.2**）。さらにコントローラーの内部はそれぞれのセンサーを処理する 3 つのサブコンポーネントからなると考えることができる。これら 8 つのコンポーネントが信号をやりとりしながら動作する非同期システムとなる。そのようなシステムのモデル化と解析は時間オートマトンとしてモデル化し時間オートマトン用のモデル検査器 UPPAAL を用いて解析するのが便利であるが、以下の工夫により NuSMV でもモデル化可能である。

(1) 時間を離散化する（digital clock）
(2) 信号送受信を状態で明示化し、非同期モデルを同期モデルで近似する。

なお古い NuSMV では非同期モデルをサポートしていたが version 2.6 では非同期のサポートはなくなっている。

一部のコンポーネントは共通のモジュールからパラメータの異なるインスタンスとして記述することができる。逆に 1 つのコンポーネントを 2 つ程度の状態遷移インスタンスの合成として表すこともある。最終的には 9 個のモジュール、12 個の状態遷移インスタンスでモデル化した。

例えば、各センサーの動作は以下のように内部の状態遷移を行う遷移と時間遷移の 2 つからなるモジュールとして記述することができる。

```
MODULE sensor（train, loc1, loc2, d1, d2, m）  -- sensor モジュールの定義
DEFINE
  otherwise :=TRUE;

VAR                              -- 変数の定義
 loc : {free, touched, on, passing, leaved, off};
-- loc は sensor の状態を保持する変数
-- free: 何もしない状態
-- touched: 何かがセンサーに反応した
-- on: コントローラーに on 信号を通知するために使用
-- passing: 何かがセンサー上を通過中
-- leaved: 何かがセンサー上を通過し終えた
-- off: コントローラーに off 信号を通知するために使用
 timer: 0..m;          -- タイマは 0 から m までの整数値を取る

ASSIGN
```

243

```
    init（loc）:= free;          -- loc の初期値は free
  next（loc）:= case
              train.loc = loc1 & loc = free    : touched;
  -- train が loc1 にいてセンサーが loc ならばセンサーの次状態は touched となる
              loc = touched & timer = d1       : on;
              loc = on                         : passing;
              train.loc = loc2 & loc = passing : leaved;
              loc = leaved & timer = d2        : off;
              loc = off                        : free;
              otherwise                        : loc;
         esac;
    init（timer）:= 0;
  next（timer）:= case
              train.loc = loc1 : 0;
              train.loc = loc2 : 0;
              timer = m        : m;
              loc = touched    : timer + 1;
              loc = leaved     : timer + 1;
              otherwise        : timer;
         esac;
```

　状態の指定は初期状態の指定（init）と、ある状態からどのような条件が成立するとき
にどのような状態に遷移するかを指定する次状態関数（next）の２つの関数を各状態変数
に対して定義することにより行う。この例では状態 loc は本来の内部状態以外に信号送信
のための on、off の状態を持っている。

　状態遷移では例えば、列車の状態がパラメータ loc1 で示された状態になったときに
timer の値が０リセットされ、loc の値が touched で timer がパラメータ d1 の値に達すれ
ば loc が on になるように記述されている。このセンサーの状態を別に記述するコントロ
ーラーが監視し、コントローラーが状態を変化させる。Sensor はこのように内部の timer
をうまく使い、外部変化をとらえ、パラメータ指定された値だけ時間遅延を行って次の状
態に遷移する、あるいは信号を出すという比較的単純な動作を行う。このような記述を
sensor、controller（各センサーごと１つあるいは２つ）、bar（踏切）、train（列車）など
について記述していく。timer はパラメータ m の値に達したら以降ずっと m の値を保持
する。通常このような状態はタイマが上限に達しても本来の動作ができていないため０リ
セットされない状況であるのでエラー状態となる。このような状態にシステムが全体とし
て陥らないことをモデル検査で調べる必要がある。

また、安全制約（安全目標）である「列車が踏切内にいるときは、踏切は常に下がっている」という性質もモデル検査で調べる必要がある。そのような性質を時相論理式で書き下したのが以下の記述である。時相論理式は LTL や CTL など複数のサブクラスがあり、それぞれの記述能力が異なる。NuSMV では CTL も LTL も両方サポートされている。

LTLSPEC G F trainA.loc = expire2
-- trainA は、いつかは 状態 expire2 に到着することが繰り返し起こる
CTLSPEC AG（EF（trainA.loc = expire2））
-- trainA はどのように動いてもいつかは 状態 expire2 に到着することが繰り返し起こる
--- 中略
CTLSPEC AG（（!（trainA.loc = SC））| barC.loc = down ）
-- trainA が 状態 SC にいることがあれば常に遮断機は下りている
CTLSPEC AG（（!（trainA.timer = TMAX）））
--- 中略
CTLSPEC AG（（!（barC.timer = TMAX）））

例えば、
LTLSPEC G F trainA.loc = expire2
CTLSPEC AG（EF（trainA.loc = expire2））
はともに trainA の状態がいつか expire2 になることが何度も繰り返されるという性質を LTL、CTL の両方で記述した式である。このように望ましいことが繰り返し発生するという性質は活性（liveness）に関する性質と呼ばれる。

CTLSPEC AG（（!（trainA.timer = TMAX））） などは timer が最大値に達することはないという性質を表している。このように望ましくないことが決して起こらないという性質は安全性（safety）に関する性質と呼ばれる。

CTLSPEC AG（ (!（trainA.loc = SC））| barC.loc = down ） は、trainA が踏切内にいるとき常に踏切が下がっていることを表している。これも安全性に関する性質であるが、今回の大きな関心事となる。

列車の動きとして二つの駅を同一視し踏切1つをもつ環状単線を仮定し、その中を進む列車の動きを同様に NuSMV でモデル化する。得られたモデルでは列車の状態を表す変数 loc は次の状態値を持つ。

loc :｛stationA, --- 駅にいる
STASA, --- 駅とセンサー A の間
enterCS, --- 閉塞区間進入

enterCSw, --- 閉塞区間進入待ち

touchA, --- センサー A 通過開始

SA, --- センサー A 通過中

leaveA, --- センサー A 通過終了

SASC, --- センサー A-C 間

touchC, --- センサー C 通過開始

SC, --- センサー C 通過中

leaveC,--- センサー C 通過終了

SCSB, --- センサー C-B 間

touchB, --- センサー B 通過開始

SB, --- センサー B 通過中

leaveB,--- センサー B 通過終了

leaves, --- 閉塞区間脱出

SBSTA,--- 駅とセンサー B の間

expire1,--- 駅出発期限終了

expire2 };--- 駅到着期限終了

　ある妥当なパラメータの具体値で上記の性質がすべて成り立つことをモデル検査で確認することができる。さらにこのパラメータ下で、列車の数を 2 に増やす。このままでは当然複数の性質が成立しなくなるので、セマフォを設け、踏切内では列車は高々 1 台しか存在しえないという制約を列車の動きに設ける。

　このモデルのもとでモデル検査すると上記に挙げた制約が 1 つの例外を除いて成り立つことを確認できる。不成立になるのは、

　CTLSPEC　AG（（! (trainA.loc = SC)）| barC.loc = down ）

である。このときモデル検査器は反例を出力する。得られた反例を見やすく表形式にしたものの一部を**表 9.4.1** に示す。

　この表では駅を出発後、trainA が駅とセンサー A の間の状態（STASA）にいるところから記している。trainA は閉塞区間に入り、センサー A を通過し、センサー C を通過開始し、State 1.57 では列車 trainA が踏切内（正確にはセンサー C の上）にいるが、このときは踏切（barC）は下がっている（安全制約をみたしている）。ところが、この後、列車 trainB が踏切内にいるとき（state 1.83）、踏切（barC）は上がっている（安全制約をみたしていない）。trainA が踏切を出たところ（State 1.69）で、まだ遮断機が下がっている状態で 2 台目が踏切内に入ると（state 1.72）、2 台目が踏切内に入ってきたにもかかわらず、2 台目に関わる踏切動作が、踏切の上昇動作中というタイミング（state 1.76）により無視され、遮断機が上昇したままということが起こり得る。

　このようにモデル検査により、より精密な解析が可能となる。

表 9.4.1　モデル検査器の出力（一部）

AG (! (trainB.loc = SC) | barC.loc = down)	trainA.loc	trainB.loc	barC.loc
略			
State: 1.42	STASA	STASA	up
State: 1.44	enterCS	STASA	up
State: 1.45	touchA	STASA	up
State: 1.46	SA	STASA	up
State: 1.49	leaveA	STASA	up
State: 1.50	SASC	STASA	up
State: 1.52	SASC	STASA	downing
State: 1.55	touchC	STASA	down
State: 1.56	SC	STASA	down
State: 1.57	SC	STASA	down
State: 1.59	leaveC	STASA	down
State: 1.60	SCSB	STASA	down
State: 1.64	SCSB	enterCS	down
State: 1.65	touchB	enterCSw	down
State: 1.66	SB	enterCSw	down
State: 1.67	SB	enterCSw	down
State: 1.70	leaveCS	enterCSw	down
State: 1.71	SBSTA	enterCSw	down
State: 1.72	SBSTA	touchA	down
State: 1.73	SBSTA	SA	down
State: 1.76	SBSTA	leaveA	upping
State: 1.77	SBSTA	SASC	upping
State: 1.79	SBSTA	SASC	up
State: 1.82	SBSTA	touchC	up
State: 1.83	SBSTA	SC	up

9.5　コーディングガイド

9.5.1　コーディングガイドとは

9.2 節で述べた V 字モデルのソフトウェア開発プロセスにおいて、システムの要求仕様や、基本設計・詳細設計が完璧にできたとしても、それだけででき上がるシステムが安全であることを保証することはできない。設計を実装するコーディング段階での品質が確保されていないと意味がないことになる。特に、出来上がったソフトウェアの検証のためのコードレビュー、運用後のソフトウェア改良や保守作業ではプログラムの可読性が重要になる。そのため、安全規格の多くは分かり易く安全なプログラムを作るために、コーディ

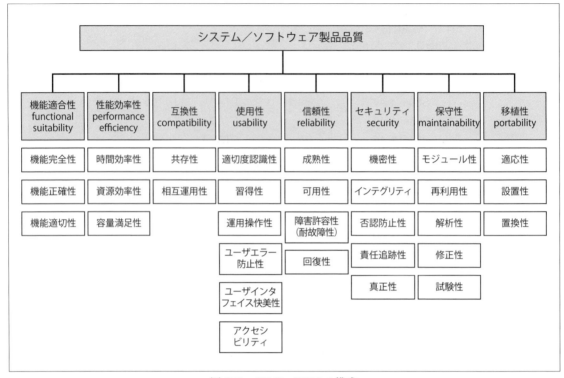

図9.5.1　JIS X　25010の構成

ングガイドの採用を要求している。

　ここで、ソフトウェアの品質とは、安全性・信頼性はもとより移植性・保守性を含む広い概念であり、JIS X 25010[1] では、ソフトウェア製品の品質にかかわる特性として、「信頼性」「保守性」「移植性」「効率性」「機能性」「セキュリティ」「使用性」「互換性」という8つが規定されている（図9.5.1）。このうち、プログラム（ソースコード）段階では、「信頼性」「保守性」「移植性」「効率性」の4特性が深く関係すると考えられている。

　コンピュータの制御プログラムは、性能要求の厳しさから、かつてはアセンブラ言語のような機械語に対応したプログラミング言語で書かれるのが一般的であったが、プログラムの規模の拡大、対象製品の多様化・複雑化に伴って、現在ではC言語やC++言語などのいわゆる高級言語（高水準言語とも呼ばれる）が主流になっている。

　C言語はハードウェアの直接的な制御も可能なうえに、アセンブラ言語に比べて「保守性」「移植性」が格段に高く、高級言語であることから記述も容易である。また記述能力が高く大きなシステムの制御だけでなく、細かな制御にも有効である。またC言語は記述の自由度が高く、いろいろな書き方ができる。このことは、利点である一方で、信頼性・保守性・移植性の確保を難しくもしている。また、C言語の仕様は、国際規格である、ISO/IEC で規定されており順次改定されている[2]。現在は2011年に制定された ISO/IEC 9899:2011 で規定されているものが最新の規格であり、「C11」と呼ばれることが多い。しかし、CPUやOSの種類にかかわらず移植できるようにするため、言語規格ではあえて

厳密に仕様を定めず、処理系定義、未定義、未規定の動作などコンパイラの仕様に任される事項が多い。また、使用するコンピュータのアーキテクチャによって異なって実装する部分もあり注意が必要である。

これらのことから、信頼性・保守性・移植性の確保に関して様々な工夫と労力が必要となる。さらに、自動車を始めとするいわゆるセーフティクリティカルシステムでは安全性の確保が求められている。これがコーディングガイドの必要性の理由である。

9.5.2 MISRA C コーディングガイド [3～5]

上記ニーズに応える形で、C 言語でプログラムを書くためのコーディングガイドがいくつか制定されている（**表 9.5.1**）。なかでも、セーフティクリティカルシステムでよく用いられるのが MISRA C であり、1998 年に欧州で制定された。C90（ISO/IEC 9899:1990）をターゲットに自動車業界のセーフティクリティカルな組み込みアプリケーションソフトウェアを作成するために作られたものである。制定及びメンテナンスは、Motor Industry Software Reliability Association（MISRA）が行っているが、初版制定に際しては欧州だけでなく日本からの 8 人を含め世界中から 52 人のレビューアが参加した。

当初は、自動車業界向けであったが、その後、航空宇宙、通信、医療、防衛、鉄道など他の産業界のセーフティ／ライフ／ミッション・クリティカルなアプリケーションにも広く採用されるようになった。これを受けて対象産業分野を広げた 2004 版（MISRA C:2004）を制定している。現在は、2013 年 3 月にリリースされた MISRA C:2012 が最新

表 9.5.1　代表的な C 言語コーディングガイド一覧 [3～7]

作法名称	備考
MISRA C:2012	車載機器のための作法
ESCR V2.0	IPA が作成した組み込みソフトウェア開発のための作法ガイド
Indian Hill C Style and Coding Standards	公式 unix プログラム向け
GNU coding standards	移植性・信頼性を高め、GNU が推進

表 9.5.2　MISRA C のバージョン

MISRA C（1998）	Guidelines for the use of the C language in vehicle based software 自動車用ソフトウェアで C 言語を利用するための手引き
MISRA C:2004	Guidelines for the use of the C language in critical systems クリティカルシステムで C 言語を利用するための手引き
MISRA C:2012	Guidelines for the use of the C language in critical systems クリティカルシステムで C 言語を利用するための手引き

版である（**表 9.5.2**）[5]。MISRA C:2012 の特徴は、できる限りルールが決定可能（decidable：解析ツールが必ず判断できる）であることを目標としたことである。このことにより人手によるコードレビューが大きく軽減される。

　MISRA C:2012 のルール数を、過去ガイドと比較して**表 9.5.3** に示すが、そこでは新たに決して逸脱してはならない必須事項（Mandatory）の分類が導入され、既存の必要（Required）、推奨（Advisory）の分類を補完している。この推奨事項は、「あくまでルールに従うべきであるが強制はしない」ということを意味する。また、必要事項は、下記に示すような正当な理由があれば、公式の逸脱説明書で文書化し、レビューを受け（発注者の）承認をとるというプロセスを踏むことによりそのルールには従わなくともよいとされている[8]。

- ・正当な理由
- ・システムの性能
- ・サードパーティライブラリとの整合
- ・開発環境の制約
- ・既存コードとの整合
- ・バリエーション開発
- ・ハードウェアアクセス
- ・防衛的プログラミング
- ・適切な言語機能の使用

　また、MISRA C:2012 はそれ以前のルールを改正し洗練・調整している。全体的に以前の版に比べてルールが緩やかになっている。典型的な洗練事例を以下に示す。

　MISRA C:2004 では、goto 文の使用が禁止（必要事項）であったものが、MISRA C:2012 では、同じブロック内であれば後方ジャンプが許されるようになった。

MISRA C:2004　　Rule 14.4（必要）　goto 文を用いてはならない

MISRA C:2012　　Rule 15.1（推奨）　goto 文は用いるべきではない

　　　　　　　　　Rule 15.2（必要）　goto 文は、同一関数内の後方に宣言されるラベルにジャンプしなければならない。

表 9.5.3　MISRA C のバージョンごとのルール分類と数

	規則数	必須事項数	必要事項数	推奨事項数
MISRA C（1998）	127 件	－	93 件	34 件
MISRA C:2004	141 件	－	121 件	20 件
MISRA C:2012	143 件	10 件	101 件	32 件

第9章　ソフトウェアエンジニアのための安全設計

　さらに、MISRA C:2012 では確立されたコンセプトである理論的根拠（rationale）の解説（なぜ各ルールが有効であるか）を強化するとともにサンプルプログラムが豊富になっている。以下に「信頼性」「保守性」「移植性」の視点から見たルールの例を上げておく。

「信頼性」
Rule 11.8（必要）　ポインタで指示された型から const 修飾や volatile 修飾を取り除くキャストを行ってはならない。
Rule 17.2（必要）　関数は、直接的か間接的かに関わらず、その関数自身を呼び出してはならない。（再起呼び出しの禁止）
Rule 18.8（必要）　可変長配列型は使用しない。
「保守性」
Rule 5.3 （必要）　内側のスコープで宣言された識別子は外側のスコープで宣言された識別子を隠してはならない。
Rule 5.6 （必要）　typedef 名は一意な識別子でなければならない。
Rule 15.4（推奨）　繰り返し文を終了させるために使用する break 文又は goto 文は、1つまでとする。
Rule 20.5（推奨）　#undef は使用してはならない。
「移植性」
Rule 20.3（必要）　#include 指令の後ろには、<filename> 又は" filename" が続かなければならない。

9.5.3　MISRA C++ コーディングガイド

　組み込みソフトウェア開発の現場では、ソフトウェアの規模の拡大に伴って生産性の改善が強く求められるようになり、C 言語の代わりに C++ 言語を使用する場面が増えてきている。C++ 言語は、C 言語にオブジェクト指向プログラミングやジェネリックプログ

表 9.5.4　C++ 言語向けコーディングガイド一覧

作法名称	備考
MISRA-C++	車載機器のための作法
ESCR C++	IPA が作成した組み込みソフトウェア開発のための作法ガイド
Effective C++	C++ 言語プログラミング時に注意が必要なポイントやテクニックをルール化
More Effective C++	Effective C++ の続編
C++ Coding Standards	C++ 言語コーディングの標準化を目的とした作法
Joint Strike Fighter Air Vehicle C++ Coding Standards	航空機に搭載する機器のための作法

ラミング、例外処理などの機能を拡張した言語であり、C 言語より拡張性や再利用がしやすく効率的なプログラミングが可能である[9]。その反面、複雑で理解しづらいという弱点がある。C++ 言語向けのコーディングガイドを**表 9.5.4** に示しておく。

MISRA でも、このような C++ 言語の普及に合わせて、2008 年に MISRA C++:2008 を発行している。また、次期改訂版の検討も進められている。詳細は文献にゆずる[10]。

9.6 ソフトウェア FMEA

9.6.1 ソフトウェアのリスクアセスメントとは

第 3 章で、工学システムにおける安全設計の基本であるリスクアセスメントについて述べた。近年は IoT や AI などの普及によってソフトウェアが大規模化・複雑化しており、

コラム 20　スパゲッティプログラム

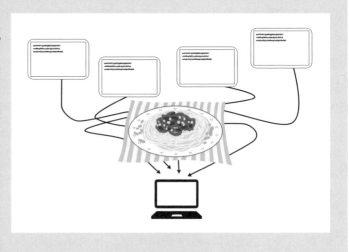

ソフトウェアは、開発過程でうまくいけば試作状態のプログラムがそのまま最終製品になることもしばしばである。ハードウェアは、試作品と製品を峻別しているが、ソフトウェアは、その本質があまり理解されていないためか、あるいは開発コストの節減や工程圧迫に晒されるためか（ソフトウェアは、しばしば製品開発のしんがりになる）、構造的にしっかりしたものになっていないケースが大半のようである。品質に係る者であれば、ジャンパ線だらけのボードは試作品とは思っても、製品とは思わないだろう。にもかかわらず、ソフトウェアについては、スパゲティプログラムであっても、機能さえしていれば製品と見なしてしまうプロジェクトが多いのではないだろうか。

技術者配置についても、ハードウェアは、開発・製品化設計・製造・調達・試験と担当者が異なってくるが、ソフトウェアでは、開発から試験まで一人の技術者が担当することはよくある。工業製品の観点から見ればソフトウェアの管理方法は、改善すべきことが多い。

M.K.

第9章 ソフトウェアエンジニアのための安全設計

ソフトウェアでのリスクアセスメントの重要性が高まっている。リスクアセスメントでよく使われる FMEA、FTA、HAZOP などの分析手法は、ハードウェア中心のシステムでは、故障にいたるメカニズム（不具合事象の様式分類）が特定しやすく、ある程度確立されたものと言えるが、大規模化・複雑化したソフトウェアのリスクアセスメント技術は開発途上にあると言えよう。ハードウェアでは、経年劣化に着目して故障モードを網羅的に考慮することができるが、ソフトウェアでは、故障[*2]にいたるメカニズムが多様であり、ハードウェアと同じように分析することができない。しかしながら、過去のソフトウェア開発の結果などから、ある程度は故障にいたるメカニズムに対する知見があるのも事実である。これを「観点リスト」という形で体系化しリスクアセスメントに用いる方法が余宮らにより提案されている[1, 2]。本節では、このソフトウェアのリスクアセスメントに焦点を当てて、その具体的な実施例と方法論を前記文献に沿って紹介する。

ソフトウェアで FMEA や FTA などを用いたリスクアセスメントを行う目的はさまざまであるが、要約すると以下の2点である。

(1) ソフトウェア（ソフトウェアのアーキテクチャレベル）で安全機構[*3]を実現する
(2) ソフトウェアの安全要求に対してバグ・ゼロを達成する

いずれもが、ソフトウェアに関係する安全要求を侵害しないよう設計を行うことが大きな目的となる。(1) は、あるソフトウェア部品（コンポーネントやエレメント、モジュールなどと呼ぶこともある）にバグが起きたとしても、安全要求を侵害しないように安全機構を実現することである。あるバグが連鎖（cascade）して安全要求を侵害しないように、部品間にパーティショニングを設けるような場合が該当する。(2) は、(1) の結果も踏まえて、安全に影響を及ぼすような特定の重大なバグが起きないようにすることである。安全要求を直ちに侵害するようなバグは絶対に起こしてはならないのが、ソフトウェアにおける安全設計の基本的な思想の一つである。

ソフトウェアのバグは、ハードウェアでの経年劣化をその原因とする場合と異なり、条件の組み合わせで発現することが多い。そのため、安全論証を成立させるためには、バグの発現メカニズムを網羅的にあげる必要がある。この手助けとして、HAZOP のガイドワードを用いることもある。HAZOP のガイドワードは主にパラメータに着目して、設計意図からのずれを漏れなく網羅的に洗い出すことができるものの、解釈としては一様でなく、リスクアセスメント結果のゆれが大きくなってしまう欠点がある。

このような目的と背景から、ソフトウェアのリスクアセスメントを行う方法論の一つとして提唱されているのが、ソフトウェア FMEA である。

[*2] 本項では、故障、故障モード、不具合、バグなどを特に区別しない。これは、ソフトウェアでは故障ではなく不具合やバグが用語としてよく用いられていること、及びソフトウェアに限れば故障と故障モードが同一視できるためである。

[*3] 第3章での「リスク低減のための技術的保護方策」のこと。ISO 26262 などのいくつかの安全規格では、安全機構や安全方策という用語を用いる。

9.6.2　観点を用いたリスクアセスメント（ソフトウェアFMEA）[1,2]

ソフトウェアFMEAの故障モードの導出には、網羅性を増すための発想が必要となる。これにはバグの発想を促すキーワード、すなわち、「観点」が重要になる。実際に、その観点の目録"観点リスト"を発想の際に用いることで、ソフトウェアFMEAの実施効果が高まることが分かっている[1]。

図9.6.1に、ソフトウェアFMEAの実施作業の流れの一例を示す。ソフトウェアFMEAでは、ソフトウェアを構成する部品（後述）に対して、故障モードを"なにが（部品の特性）"、"どうして（不具合発現のメカニズム）"、"どうなる（症状）"の3つの属性で表現する。この故障モードの発想時に、観点リスト（後述）を用いる。

以下でソフトウェアFMEAの各ステップについて簡単に説明する。

(0) 準備

準備の1つ目はソフトウェアFMEAを実施するための戦略を立案することである。2つ目はソフトウェアFMEAの実施に必要な資料を準備することである。これら準備は、リスクアセスメントの実施時点で行う必要はなく、たとえばプロジェクト計画や安全計画の作成段階で行ってもよい。戦略立案では、少なくとも以下の4つを考慮する。

・実施フェーズの決定
・部品粒度の決定
・実施範囲の決定
・実施者の決定

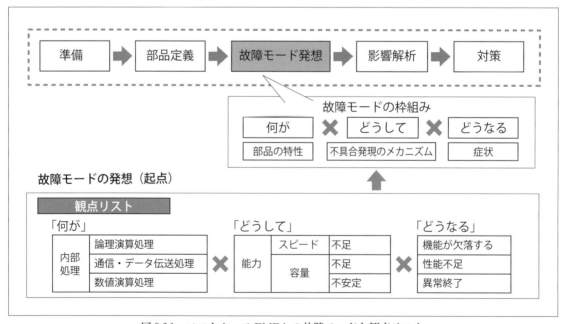

図9.6.1　ソフトウェアFMEAの故障モードと観点リスト

第9章　ソフトウェアエンジニアのための安全設計

　上記の戦略立案については、システム開発者、ハードウェア開発者、関係部署、上長、場合によっては顧客などのステークホルダーと事前に（ソフトウェアFMEAの実施前に）検討し、合意しておくことが重要である。安全規格に準拠する場合には、規格にある要求事項や推奨事項を考慮することも重要である。

（1）部品定義

　ここでは、ソフトウェアFMEAの分析対象となる部品を洗い出す。ソフトウェアFMEAでは、部品を機能として考えると分かりやすい。具体的には、機能名やモジュール名、タスク名をあげることになる。この粒度や範囲（すなわち分析対象範囲）は、上記の（0）準備で決定しておく。

（2）故障モードの発想

　ソフトウェアの機能（部品）に対して効果的な故障モードを列挙する。効果的とは、単なる機能の否定形ではなく、原因や対策に結びつく形で故障モードを表現することである。そして、過去に起きたバグに対する故障モードだけではなく、未然防止につながる（未知の）故障モードを列挙していることである。対象とする製品分野やソフトウェア開発に精通したエンジニアであれば、知識や経験に基づいて効果的な故障モードを列挙できる可能性があるが、一般には容易ではなく、思考過程が残らないので十分性の判断や再評価を行うことができない。この課題を解決するための一つの方法が、観点リスト（後述）を活用することである。

　ソフトウェアFMEAでは、故障モードを3つの属性で表現する工夫がなされているが、故障モードを導出するためのパターンとして、次の4つを示している。

・技術要素・環境基点

　「なにが」を起点として「どうして」「どうなる」を列挙する方法である。ここでは、部品ごとに複数の「なにが」を、さらにそれぞれの「なにが」に対して複数の「どうして」「どうなる」を発想する。

・機能不全基点

　「どうなる」からさかのぼって「なにが」「どうして」を列挙する方法である。ここでも、部品ごとに複数の機能不全を発想する。例えば、機能欠落、不要な機能の混入、性能不足、異常終了、異なる機能の稼動などのパターンである。その機能不全ごとに複数の「なにが」「どうして」を発想する。

・シナリオ基点

　ユーザーの利用シナリオから自由に故障モードを類推する方法である。シナリオ基点では特に方法は定めていない。ここでのユーザーとは、対象部品を利用するユーザーのことである。

・事例基点

過去事例から類推する方法である。事例基点でも特に方法は定めていない。辞書的に過去事例を参照しながら類推することもあるし、自由に思い出された過去事例から類推することもある。

このうち、技術要素・環境基点と機能不全基点での故障モードの発想において、観点リストを用いる。ソフトウェア FMEA において、故障モードを列挙することができれば、その影響解析や対策については通常の FMEA と同様の方法で実施できるので、これらについての説明はここでは省略する。

9.6.3 観点リスト
(1) 観点リストとは
観点リストとは、故障モードの発想を促すための技術的な観点（起点）を記述した目録である。**図 9.6.2** は、観点リストの一例である[1,2]。観点リストは、製品分野を考慮したものを用意する方が、効果的かつ効率的な故障モードの発想につながる。

(2) 製品分野を考慮した観点リストの目的
HAZOP のガイドワードや**図 9.6.2** にあるような観点リストを用いても、ソフトウェア FMEA を実施することはできる。この図に示した組込みソフトウェア一般向けの観点リストでも、ある程度ソフトウェアの品質が改善できることが示されている[1,2]。しかしながら、さらにソフトウェア FMEA によるリスクアセスメントの実施効果を高めるためには、以下の 2 つを目的に製品分野を考慮した観点リストを用意すると良い。
・製品の特性によって起こりやすいバグの再発・未然防止につなげる
・開発組織やエンジニアの特性によって起こりやすいバグの再発・未然防止につなげる

(3) 製品分野を考慮した観点リストの開発手順
前項(2)、ひいては 9.6.1 項のそれぞれ 2 つの目的を達成するためには、当該製品や関連製品において過去にどのようなバグや制限事項が、どのような原因によって発現しているのかを把握・分析する必要がある。そこで、過去に開発した製品で発現したバグや制限事項をなぜなぜ分析[3]などを用いて真因解析し、観点リストで定義している 3 つの属性に従って表現する（下記の**手順(1)**に該当）。しかし、これを観点リストに反映するだけでは"不具合の再発防止"にしかならず、"不具合の未然防止"にはつながらない。そこで、以下の**手順(2)**以降を行うとよい。

手順(0) 組込みソフトウェア一般向け観点リストを用意する
手順(1) 過去に発現した不具合や制限事項を真因解析し、結果を 3 つの属性で表現する
手順(2) 手順(1)に対する応用例・類推を考える
手順(3) 手順(1)と手順(2)の結果を抽象化する

第9章　ソフトウェアエンジニアのための安全設計

何が

技術要素・環境（部品の特性）		
環境	制御対象ハードウェア	
	OS	
	メモリ・レジスタ	
	CPU	
	MCU	
	ハードディスク	
	通信ハードウェア	
	開発環境	
	COTS（商用 MW 等）	
	通信	
	DB	
内部処理	例外処理	
	異常発生時の処理	
	データ操作	
	書き込み処理	
	読み出し処理	
	論理演算処理	
	通信・データ伝送処理	
	割り込み処理	
	ボーリング処理	
	数値演算処理	
	日付計算処理	
	タスク制御	
	スケジューリング	
	文字コード	
	分岐処理	
	ループ	
	初期処理	
	終了処理	
	再起動処理	
	排他制御	
	競合制御	
	リトライ制御	
	入力処理	
	出力処理	
	タイマ処理	
	ノイズ除去処理	
	共有データ	リスト・スタック
		フラグ
		パラメータ
インターフェース	外部 I/F	
	内部 I/F	
	ユーザー I/F	
データ		
セキュリティ		

×

どうして

不具合発現のメカニズム		
能力	スピード	不足
	容量	不足
		不安定
	性能	不足
		不安定
	サイズ	不足
	計算精度	不足
整合性	誤内容	
	欠落	
タイミング	速い	
	遅い	
	ずれる	
	重なる	
	ばらつく	
境界値	オーバーフロー	
	アンダーフロー	
条件	不足	
	余分	
	不整合	
処理順序	抜ける	
	逆になる	
	繰り返す（永久ループ）	
起動	しない	
	誤り	
	遅れる	
終了	しない	
	誤り	EOF/EOD
内部処理	変わってしまう	
	変わらなくなってしまう	
	内部状態間の不整合	
	外部状態との不整合	
外部状態	システムリセット	
	電源 OFF	
	連続稼働時間（日跨り）	
	取扱説明書との整合性	
	電源サグ、電源事情（周波数・電圧）	
想定外の入力		

×

どうなる

機能不全のパターン（症状）
違う機能になってしまう
機能が欠落する
不要な機能が動く
性能不足
異常終了
DB を壊す
データを壊す

図 9.6.2　観点リストの例（組込みソフトウェア一般向け観点リスト）

手順(4) 製品分野を考慮した観点リストに反映すべき結果を選択する
　　（抽象度の調整やグルーピングも行う）
手順(5) **手順(0)** における組込みソフトウェア一般向け観点リストを更新する

　さらに過去の製品開発での経験や実績などをより活かし、リスクアセスメントとしての効果を高めるために、以下の内容も**手順(1)**に含めるべきである。これは、過去事例による知識とともに、エキスパートのノウハウや品質部門の知見を観点に盛り込むことで、後フェーズでのあらたな故障モードの発見を防ぐ狙いがある。市場における類似製品の不具合情報は、安全論証を成立させるために必要不可欠である。これらも観点リストにある属性で表現して、**手順(2)**以降を行うとよいだろう。

・過去のソフトウェア FMEA の結果
・設計やソースコードなどのレビュー記録
・エキスパートの経験や知見
・関連製品の観点リスト（入手可能な場合）
・市場における類似製品の不具合情報（入手可能な場合）

　エキスパートの経験や知見を引き出すための方法としては、事例ベース（エキスパートが事例の解説を行いながら観点を抽出）、レビューベース（エキスパートがレビューで何を見ているか、なぜこのレビューコメントが出てきたかの解説を行いながら観点を抽出）、設計ベース（設計の手順をばらしていきエキスパートの考える注意点を抽出）、ブレーンストーミングベース（エキスパートが直接ノウハウを思いつくだけ追加）などがある。

　また、関連製品の観点リストとは、同じ業界・同種のドメインの不具合や制限事項からの情報、社内における関連製品の観点リストの活用などが考えられる。

①真因解析

　過去のバグに対する真因解析は、なぜなぜ分析などを用いて技術的な観点での掘り下げを行う。「情報伝達ミス」「コミュニケーション不足」「コピー・アンド・ペーストミス」「ケアレスミス」などを含めてしまうと適切な故障モードにつながらず、影響や対策も技術的なものにならないので、真因解析の結果としては扱わないほうがよい。対象製品で想定できる具体的かつ技術的な真因を拾い上げるべきである。

　ただし、上記のキーワードはソフトウェア FMEA の対象としていないだけで、安全を確保するための手段・方策としては重要であるので、誤解してはならない。

②応用例・類推と抽象化

　手順(2)における応用例・類推では、可能な限り全てあげることになるが個数に決まりがあるわけではない。そして**手順(3)**においては、適度なレベルでの抽象化が必要である（抽象度の選定）。観点は、具体的過ぎると既知のバグの再発防止にはつながるが、観点リ

第9章 ソフトウェアエンジニアのための安全設計

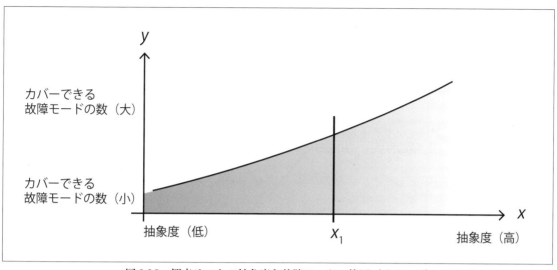

図9.6.3 観点リストの抽象度と故障モードの範囲（イメージ）

ストのカバーできる故障モードが少なくなり、バグの未然防止への効果が限られてしまう。一方、観点リストを抽象化し過ぎると、観点リストのカバーできる故障モードは多いが発想が難しくなる（図9.6.3）。

再発防止の抜け漏れを防ぐ対策はいくつかある。たとえば、観点をグルーピ

なにが（部品の特性）		
データ（抽象度 x_1）	音声データ（x_{10}）	
^	画像データ（x_{11}）	
^	文字コード（x_{12}）	
通信・データ伝送処理		
：		

図9.6.4 観点リストのグルーピング例

ングして記載しておく方法である。観点のグルーピングは、発想能力に違いのあるエンジニアにも対応することができる。図9.6.4に示した一例では"なにが（部品の特性）"に対するグルーピングの例を示しているが、"どうして（不具合発現のメカニズム）"、"どうなる（症状）"も同様にグルーピングする。

また、異なる粒度の観点リストを目的に応じて使い分けることもできる。抽象度の高い観点リストはソフトウェアFMEAの発想用として用い、抽象度の低い観点リストをソフトウェアFMEAにおける検証用や、テストケースの導出で活用することなどがその一例である（図9.6.5、図9.6.6）。

(4) リスクアセスメントで観点リスト（過去トラのデータ）を用いることの重要性

前項(3)で観点リストを用いたソフトウェアのリスクアセスメントの手順や考え方を紹介した。ソフトウェアにおけるリスクアセスメントでも、ボトムアップ型のFMEAに対して、トップダウン型のFTAなどを目的に応じて使い分けて実施しなければならない。

設計意図からのずれを漏れなく洗い出すための分析手法であるHAZOPには、ガイドワードという考え方がある。ガイドワードはソフトウェアFMEAの観点リストにおける

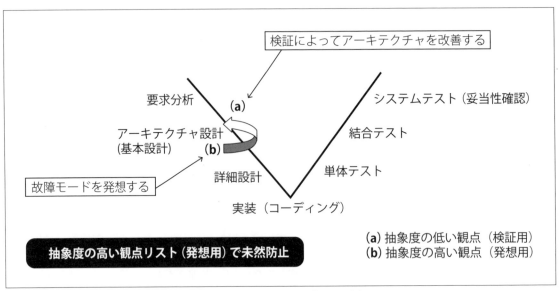

図 9.6.5　観点リストの適用例 (1)

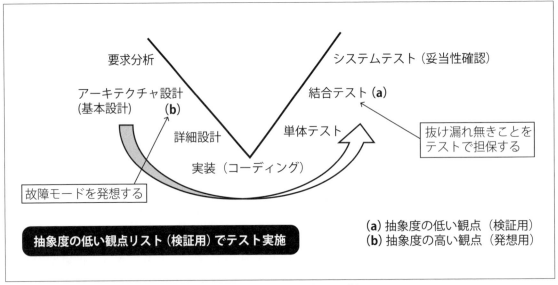

図 9.6.6　観点リストの適用例 (2)

観点と考え方が似ているが、ガイドワードは主にパラメータに着目して、いくつかの種類（多くは 11 種類程度）を定めている。一方、ソフトウェア FMEA における観点は製品分野ごとに（11 種類より多くを具体的に）定める点で異なっている。

いずれのリスクアセスメント手法においても、自由な発想だけではなく、何かしらの基準に従って、合理的、論理的、かつ、網羅的に分析するには、観点リストのような考え方が必要であろう。

特に、製品安全では事故やバグが起きたら対策を採らなければならず、後継の製品開発では再発させないことが最低限の安全設計である。リスクアセスメントでは、それら過去の

知見が反映されていなければならない。そのため、安全論証を成立させるためには、ソフトウェア開発プロセスの中に観点リストのメンテナンスも織り込んでいくことが重要である。

たとえば、ソフトウェアFMEAによるリスクアセスメントを実施したにも関わらず、残念ながらその対象製品（部品）において市場で発現してしまったバグは、観点リストを用いても故障モードとして発想から抜け落ちてしまったものであろう。将来、バグの再発を防ぎ、そして未然防止の効果を高めるためには前の(3)項で示した手順を繰り返すこと

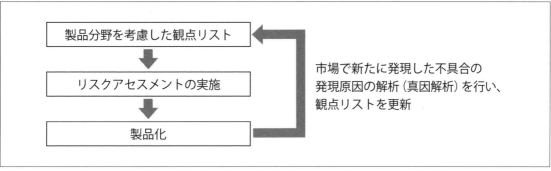

図 9.6.7　観点リストの更新

コラム 21　観点リストの不具合低減効果

ここで紹介しているソフトウェアFMEAによる効果計測については、文献[1,2]が参考になる。具体的な試行実験では、あらたに発見された故障モードの数は、製品分野を考慮した観点リストを用いると、組込みソフトウェア一般向け観点リスト（図9.6.2）によるソフトウェアFMEAでの実績値よりも1人時当たり15％多かったことが報告されている。

製品開発における最終試験後から、3ヶ月後のデータを集計した市場における評価結果（下表）では、部品の総ステップ数に対する不具合の発現密度PPM（Parts Per Million）が大幅に改善しており、製品分野を考慮した観点リストを用いることで、バグの再発防止と未然防止に効果があったことが報告されている。

H.Y.

	ソフトウェアFMEAの実施部品（製品P）	不実施部品（製品P）	不実施部品（製品Q）
部品数	4	15	2
不具合の発現密度（PPM）	0	123	48
備考	ソフトウェアFMEAを実施した製品Pの4部品（総ステップ数は約5300）	ソフトウェアFMEAを実施していない製品Pのすべての部品	製品Qは過去に開発した製品Pと同じシリーズ製品　PPMはソフトウェアFMEA実施部品（製品P）と同じ部品群で計算

による観点リストの更新が必要となる（**図 9.6.7**）。

9.6.4　ソフトウェア FMEA のまとめ

本節で解説した方法は、十分な過去トラのデータがある場合など、経験知が高い製品では強力な安全確保のための手段となる。

ただし、9.6.1 項で述べたように、自動車の自動運転化や IoT・AI の普及によってソフトウェアが大規模化・複雑化し、多様化することで経験知の無いソフトウェアを開発することも増えている。同時に、ソフトウェアは安全や信頼性だけでなく、サイバーセキュリティも考慮した脅威や脆弱性に対するリスクアセスメントも行わなければならない。このように他のシステムや他の技術領域に対する分析では、Safety 2.0, STAMP/STPA, FRAM などの新しい方法論の活用も検討すべきである [4]。

9.7　本章のまとめ

IoT・AI 時代と呼ばれるように、知的で複雑な工学システムが日常的に使われる時代に差し掛かっており、そのシステムの安全を保つためのシステム・ソフトウェア技術の重要性が増している。その範囲は広いが、特に安全に関わる重要な技術として、ウォータフォールとアジャイル開発プロセス、モデルベース開発、モデル検査、コーディングガイド、ソフトウェア FMEA という五つの要素技術を本章で紹介した。これらは、既存の安全規格に取り入れられているものだけでなく、今後の安全設計に欠かせないものまでも含めている。

今後、安全関連ソフトウェアの開発はますます複雑化すると考えられるが、それには、ソフトウェアエンジニアリングとして開発されてきた多くの方法論を、安全に関わるシステムズエンジニアリングとして拡張して利用してゆく必要がある。ウォータフォールモデルのような体系的で確実な開発手法に加えて、複雑なシステムの利用環境まで考えた想定外事故の低減方法や長期間の運用に伴う当初設計からの逸脱を監視する方法論など、新しいシステムズエンジニアリングの考え方を取り入れてゆかねばならない。しかも、これを迅速に実現する方法の一つとしてモデルベース開発も必要になる。

また、ソフトウェアによる複雑な安全制御アルゴリズムの開発という新しい取り組みに対して、従来のハードウェアベースの故障分析法を拡張したソフトウェア FMEA という方法論も紹介した。

「要求仕様を絶対視しそれに従った完全なソフトウェアを作成する」というソフトウェアエンジニアの最低限の責務だけではなく、「要求仕様の上位にあるシステムが果たすべき本来の役割は何かを考えて安全設計を行う」ということが必要な時代になっている。

参考文献（第9章）

(9.1、9.2、9.3節)

1) フレデリック・ブルックス、人月の神話（原著発行20周年記念増訂版)、ピアソン・エデュケーション、(1996)

2) 鶴保征城、駒谷昇一、ずっと受けたかったソフトウェアエンジニアリングの授業、翔泳社、(2011)

3) IPA: 初めてのSTAMP/STPA（活用編）第5章、https://www.ipa.go.jp/files/000065199.pdf,（2018)

4) Nancy G. Leveson: Engineering a Safer World/Systems Thinking Applied to Safety, The MIT Press, (2012)

5) ティム・ワイルキエンス：SysML/UMLによるシステムエンジニアリング入門、星雲社、(2012)

6) 山田茂、藤原隆次、ソフトウェアの信頼性：モデル・ツール・マネジメント、 プロジェクトマネジメント学会、(2004)

(9.4節)

1) NuSMV: a new symbolic model checker, http://nusmv.fbk.eu/

2) Verifying Multi-threaded Software with Spin, http://spinroot.com/spin/whatispin.html

3) UPPAAL, http://www.uppaal.org/

4) モデル検査 初級編—基礎から実践まで4日で学べる（CVS教程), 産業技術総合研究所システム検証研究センター, ナノオプトメディア,（2009)

5) Mordechai Ben-Ari（著)、中島 震他（翻訳)、SPINモデル検査入門、オーム社、(2010)

6) 中島 震, SPINモデル検査—検証モデリング技法、近代科学社、(2008)

7) 吉岡 信和、青木 利晃、田原 康之、SPINによる設計モデル検証：モデル検査の実践 ソフトウェア検証 トップエスイー実践講座、近代科学社、(2008)

8) 長谷川 哲夫、磯部 祥尚、田原 康之、大須賀 昭彦（監修)、UPPAALによる性能モデル検証—リアルタイムシステムのモデル化とその検証（トップエスイー実践講座)、近代科学社、(2012)

9) システム安全性解析WG: はじめてのSTAMP/STPA（初級編)、情報処理推進機構(IPA)、(2016)

(9.5節)

1) IS X 25010:2013 システム及びソフトウェア製品の品質要求及び評価（SQuaRE）－システム及びソフトウェア品質モデル.

2) JIS X 3010:2003「プログラム言語C ISO/IEC 9899:1999, Programming languages – C」、及び ISO/IEC 9899/Cor1:2001.

3)「MISRA Guidelines For The Use Of The C Language In Vehicle Based Software」, The Motor Industry Software Reliability Association, ISBN 9780952415665, April 1998, www.misra.org.uk/

4) MISRA-C:2004「Guidelines for the use of the C language in critical systems」, The Motor Industry Software Reliability Association, ISBN 9780952415626, October 2004, www.misra.org.uk

5) MISRA C:2012「Guidelines for the use of the C language in critical systems」, The Motor Industry Software Reliability Association, ISBN 9781906400101, The Motor Industry Research Association, March 2013, www.misra.org.uk

6)「Indian Hill C Style and Coding Standards」, ftp://ftp.cs.utoronto.ca/doc/programming/ihstyle.ps

7)「GNU coding standards」, Free Software Foundation, http://www.gnu.org/prep/standards/

8) JASO テクニカルペーパー TP 14004 自動車用C言語ガイドライン（TP01002:2006）の運用レポート.

9) JIS X 3014:2003「プログラム言語C++」、 ISO/IEC 14882:2003「Programming languages -- C++」

10) MISRA C++ : 2008「Guidelines for the Use of the C++ Language in Critical Systems」, The Motor Industry Software Reliability Association, ISBN978906400033 (paperback), ISBN978906400040（PDF）, www.misra-cpp.com, （2008）

（9.6 節）

1) 余宮尚志他: 組込みソフトウェアに対するソフトウェア FMEA の試行実験とその考察、情報科学技術フォーラム講演論文集、12th 巻 第 1 分冊、p.283-284,（2013）

2) 余宮尚志他: 不具合リスク発想のための観点の抽出方法とその効果、ソフトウェア品質シンポジウム 2016（経験論文）、（2016）

3) 大野耐一: トヨタ生産方式 脱規模の経営をめざして、ダイヤモンド社、（1978）

4) はじめての STAMP/STPA ～システム思考に基づく新しい安全性解析手法～、情報処理推進機構（IPA）、（2016）

MEMO

INDEX

■数字・欧文

AI	10
ALARP	20, 21
ANSI	33
ASIL	68, 140, 145
ASIL 分解	156
Automotive SPICE	136
CCF	85
Corrective maintenance	19
CEN	33
DC	85
DD 故障	113
DFMEA	63
DU 故障	113
ECU	136
E/E/PE	48, 100, 104
EUC	107
Evidence	22
Failure	18
Fault	18
FFI	151
FFMEA	63
FMEA	10, 20, 54, 58, 137, 148, 253
FMEDA	63, 150
FRAM	12
FSC	146
FSR	146
FTA	10, 20, 54, 61, 121, 137, 148, 253
Functional safety	100
GSN	22
HARA	145
HAZOP	23, 54, 137, 148, 253
HILS	238, 239
hindsight	9, 189, 229
HSI	148
HSR	147
IATF 16949	136
IEC	33
IEC 60812	58

IEC 61025	61
IEC 61508	44, 100, 104, 136, 232
IEC 61882	54
IEC 62061	167
IEEE	33
Impact analysis	154
IoT	10
ISO	32
ISO 8373	164
ISO 10218	167
ISO 12100	40, 48, 76
ISO 13482	44, 164, 166, 167
ISO 13849	43, 81, 167
ISO 26262	44, 67, 136
ISO/IEC Guide 51	11, 34, 35, 38, 44, 115, 167
JIS B 8445	44
JIS B 9700	40
JIS B 9705	43
JIS C 0508	44
JIS Z 8051	34
Leading Indicator	205
Latent fault	19
MILS	238
MISRA C	249
MISRA C++	252
MooN	118
MooND	118
MSIL	145
MTTF	115
MTTFd	85
MTTR	115
NuSMV	241, 242
OEM	136
PFDavg	115
PFH	115
PFMEA	63
PILS	238
PMHF	150
Predictive maintenance	19

Preventive maintenance	19			

Preventive maintenance･････････････････････････ 19
QM ･･ 68
QMS ･･･････････････････････････････････････ 143, 151
Risk Graph ･････････････････････････････････････ 54
Risk Matrix ･････････････････････････････････････ 54
PLr ･･･ 66
R-Map ･･･ 54
RRR ･･･ 116
Safety1.0 ･･･････････････････････････････････････ 11
Safety2.0 ･･･････････････････････････････････････ 11
Safety Argument ････････････････････････････････ 21
safety-related systems ･････････････････････････ 100
SFF･･･････････････････････････････････････ 103, 123
SIL ･････ 15, 22, 66, 67, 100, 115, 116, 127, 181
SOTIF･･･････････････････････････････････ 160, 194
Spin ･･ 242
SRP/CS･････････････････････････････････････ 66, 81
SRS ･･･ 116
SSR ･･･ 147
STAMP ･････････････････････････････ 12, 188, 194
STPA ･･･････････････････････････････ 23, 188, 194
STAMP/STPA ･･･････････････････ 54, 138, 236
SysML ･･ 237
Tool Confidence Level ･････････････････････････ 155
Tool error Detection ･･･････････････････････････ 155
Tool Impact ･･･････････････････････････････････ 155
TSR･･･ 146
UCA ･･･ 202
UML ･･･ 237
Unavailability ･････････････････････････････････ 115
Unknown unknowns ･･･････････････････････････ 192
UPPAAL ･･･････････････････････････････････････ 242
Validation ････････････････････････････････････ 129
V&V ･･･ 235
Verification ･･･････････････････････････････････ 129
V 字モデル･･･････････････････････････････ 140, 233
What-if ･･ 54
Work products ･･･････････････････････････････ 137
WTO/TBT 協定 ･･････････････････････････････ 34

■あ行

アーキテクチャ制約･･････････････････････ 103, 122
アイテム･････････････････････････････････ 67, 139
アジャイル開発手法･････････････････････････ 236
後知恵･･･････････････････････････････9, 189, 229
アプローチ･････････････････････････････････ 191
アンアベイラビリティ･･････････････････････ 115
安全･･････････････････････････････････････ 35
安全アノマリー･････････････････････････････ 142
安全・安心･･･････････････････････････････ 17
安全側故障･･････････････････････ 14, 103, 112
安全側故障率･･･････････････････････････ 119
安全側故障割合･･･････････････････ 103, 123
安全監視指標･･････････････････････････ 205
安全管理者･･････････････････････････ 143
安全関連系･････････････････････ 100, 110
安全関連制御システム･････････････････ 169
安全関連ソフトウェア･････････････････ 128
安全機構･･････････････････････････ 253
安全機能の可視化･･････････････ 198
安全性･････････････････････ 13, 14
安全制約･････････････････････ 49
安全性と可用性･････････････････ 119
安全度水準･･･････ 15, 26, 67, 87, 100, 115
安全性能目標･･･････････････ 112
安全責任･････････････ 193, 227
安全文化･････････ 28, 142
安全分析･･･････････ 156
安全防護及び付加保護方策･･ 43, 76, 87, 175
安全目標･･･････ 22, 49, 137
安全要求･･･････ 22, 49
安全要求仕様･･････ 116
安全ライフサイクル･･･ 127, 139
安全ロジックの可視化･･ 192
安全論証･･ 14, 21, 22, 137
イネーブル装置･･ 90
インスペクション･ 151
インターロック装置･ 88
ウォークスルー･ 151

索引

267

INDEX

ウォータフォールモデル ·············· 233, 234	
ウォッチドックタイマー ··················· 71	
影響分析 ···································· 154	
エレメントの共存 ························· 157	

■か行

ガイドワード ·······················54, 56, 253
回避可能性 ···························· 67, 145
回避の可能性 ····························· 66
確証方策 ·································· 144
確証レビュー ······························ 144
確率的メトリック ························· 150
過酷度 ································· 67, 145
カテゴリ ··································· 85
還元論的手法 ························· 188, 191
監査 ······································ 109
観点リスト ···························· 254, 256
危害 ······································· 35
機械類の制限 ····························· 49
危険側機能失敗時間平均確率 ············· 101
危険側故障 ···················· 13, 103, 112
危険側故障率 ····························· 119
危険源 ···············20, 42, 48, 51, 77, 137
危険源の同定 ····························· 53
危険事象 ······························ 48, 137
危険事象の同定 ··························· 53
危険事象の発生確率 ······················ 66
技術安全コンセプト ······················ 148
技術安全要求 ···························· 146
機能安全 ···················· 15, 100, 105
機能安全アセスメント ······· 101, 108, 144
機能安全監査 ···························· 144
機能安全管理 ················ 101, 108, 142
機能安全コンセプト ······················ 146
機能安全要求 ···························· 146
機能共鳴事故解析法 ······················ 12
機能失敗時間平均確率 ···················· 115
機能失敗尺度 ···························· 121
基本安全規格（A 規格） ··················· 38

共通原因故障 ························· 85, 122
許容可能なリスク ······················ 37, 69
許容不可能なリスク ······················ 142
空間上の制限 ····························· 50
グループ安全規格（B 規格） ··············· 38
グループ規格としての B 規格 ··············· 100
権限委譲・移譲 ························· 227
コーディングガイド ······················ 247
高頻度作動要求モード ······· 101, 111, 114, 116
国際安全規格 ····························· 32
故障 ······································ 18
故障診断率 ································ 85
故障の自己診断 ··························· 81
故障モード ··························· 59, 253
固有安全 ··································· 15
コンセプトフェーズ ······················ 145
コントロールアクション ·········· 12, 192, 197
コンピテンス管理 ····················· 142, 143
コンポーネント安全制約 ··················· 195
コンポーネント故障 ······················ 188

■さ行

サイバーセキュリティ ··················· 45, 142
作業成果物 ···························· 22, 137
残留リスク ························· 37, 69, 76
JIS 規格 ··································· 34
時間上の制限 ····························· 50
時間平均危険側故障頻度 ·············· 101, 115
自己診断可能性 ·························· 103
自己診断テスト ······················· 113, 115
自己診断率 ······························ 114
自己診断機能 ····························· 16
事後保全 ··································· 19
事故モデル ································ 11
システマティック ························· 191
システマティック安全度 ·············· 120, 124
システマティック故障 ······ 85,103,105,120,127,129
システマティックフォールト ··············· 151
システミック・アプローチ ·············· 188, 198

システムアーキテクチャ	…………………	117
システム安全制約		195
システム思考	…………………	187
システムズ理論	……………	12, 187, 194
時相論理式	……………………	240, 241
自動車安全度水準	……………	68, 140, 145
自動検出可能な故障	……………	113
修正ウォータフォールモデル	……	234
従属故障の分析	…………………	156, 157
障害	…………………………	18
使用上の情報	……	43, 76, 94, 95, 176
使用上の制限	…………………	49
状態遷移系	……………………	240
状態遷移図	……………………	56
状態遷移表	……………………	56
真因解析	………………………	256, 258
シングルポイントフォールト	……	149
深層防護	………………………	26, 27
診断技法	………………………	122
信頼性	…………………………	13, 14
信頼性ブロック図	………………	121
スイスチーズモデル	……………	11
スリーステップメソッド	………	25, 37, 41, 42, 76
スパイラルモデル	………………	236
スパゲッティプログラム	………	252
生活支援ロボット	………………	164
製品安全規格（Ｃ規格）	………	39
セーフティクリティカルシステム	…	249
セーフティケース	………………	21
セーフティライトカーテン	………	81
制御構造図	……………………	192, 197
制御システムの安全関連部	……	81
設計技法	………………………	26, 103
絶対安全	………………………	15, 37, 69
全安全ライフサイクル	…………	19, 101, 105
潜在障害	………………………	19
相互作用の欠陥	…………………	188
想定外事故	……………………	14, 188
ソフトウェアFMEA	……………	254, 255

ソフトウェア安全度	……………	129, 131
ソフトウェア安全要求	…………	147
ソフトウェア安全ライフサイクル	…	129
ソフトウェア・インテンシブ （Software-Intensive）システム	……………	232
ソフトウェア開発プロセス	………	233
ソフトウェアツール	……………	155
ソフトウェアの故障	……………	102
ソフトウェアの品質	……………	248
ソフトウェアのリスクアセスメント	……	253

■た行

タイプA	……………………	103, 122
タイプB	……………………	104, 122
タイプC	……	39, 44, 45, 63, 136, 167
多重防護	………………………	26, 27
妥当性確認	…………	85, 109, 129, 176
多様性	…………………………	26, 27
致命的障害	……………………	19
停止カテゴリ	…………………	93
ディペンダビリティ	……………	14
低頻度作動要求モード	…………	101, 111, 114
適合確認	………………………	109, 129
電気・電子・プログラマブル電子	………	48, 100
電子制御ユニット	………………	136
統合テスト	……………………	148
ドミノモデル	…………………	11
トレーサビリティ	………………	193, 216

■な行

なぜなぜ分析	…………………	54, 256
人間工学原則	…………………	79

■は行

ハイブリッド法	…………………	171
ハザード	………………………	37
ハザード誘発シナリオ	…………	197, 204
パーティショニング	……………	71, 151
ハードウェアアーキテクチャメトリクス	………	149

269

INDEX

ハードウェア安全度·············· 120, 127	本質的安全設計方策·········· 42, 76, 77, 175
ハードウェア安全要求··············· 147	
ハードウェアフォールトトレランス······· 103, 123	**■ま行**
曝露可能性················· 67, 145	マルコフモデル···················· 121
暴露の頻度······················ 65	モデル記述言語·············· 237, 239
ハザード················· 20, 137	モデル検査····················· 239
ハザードの同定···················· 37	モデル検査器···················· 243
ハザード分析····················· 14	モデル検査ツール················· 241
ハザード分析とリスクアセスメント····· 145	モデルベース開発················· 237
パフォーマンスレベル················ 87	
非安全コントロールアクション··········· 202	**■や行**
フィードバック·················· 197	要求パフォーマンスレベル··············· 83
フィードバック情報················ 192	要求パフォーマンスレベル（PLr）········· 66
非常停止················· 92, 182	予見可能でない誤使用················ 44
ヒューマンエラー ········· 44, 60, 79, 120	予見可能な誤使用·············· 37, 49
品質管理システム·············· 136, 142	予知保全······················ 19
不合理なリスク ·················· 142	
フールプルーフ··················· 17	**■ら行**
付加保護方策····················· 92	ライト（光）カーテン················ 90
フェイルセーフ··················· 15	ライフサイクルマネジメント············ 27
フォールトアボイダンス·············· 26	ランダム故障··················· 102
フォールトディテクション·············· 26	ランダムハードウェア故障··· 102, 105, 120, 149, 150
フォールトトレランス················ 16	リスク··················· 20, 35
フォールトレジスタンス·············· 26	リスクアセスメント···14, 35, 41, 44, 48, 137, 167
複雑システム················ 12, 14	リスク管理······················ 72
プルーフテスト·············· 113, 115	リスクグラフ················· 66, 67
プルーブン・イン・ユース············· 117	リスク軽減比··················· 116
プログラマブルロジックコントローラー········· 82	リスク低減················· 44, 175
プロセスモデル·················· 197	リスク低減方策··············· 71, 76
分散開発 ····················· 154	リスクの低減····················· 37
平均危険側故障確率················· 87	リスクの評価·············· 37, 69, 173
平均危険側故障時間················· 85	リスクの見積り··········· 37, 63, 65, 171
平均故障間隔··················· 115	リスクパラメータ··················· 67
平均修復時間··················· 115	レイテントフォールト············ 149, 150
変更管理····················· 154	連続モード················ 114, 116
保護停止····················· 182	
保護方策······················ 71	
本質安全················· 15, 105	
本質的安全設計···················· 37	

各章の筆者及び所属一覧

各章の著者

第1章	安全の基本	兼本　茂、余宮　尚志
第2章	安全規格体系と概要	余宮　尚志、兼本　茂
第3章	リスクアセスメント	余宮　尚志、兼本　茂
第4章	機械系安全規格から見た安全設計の基本	入月　康晴
第5章	機能安全設計の基本／IEC 61508	兼本　茂、余宮　尚志
第6章	自動車の機能安全／ISO 26262	余宮　尚志
第7章	生活支援ロボットの安全／ISO 13482	長久保　隆一、余宮尚志
第8章	システム思考で考えるこれからの安全分析/STAMP	兼本　茂、三原　幸博
第9章	ソフトウェアエンジニアのための安全設計	兼本　茂、余宮尚志、三原幸博、岡本圭史、岡野浩三

著者所属

兼本　茂（かねもとしげる）	公立大学法人　会津大学　名誉教授
余宮　尚志（よみやひさし）	株式会社　東芝
入月　康晴（いりづきやすはる）	地方独立行政法人　東京都立産業技術研究センター
長久保　隆一（ながくぼりゅういち）	株式会社　DTSインサイト
三原　幸博（みはらゆきひろ）	株式会社　ジェーエフピー（元（独）情報処理推進機構）
岡本圭史（おかもとけいし）	独立行政法人 国立高等専門学校機構 仙台高等専門学校　教授
岡野浩三（おかのこうぞう）	国立大学法人　信州大学工学部　准教授

編集

社団法人　組込みシステム技術協会（JASA）　安全性向上委員会

システム技術に基づく安全設計ガイド

©2019

2019 年 11 月 10 日　第 1 版第 1 刷発行

編　集　社団法人　組込みシステム技術協会　安全性向上委員会
発行者　平 山 勉
発行所　株式会社　電波新聞社
〒 141-8715　東京都品川区東五反田 1-11-15
電話 03-3445-8201
振替　東京 00150-3-51961
URL　http://www.dempa.co.jp

DTP　　　　株式会社　JC2
印刷所　　　奥村印刷株式会社
製本所　　　株式会社　堅省堂

Printed in Japan　　ISBN978-4-86406-039-4　　　　落丁・乱丁はお取替えいたします
定価はカバーに表示してあります